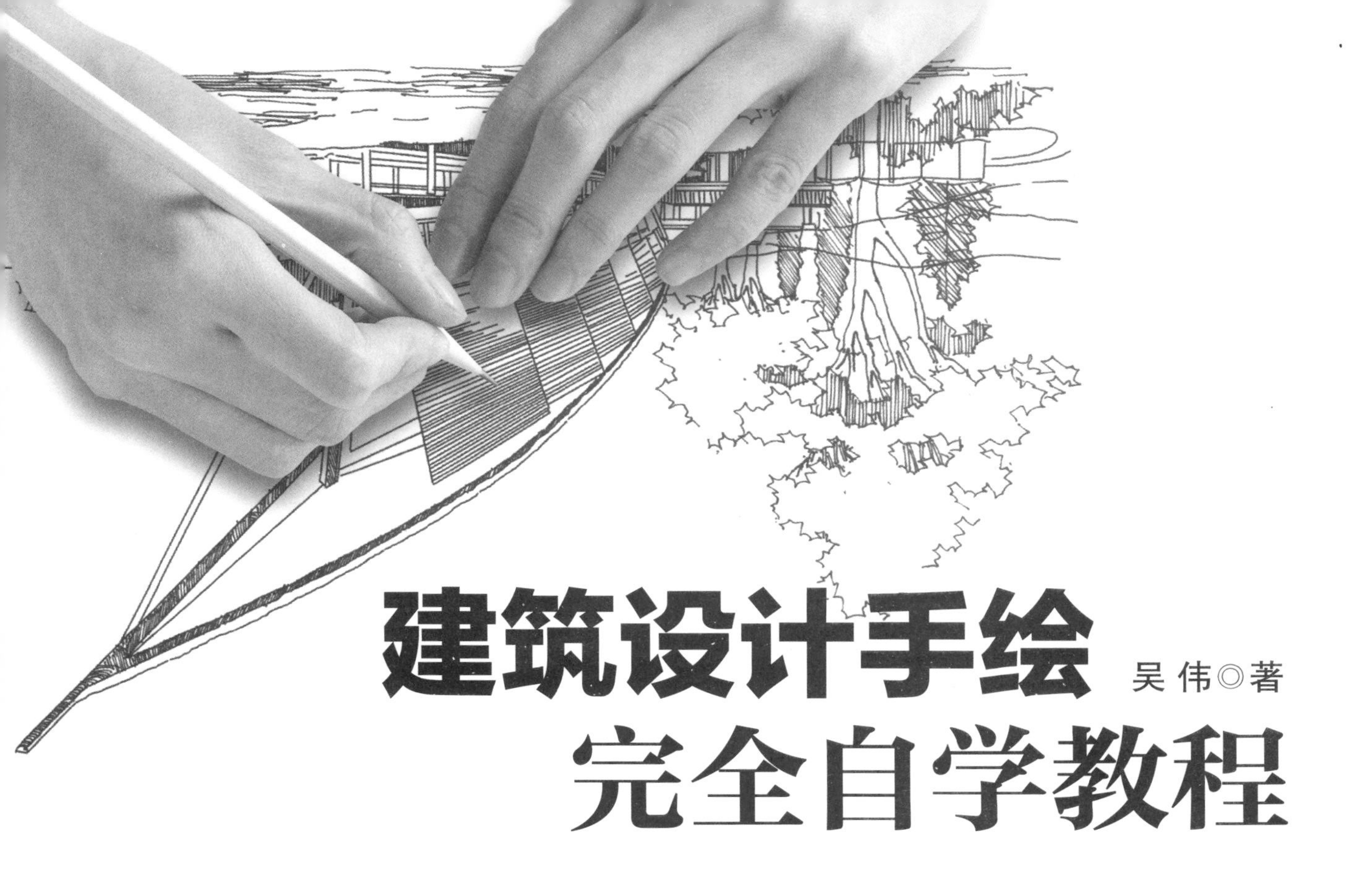

建筑设计手绘完全自学教程

吴 伟◎著

人 民 邮 电 出 版 社
北 京

图书在版编目（CIP）数据

建筑设计手绘完全自学教程 / 吴伟著. -- 北京 : 人民邮电出版社, 2014.11（2017.11重印）
ISBN 978-7-115-36765-5

Ⅰ. ①建… Ⅱ. ①吴… Ⅲ. ①建筑设计－绘画技法－教材 Ⅳ. ①TU204

中国版本图书馆CIP数据核字(2014)第190440号

内 容 提 要

本书致力于阶梯式讲解，从最基础的线条到最终的快题表现，一步一个台阶为读者指明训练方向。本书内容主要分为三大块，即线稿、马克笔上色和快题表现。其中，线稿阶段包括线条、透视、明暗、虚实、空间、材质、构图、配景，建筑速写的各类风格，训练建筑速写的三个阶段；马克笔上色阶段包括笔触，体块的光影关系，五种基本技法，材质的详细分类解析，各类配景的分类解析，总图、平面图、立面图、剖面图表现的技法详细解析，马克笔上色各类风格的详细解析，马克笔训练的三个阶段；快题表现阶段选择多个快题方案做了详细的分步解析。

本书图文并茂，以丰富的案例为主导，配以详细的文字解说，让读者看得懂、读得明。跟着书中的阶梯走完之后，作者为读者安排了大量的优秀作品以供后期临摹和提升。“文字与案例同行，讲解与作品并轨”就是本书最大的特色，无论你是零基础的学员，还是在手绘领域有一定造诣的人士，相信都能学有所获。

◆ 著　　　吴　伟
　责任编辑　张丹阳
　责任印制　程彦红
◆ 人民邮电出版社出版发行　　北京市丰台区成寿寺路 11 号
　邮编　100164　　电子邮件　315@ptpress.com.cn
　网址　http://www.ptpress.com.cn
　北京隆昌伟业印刷有限公司印刷
◆ 开本：880×1092　1/16
　印张：19
　字数：542 千字　　　　2014 年 11 月第 1 版
　印数：16 601 – 18 400 册　　　　2017 年 11 月北京第 12 次印刷

定价：59.80 元

读者服务热线：(010)81055410　印装质量热线：(010)81055316
反盗版热线：(010)81055315

前 言

笔者从事建筑手绘教育行业已6年有余，从最开始在学校附近的一个小画室里做助教，到后来独立创办“吴伟手绘艺术工作室”，再到后来为了追寻心中更远的理想而千里迢迢前往“庐山艺术特训营”进一步提升自己的专业技术水平，最后留在“庐山艺术特训营”做了一名职业的手绘老师。这期间笔者对手绘的认识经历了三个阶段：从最开始的为了设计而手绘，到后来为了艺术而手绘，最终回归到为了设计而手绘。这或许就是先哲所说的“看山是山，看山不是山，看山还是山”的三阶段吧。

建筑手绘到底是艺术还是技术？在笔者看来，在建筑设计师手里建筑手绘应该侧重于技术，在设计过程中它更多扮演的是快速反映设计师脑海中灵感的一种手段而已。对于设计师来说设计是一辈子的事，同样建筑手绘的修炼也是如此。

从理论上来说，建筑手绘的学习过程应该是在大学里完成的任务，但是随着设计软件的发展，这一传统的设计技能逐渐被高科技所替代，如SketchUp、3D渲染、Photoshop等软件。随之而来导致的结果就是学校越来越忽视建筑手绘这一传统技艺的教育，直接造成的后果就是学生在方案构思阶段没有办法快速捕捉脑海瞬间的设计灵感，从而丢失了太多的好的构思。出了学校走进工作岗位没法快速直观地与同行、甲方进行方案沟通，导致事倍功半。笔者在从事手绘教育的这些年里见到太多工作了很多年的资深设计师回炉恶补手绘技能。

建筑设计既是技术，也是艺术。想要成为优秀的建筑设计师，技术与艺术的修炼都必不可少，但最终笔者觉得艺术要远远重于技术，只有不断强化自身的艺术修为才能做出真正感人的设计出来。技术是死的，而艺术是活的，一张草图能够间接体现出一名设计师的艺术修为。同时手绘又能反补于设计，能让设计师的设计修为更上一层楼。

建筑手绘对于设计师来说是一辈子的事，你爱与不爱都没办法回避它在你职业生涯中所占有的举足轻重的地位。

目录

第 3 章　配　景

第 4 章　钢笔速写的风格与表现

第 5 章　马克笔基础知识

第 6 章　上色的基本原理

第 7 章 功能图表现技法详解

第 8 章 各类风格分类解析

第 9 章 马克笔训练三阶段

第 10 章 快题表现分步解析

第 11 章 作品欣赏

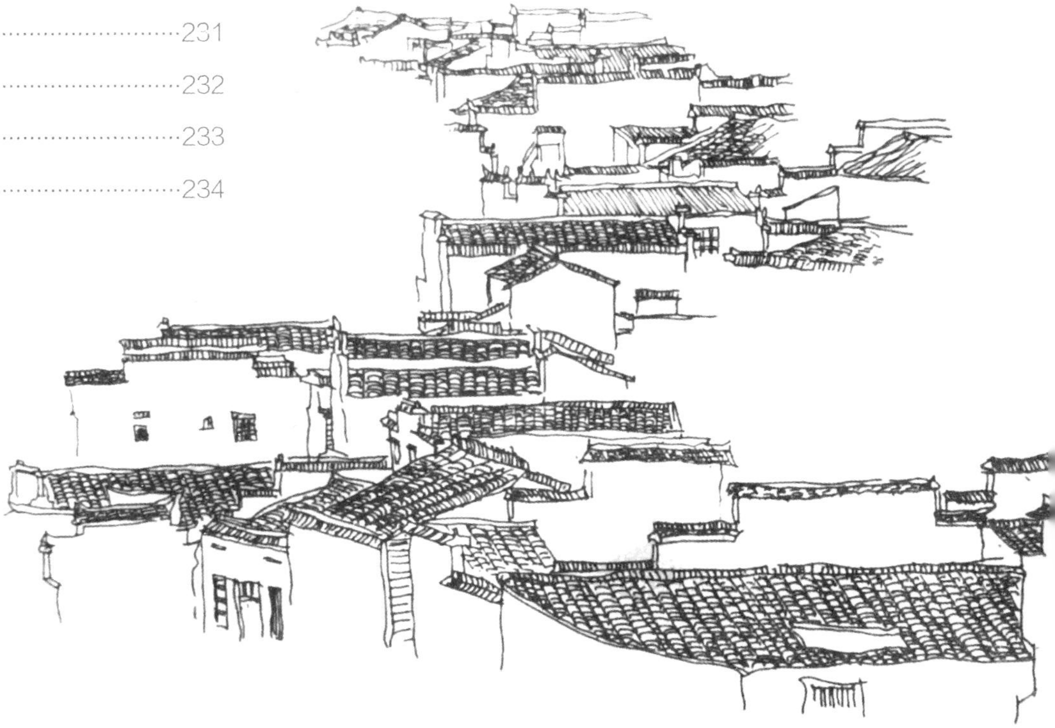

第1章 概述

1.1 钢笔画的由来与发展

如果想了解钢笔画的由来与发展，那就得明白什么是钢笔画。说到这里，很多人或许就以为以钢笔进行绘画创作就是钢笔画的整个含义，其实这只是狭义上的概念。在中国现代钢笔画创作中，尤其在近十年中，钢笔画的工具又加入了中性笔、针管笔、一次性水笔等。工具范围的扩大拓宽了钢笔画的表现能力，提升和丰富了钢笔画的绘画语言。

钢笔画起源于欧洲。公元12世纪，欧洲出现了羽毛笔，当时的创作作品中除了黑白稿，还有彩色的。但是在后来的发展中就逐渐以表达黑白关系的素描为主了。

钢笔画又称“硬笔画”。钢笔画工具简单，画面清晰，节奏明快，对比强烈，这是其他画种无法比拟的优势。

在历史的长河中，历代画家通过长期的实践积累，创作出了一批又一批的珍品流传于世，如荷兰画家伦勃朗的《杜普教授的解剖学课》《夜警》《莎士基亚》《戴金盔的人》等，德国画家阿尔布雷特 · 丢勒的《启示录》《基督大难》《小受难》《男人浴室》等。

至于钢笔画是如何传入中国，什么时候传入中国，现在已无从考证。民国初年，钢笔画曾以勾线的形式出现在上海戏剧海报上。随着发展，在一些书籍、报纸、杂志中开始出现了一些素描元素。这一时期的作品主要有华三川先生的《青年近卫军》《交通故事》，颜梅华先生的《一幅幢棉》，董洪原先生的《我的童年》《在人间》《我的大学》等。

当发展到了20世纪80年代后，钢笔画逐渐走向衰弱。近几年，钢笔画的发展又有了起色和进步，特别是伴随着中性金属笔、针管笔、一次性水笔的出现，大大改善了钢笔画使用工具的选择范围，拓宽了画面的表现力。近些年，国内钢笔画的技法日臻完善、精湛，风格也更多样，思想深度和观赏价值都达到了一定高度。

随着国内收藏界的不断发展和升温，钢笔画的价值也在不断提高。2007年，在香港苏富比拍卖会上，李蔷薇先生的钢笔彩画《沱江之晨——凤凰古城》（110cm×80cm）45号拍品以31.2万港元成交，创下了中国钢笔画价格的最高纪录。

在当前的国际市场中，钢笔画作品的一般价格，四开作品6000~8000欧元（4万~5万元人民币），国内好的钢笔画四开作品3万~4万元，八开作品在8000元左右。

1.2 钢笔速写的重要性

钢笔速写，顾名思义，以钢笔作为创作工具进行快速写生的方法就叫钢笔速写。即用简单的钢笔线条在很短的时间内画出眼前事物的动态或者静态形象，其归类为素描的一种。钢笔速写在当代已逐渐演变成一种独立的表现形式，在设计创作领域更是设计师们收集创作元素的一个重要手段。

艺术源于生活，同时又高于生活，作为一个有志向的设计师，要想有好的创作设计，就得努力提高自己对生活的敏锐观察能力。把自己深入地融入生活，平时，随身携带一个速写本，看到自己喜欢的事物就及时用画笔记录下来，这样等到真正做设计的时候就有取之不断的灵感来源。

在钢笔速写中作者往往利用线条简洁方便的优势提炼甚至抛弃光影的复杂变化，快速、准确地捕捉事物的大致特征。

速写能够培养设计师的造型能力和观察能力。速写本身其实是作者脑海里感性和理性结合的产物，它有其独特的艺术价值，并且胜过单纯的素描表现形式。速写更考验作者的灵性与天赋。

纵观历史长河中有名的建筑大师，你会发现他们同时也是一个优秀的画家，或是古典写实主义者或是后现代结构主义者，同样，你也能从他们的设计作品中看出他们作画风格。

1.2.1 钢笔速写在设计中的运用

钢笔速写是设计师创作的重要辅助方式。它有助于提升设计师瞬间对事物的敏锐洞察力和感受能力，是设计师记录稍纵即逝的灵感的重要手段。有时简单的几笔就能生动记录下设计师们喜欢的素材。

速写从设计师入手的一开始就要求他们去思考画面的取舍和再创造，在下笔之前设计师就必须要大致想到画面的最终效果。创作过程中的每一次观察、认识和思考都是在考验设计师的创造能力。

速写既是一种高效的造型手段，又是一种快捷的纪录方式。速写的创作过程能够促进设计思路的拓展。在构思方案的时候，设计师可以通过速写记下各种不同的构思，并可以不断地进行推敲和修改，最终形成一个相对完美的方案。

在创作前期进行市场调研和考察时，设计师就需要通过速写记录下所需的资料。在记录资料方面速写有着相机无法比拟的优势。设计师通过速写记录，潜移默化地在脑海就会形成本能，就能有取舍地进行记录，把需要的保留下来，把其余的进行舍弃。

在创作过程中，灵感仿佛流星一样划过脑海稍纵即逝，而脑海中的灵感相机是无法进行记录的，在用速写记录灵感时，画面既来源于灵感同时又超脱于灵感，这就是思路的拓展和草图的不可定性。

1.2.2 钢笔速写在艺术审美上的独立性

钢笔画在绘画的殿堂中属于一个独立的画种，是一种有着独特美感和趣味的绘画形式。钢笔画具有用笔果断肯定、线条干净流畅、黑白灰对比强烈的特点。因作者的画风不同，画面展现出的效果也往往不同，有些精细入微，有些高度概括，有些大实大虚。

钢笔画分为写实钢笔画、彩色钢笔画、钢笔淡彩、设计钢笔画、钢笔速写等。钢笔画在中国还处在发展阶段。

钢笔速写属于钢笔画的一个分支，它不只是一张简单的设计草图，一幅优秀的钢笔速写同时也是一幅艺术作品。在设计历史中有很多大师的钢笔速写拥有很高的艺术造诣。

钢笔速写以其流畅的线条形式和狂放不羁的表现形式已渐渐地在钢笔画中崭露头角，开始与设计草图融合并相互影响。钢笔速写在国内收藏价值也在逐渐升温，相信钢笔速写的前景一片大好。

1.3 工具与材料

任何一种创作形式的画种都有其特有的创作工具盒材料，钢笔速写也不例外。工欲善其事，必先利其器。熟练地掌握各类作画工具为后面灵活地运用各类工具盒材料的特性创作出优秀的作品是非常有必要的。

1. 钢笔与美工笔

钢笔是最常用的速写工具，在实际作画过程中，钢笔因其笔尖坚挺、细致，所以常常能够画出粗细不同的富有弹性的线条，使得画面节奏丰富，细节深入。

美工笔因其能够画出粗细变化非常大的线条而广泛用于绘画和书法界。美工笔是在钢笔的基础上发展而来的，它比钢笔更富有弹性和变化，画出的线条极富力度感和厚重感，在速写中常常用于线面结合的画法中。美工笔适合在相对光滑的纸面上作画。

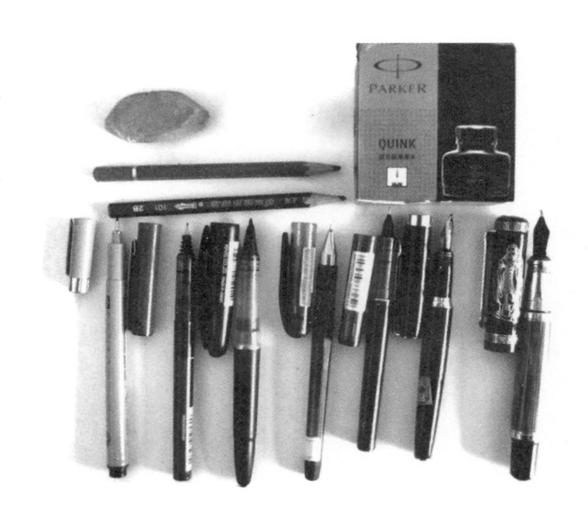

2. 针管笔与中性笔

针管笔又称绘图墨水笔，是建筑设计专业常用的绘图工具，因其能绘制出粗细相同的线条而被广泛用于设计行业的工程制图中。针管笔分为注水和一次性两类。它们粗细不等。一次性针管笔又称草图笔。在使用针管笔时应尽量保持笔与纸面垂直，这样就能绘制出粗细基本相同的线条。

中性笔起源于日本，是目前世界上相对比较流行的书写工具。中性笔兼具水性笔和圆珠笔双重优点，手感舒服，笔尖粘度较低，并内含润滑物质因而比普通油性圆珠笔更顺滑。

3. 墨水

在使用钢笔和美工笔作画时会用到墨水，在墨水的选择上，其实国产的英雄牌就很好用，还有就是派克牌墨水。

4. 速写本与纸张

在钢笔速写创作中，纸张的选择起着非常重要的作用。不同颜色、基底和质地的纸张往往呈现出的画面效果截然不同。一般情况下最好选择表面光滑的纸张，因为太过粗糙或太洇渗都会给创作者带来很大的不适，画出的线条缺乏利落感和流畅感。但是太光滑的纸张又不易吸水，铜版纸就是如此，这类纸张往往因其不太吸水，笔迹不易挥发而容易导致弄脏画面。常用纸张一般为绘图纸、素描纸、卡纸、复印纸等。

市面上的素描本和速写本都普遍适合速写创作，且因其大小多样、重量适中、方便携带等优势被很多人所选择。

1.4 钢笔速写的创作特点

钢笔速写不同于传统素描和传统钢笔画，它有着快速和不可改的特点，在进行钢笔速写创作中必须要做到下笔前胸有成竹，然后一笔到位，如果画错了则应做到将错就错，切记不能反复涂改，要不只能使错误越来越明显，画面越来越难看。一定要记住再成熟的创作者也不可能做到作品完全没有错误，反而正因为这些偶然的错误才使得画面更加率真自然。

第2章 手绘基本原理

2.1 姿势

（1）握笔不要太靠近笔头，一般控制在笔长的三分之一处。

（2）身体坐正，纸放正（很多同学竖线老是画歪，主要原因就是纸张放歪了）。

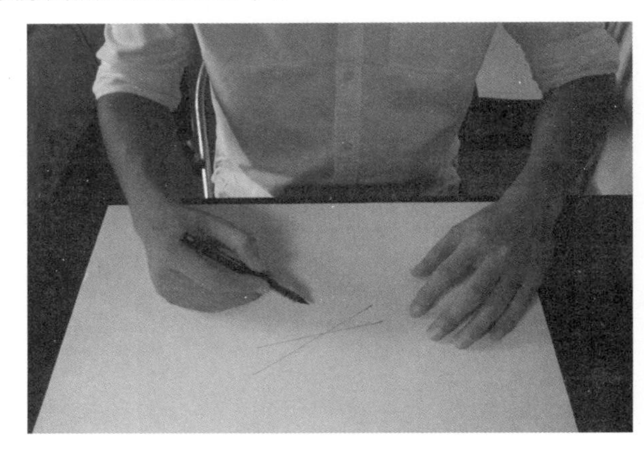

（3）下笔的位置尽量与身体的中线对齐。

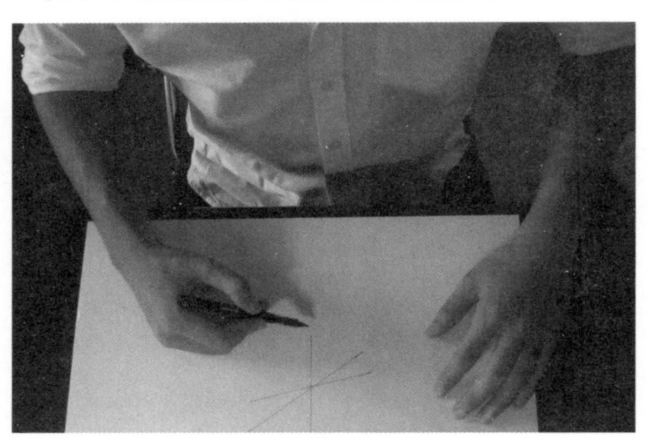

（4）人的视线尽量与纸面保持垂直。

（5）作画时尽量用手臂带动手腕，小拇指轻轻接触纸面（这样画面才不容易弄脏）。

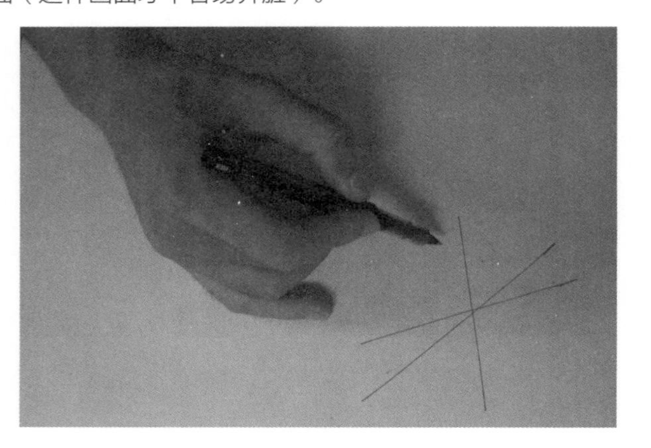

（6）站着练手绘的效果要远胜于坐着练习。

2.2 线条

2.2.1 线条的重要性

线条是手绘的基础，同时也是手绘的核心之一，在实际设计当中基本都以徒手的方式勾勒设计草图，如果手绘线条不扎实就会出现以下类似情况。

（1）原本一根线条能够交代清楚的结构却因为下笔不够准确而不得不多画一条甚至几条，这样一来就会使得草图很不清晰明朗，而且还会显得很不专业。

（2）在做平立面推敲的时候，因为缺乏对线条尺度的控制能力，本应用一根5cm的线条表达的尺度却画成了7cm或者更离谱。这样就会导致设计者推敲出来的平立面尺寸比例与实际不符，而让效率大打折扣。

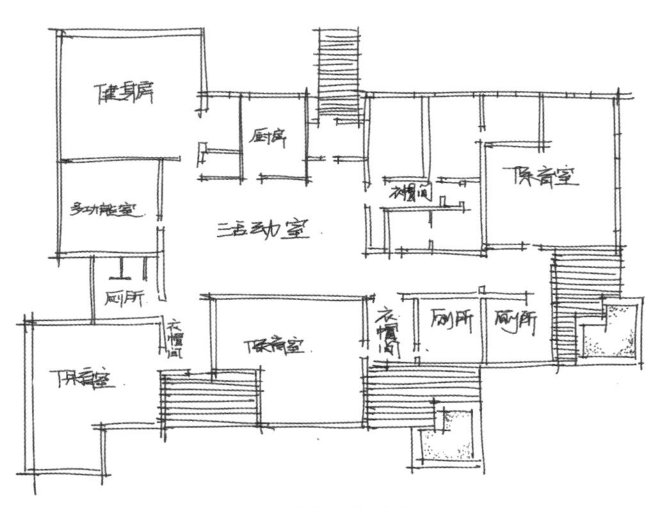

一根线条交代清楚

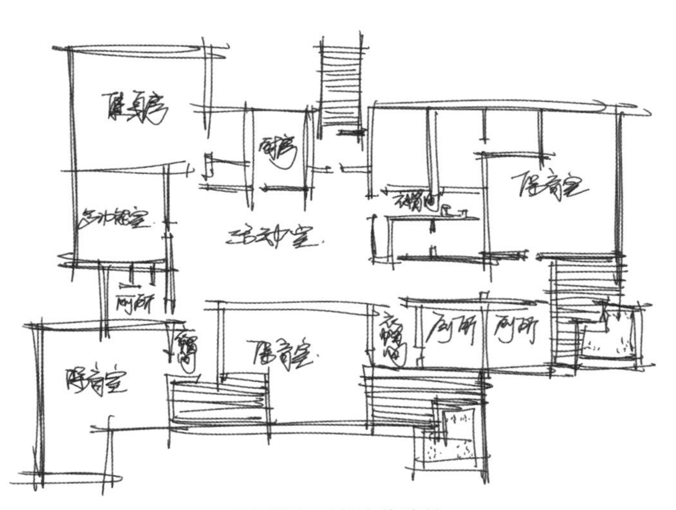

几根线条才能交代清楚

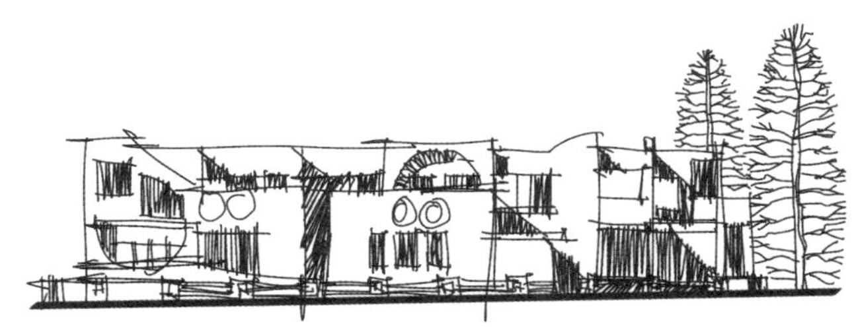

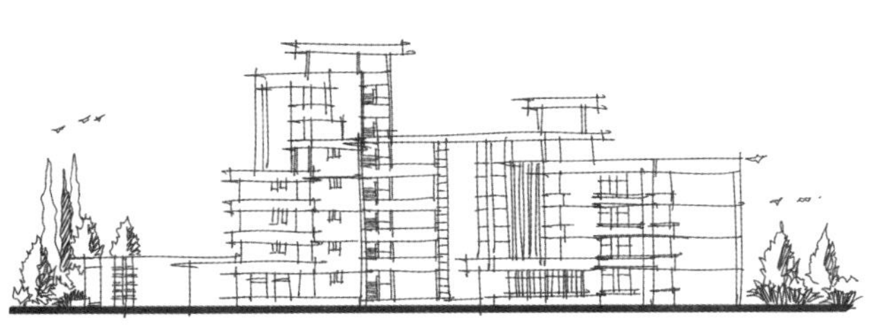

准确的两个立面图

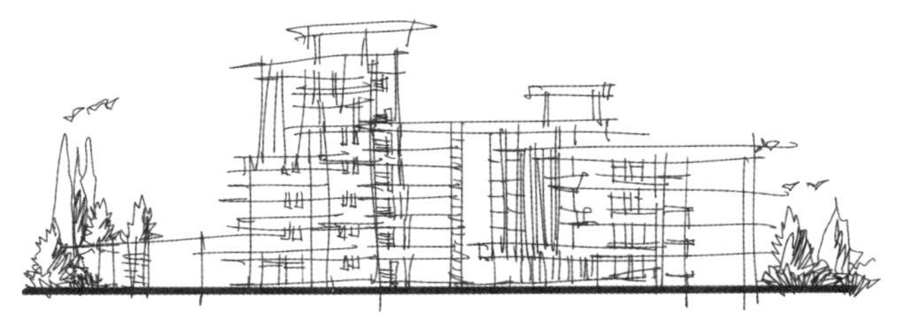

不准确的两个立面图

2.2.2 直线

直线在建筑手绘中应用最为广泛，也最能体现出一个创作者的线条绘制功底，很多人在练习线条的时候存在着以下几个误区。

（1）麻木地只练习线条而不愿在实际形体当中去体会线条的感觉。这样就会出现单看一排排整齐的线条很漂亮，但真正动手画起草图来就不堪入目了。

（2）一味地练习固定方向的线条，如横线、竖线、左上右下45°斜线、左下右上45°斜线等。实际手绘当中各个方向的线条都是有可能出现的，实用方法是在纸面上点无数个点，然后把画面中的点严谨地连接起来。

（3）有些人只练慢线，有些人只练快线，很多人错误地认为只有又快又直的线条才是漂亮的线条。线条本身是没有美丑之分的，只有落实到具体画面和形体中线条才有了真正的含义，快线自信洒脱但容易出错，慢线严谨准确但容易呆板，各有所长也各有所短。

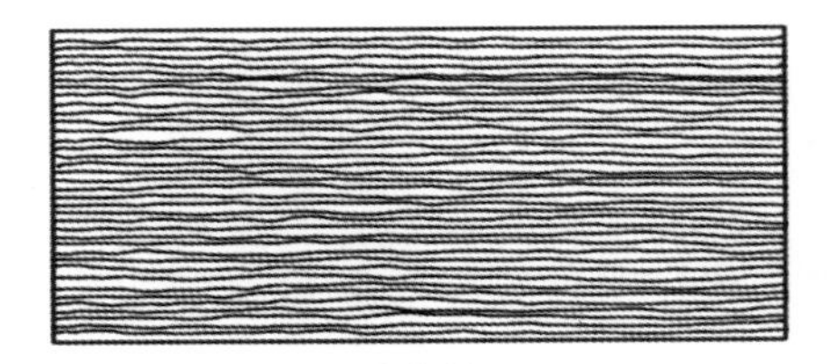

慢直线效果

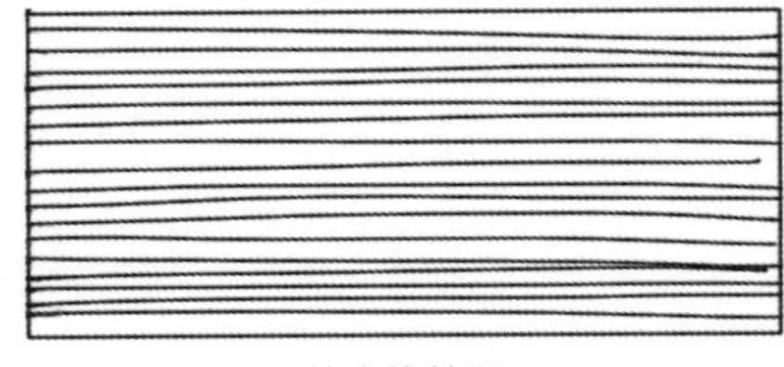

快直线效果

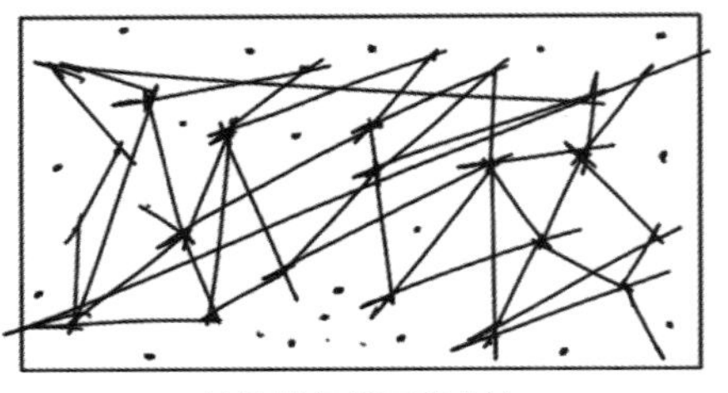

纯练线条的正确方法

慢直线在画面中的效果

快直线在画面中的效果

快慢结合在画面中的效果

2.2.3 曲线

在手绘实际运用当中曲线多用来画天空、人、植物等配景，或建筑本身的一些材质，如花岗岩、大理石等。

植物

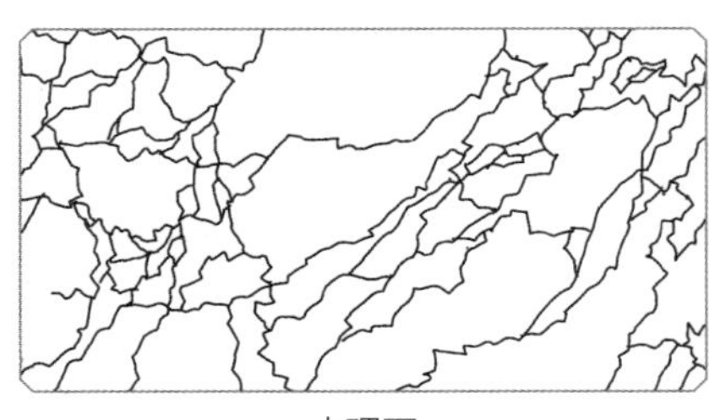

大理石

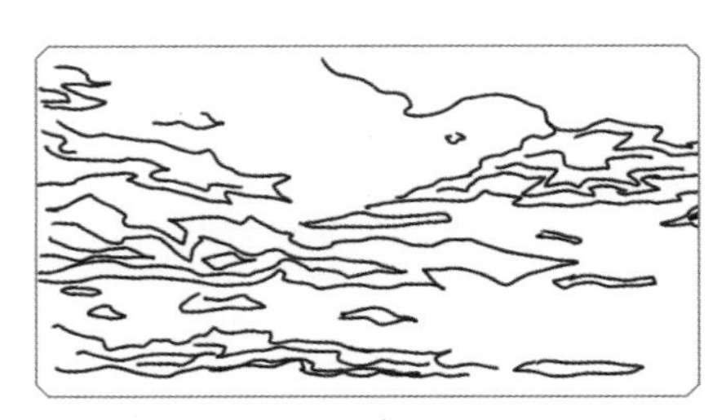

天空

人

植物

植物

2.2.4 紧线

紧线也就是前面提到的快线。紧线的性格特点是：干脆利索，自信果断，在方案构思中大量地运用紧线会使画面的草图味道更浓。

2.2.5 松线

松线一般运笔缓慢，舒展，线条饱满，常常给人一种严谨、沉着之感，松线相对紧线更准确，同时又更加自由，更富有动感，但草图味道会减弱很多。

2.2.6 线条在实际运用中的基本诀窍

（1）从起笔到收笔尽量做到一气呵成，切忌犹豫拖沓。

（2）不要来回重复表达一根线条。

（3）如果一根线条没有画完，在画后半段线条时切忌在原来线条末端直接起笔。正确方法是在原来线条末端留出一点空隙再起笔画完后半段线条，这在技法上我们称之为形断而神不断。

（4）两条线条存在相交时，应尽量交接完整，交接点的线头可适当延长，这样能增加画面的草图味。

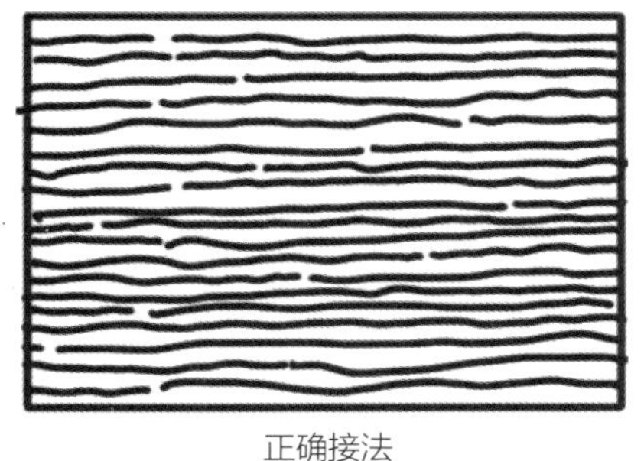

正确接法

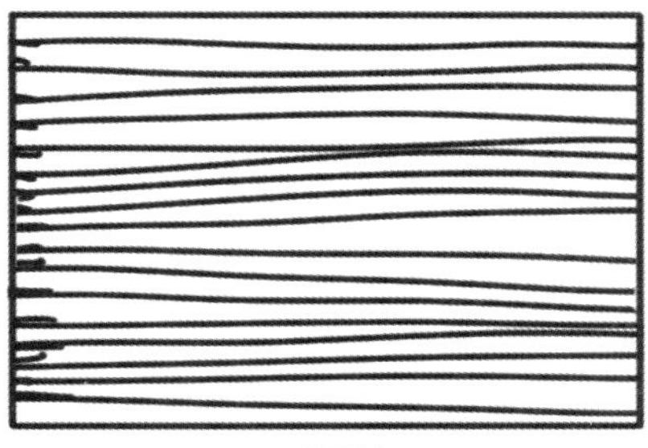

正确画法

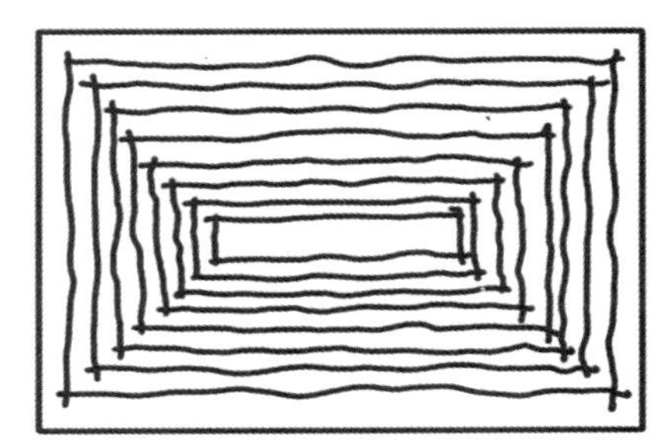

正确交接法

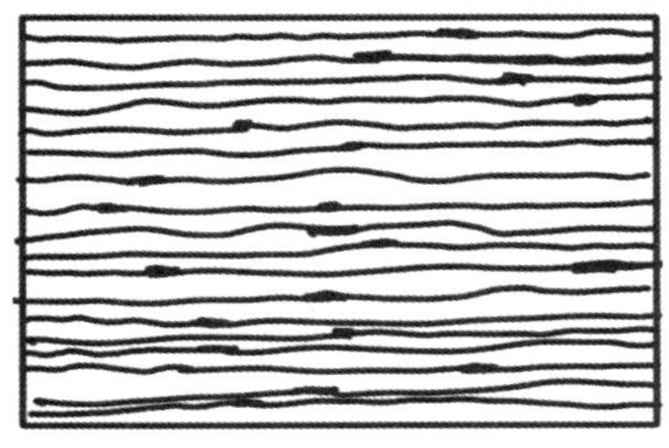

错误接法

错误画法

错误交接法

2.2.7 线条的疏密

一张纯粹的线稿主要是通过线条的疏密变化来体现画面的空间关系和层次，对比时形成空间的关键。对比又主要通过线条的疏密和形体大小衬托来完成，所以讲掌握了画面中线条的疏密关系就基本把控住了画面的空间。

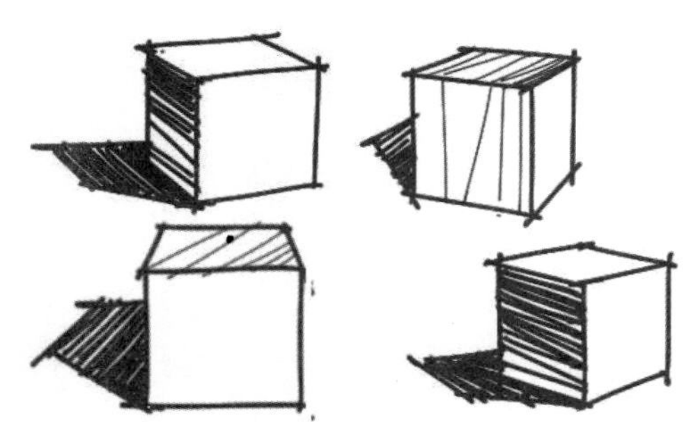
疏密能反映明暗

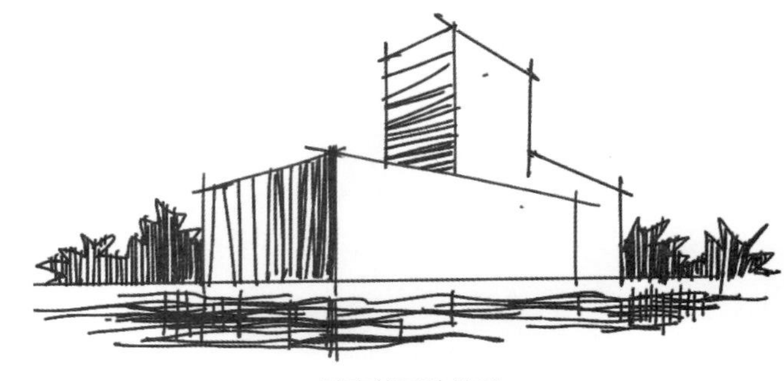
疏密能反映前后

2.2.8 线条的虚实

线条本身是没有虚实的，只有落实到具体的画面当中并通过不同的手法去处理，线条才被赋予了空间关系。处理线条虚实的手法主要有以下几种。

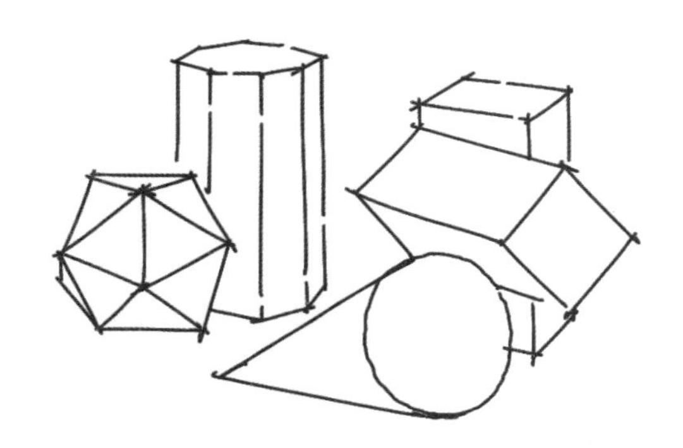
（1）断线为虚，从头至尾一气呵成的连贯的线条为实 。

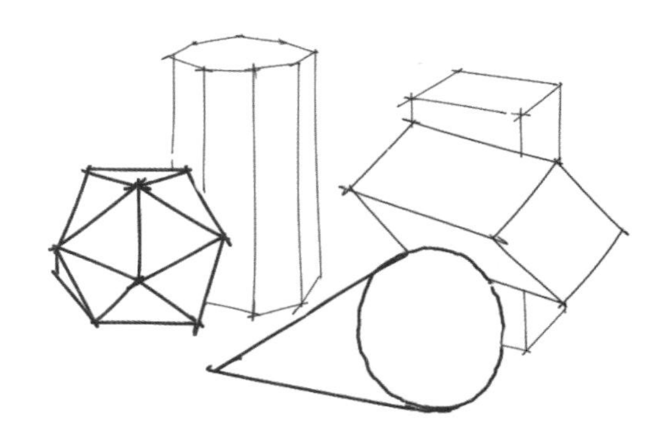
（2）细线为虚，粗线为实。

（3）一个结构刻画，单线为虚，双线为实。

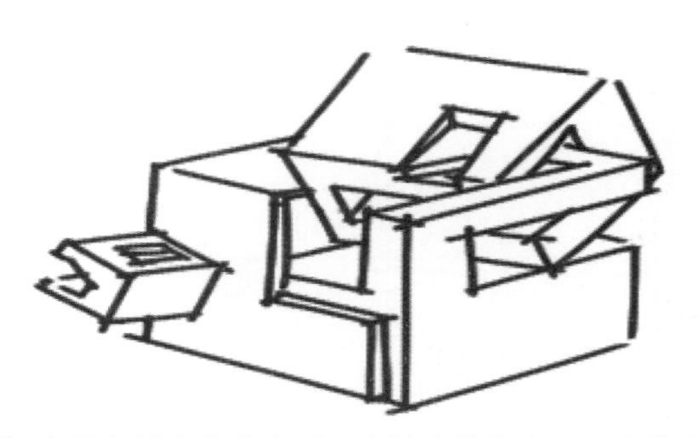
（4）两条线存在交点时，交接完整为实，反之为虚。

2.3 透视

2.3.1 一点透视

建筑物由于它与画面间相对位置的变化，它的长、宽、高三组主要方向的轮廓线与画面可能平行也可能不平行。如果建筑物有两组主向轮廓线平行于画面，那么这两组轮廓线的透视就不会有灭点。而第三组轮廓线就必然垂直于画面，其灭点就是心点S°。这样画出的透视称为一点透视。在此情况下建筑物就有一个方向的立面平行于画面，故又称为正面透视。

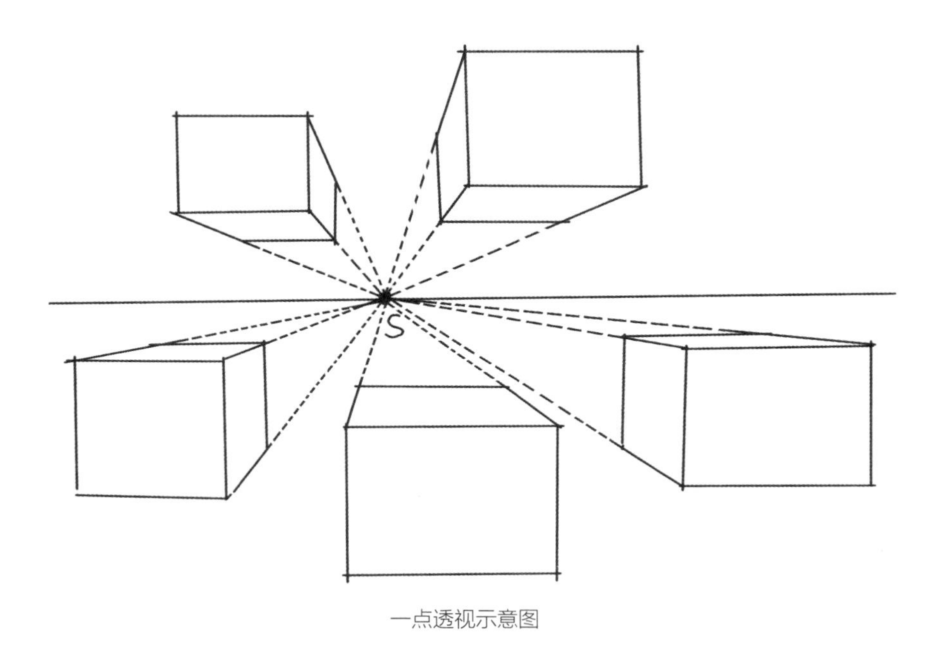

一点透视示意图

在建筑手绘实际运用当中，一点透视常常用在街景当中，中间是马路，两边是建筑，路的尽头有时是远山。一点透视本身就存在着很强的空间感。其视觉中心常常就在灭点S°的位置。

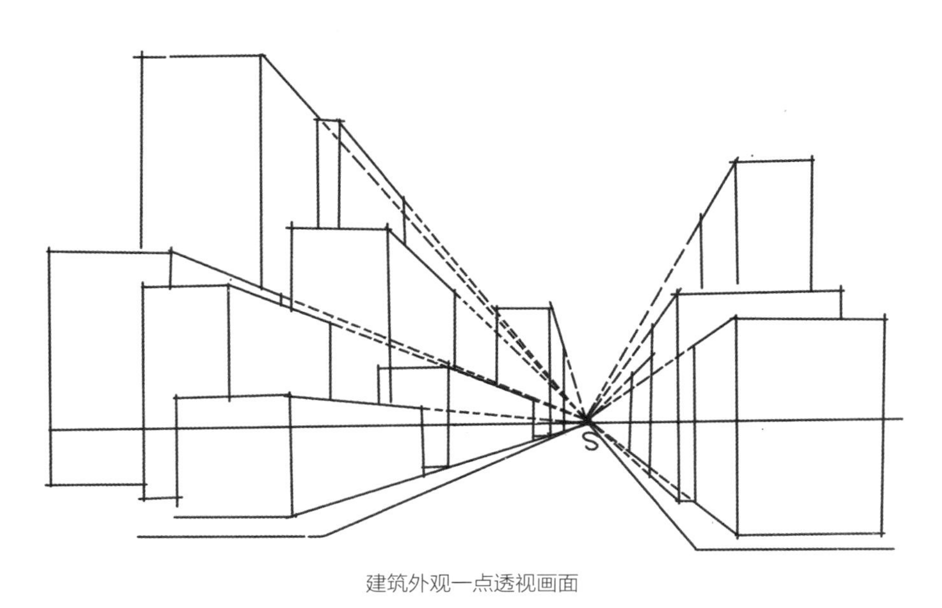

建筑外观一点透视画面

一点透视在建筑草图中运用得其实并不多，因为其必须过多地交代一些与主体建筑造型无关的多余建筑和配景，从而使画面丢掉了设计重点。

一点透视效果图（1）

一点透视效果图（2）

2.3.2 两点透视

如果建筑物仅有铅垂轮廓线与画面平行，而另外两组水平的主向轮廓线均与画面斜交，那么画面上就形成了两个灭点，且这两个灭点都在视平线上，这样形成的透视图称为两点透视。正因为在此情况下建筑物的两个立角均与画面成倾斜角度，故又称为成角透视。

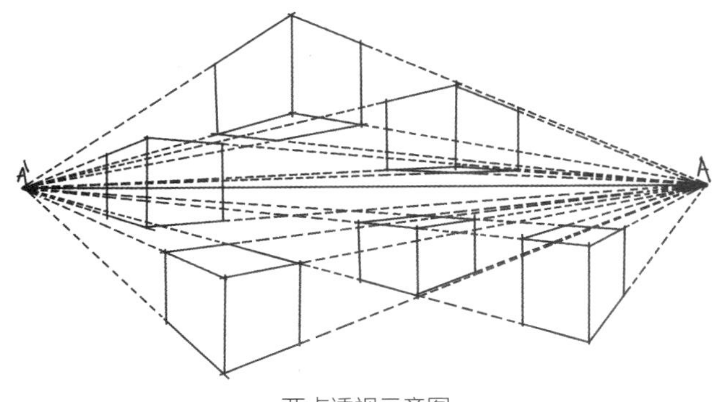

两点透视示意图

建筑外观两点透视画面

两点透视在建筑手绘当中是运用得最多的，相对一点透视来说两点透视能给人更直观更真实的感受，它塑造出来的画面也更灵活。更自由。通常在处理两点透视的画面时，将正面处理成受光面，侧面处理成背光面。

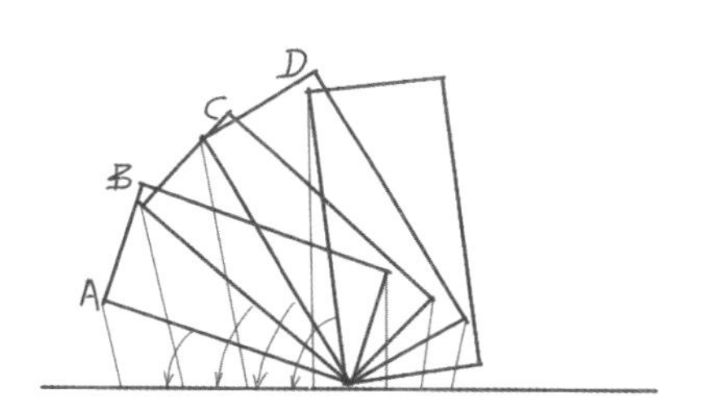

两点透视角度的选取

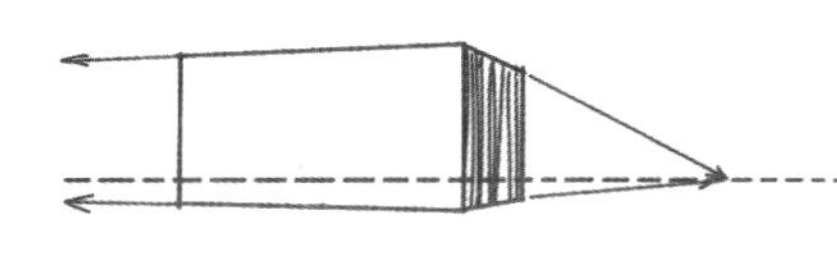

A：灭点过于靠近透视体积而导致侧面太少，体积感不强。

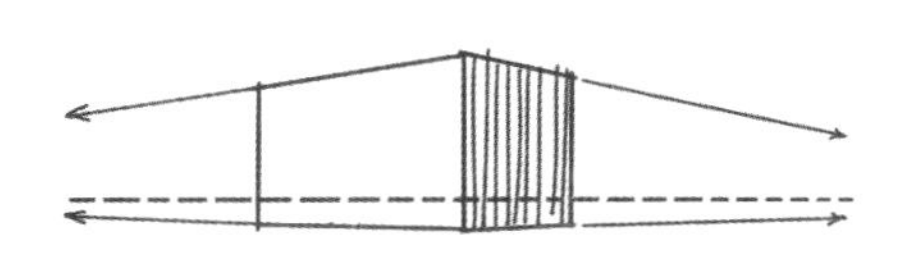

B：灭点适中，正面透视与侧面透视比例协调，这时建筑的体积感最强。

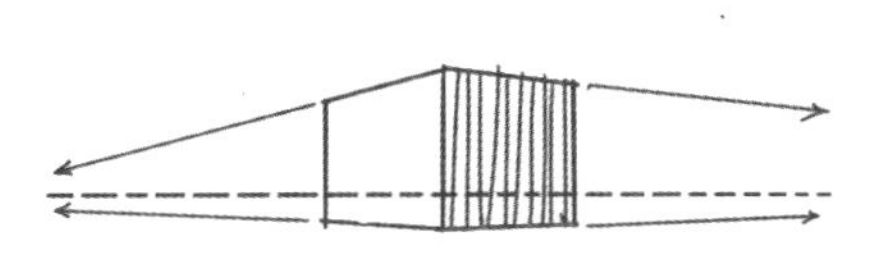

C：左右两侧灭点接近对称，正、侧面透视基本相同，建筑被二分之一等分，体量失真。

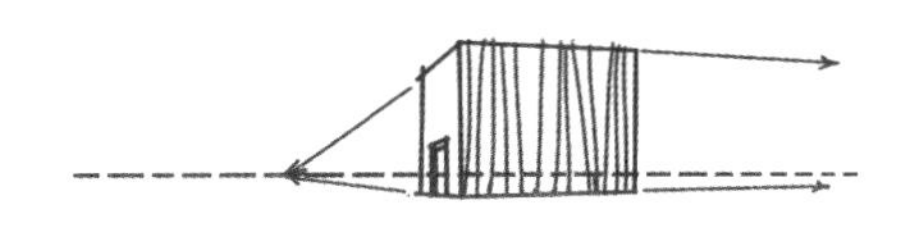

D：灭点太靠近正面，侧面面积很大，正面面积却很小，不利于整体表达。

两点透视效果图（1）

两点透视效果图（2）

2.3.3 三点透视

在手绘的实际应用当中，三点透视一般用来画超高层建筑俯瞰图或者仰视图。三点透视又称倾斜透视，出现三点透视一般有以下几种情况。

（1）由于物体太过于高大，平视角度的话人没办法看到建筑的全貌而不得不用仰视或者俯视。

（2）物体本身并不与水平面垂直，如坡地、斜屋顶、直跑楼梯等。三点透视表达出来的建筑宏伟高大，仰视角度通常给人一种挺拔、险峻之感，俯视又时常给人动荡欲覆的深邃感。

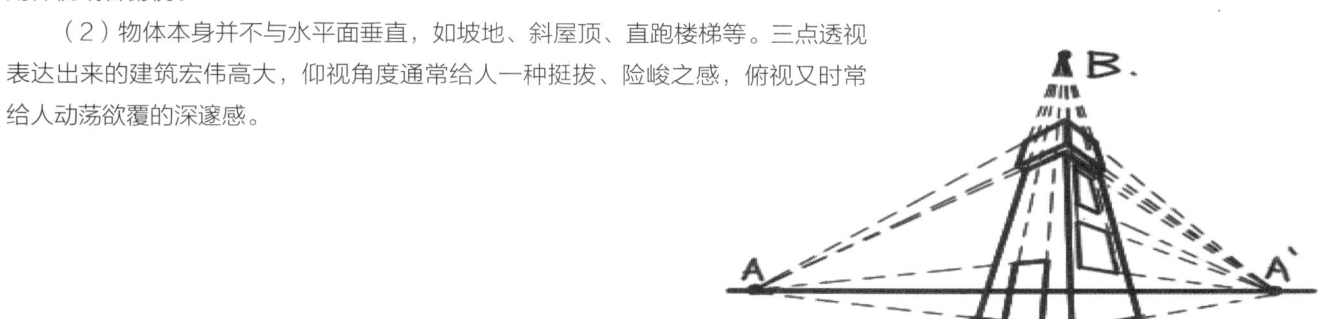

三点透视示意图

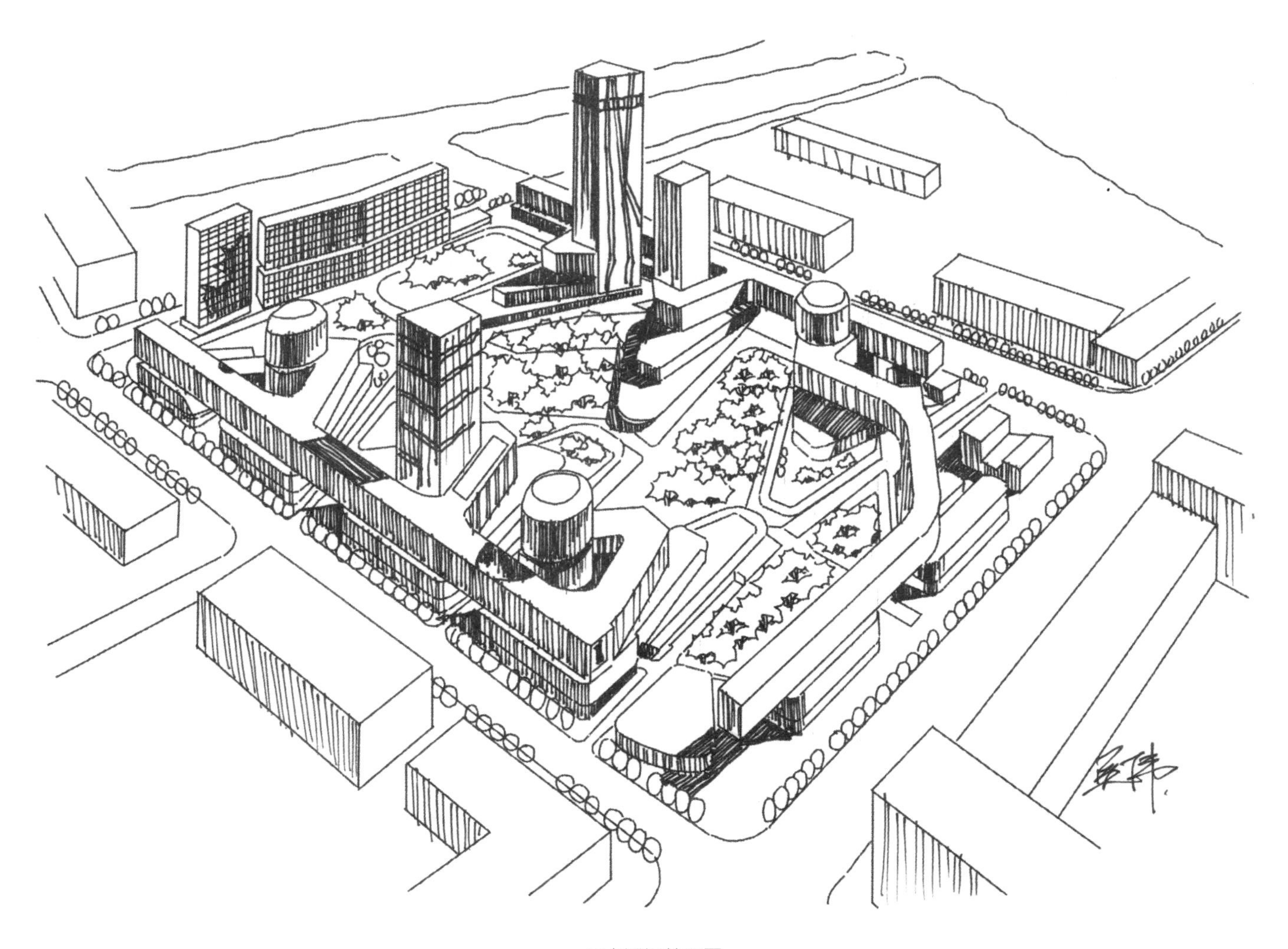

三点透视效果图

2.3.4 圆形透视

在建筑草图中经常会遇到要勾勒一些圆形或者半圆形构件，如圆柱、半圆形窗洞或者门洞等。有圆的存在就需要涉及圆的透视。

圆的透视是椭圆，这个相信大家都不难理解。实际作图当中一般用求其外切正方形的透视来间接求圆的透视。

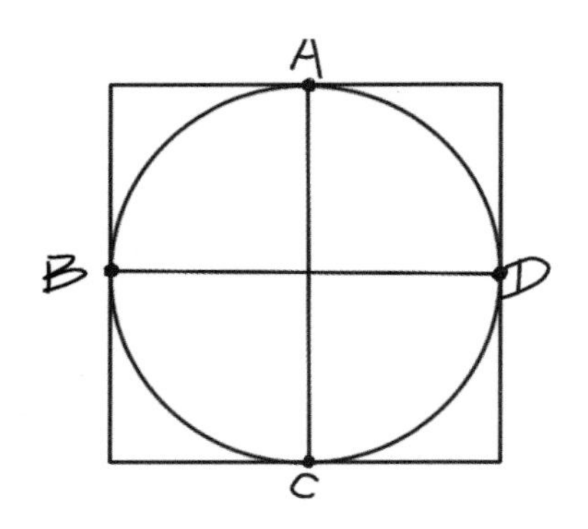

（1）圆的外切正方形的四边的中点都是圆的切点，圆必然要经过这四个点。

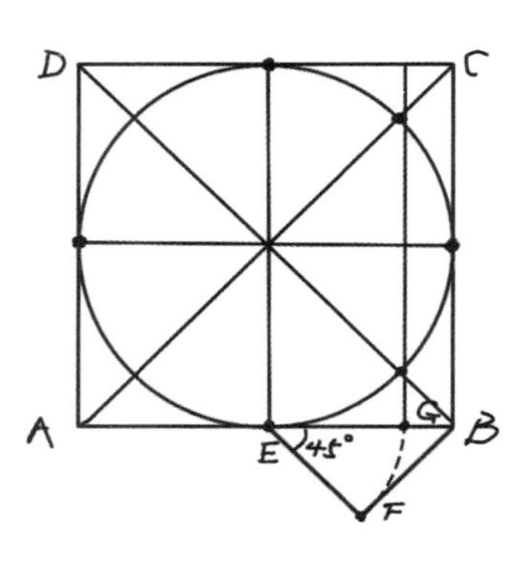

（2）假定外切正方形ABCD的某个边如AB的中点为E，自E点作线与BE成45°角，再自B点也作线与BE成45°角，这两条线相交于F。然后再以E点为圆心，EF为半径作圆弧与EB相交于G，再自G点作线平行于BC，那么这条线与对角线BD相交的点也就是圆所必然要经过的点，用同样的方法求出其他三点。

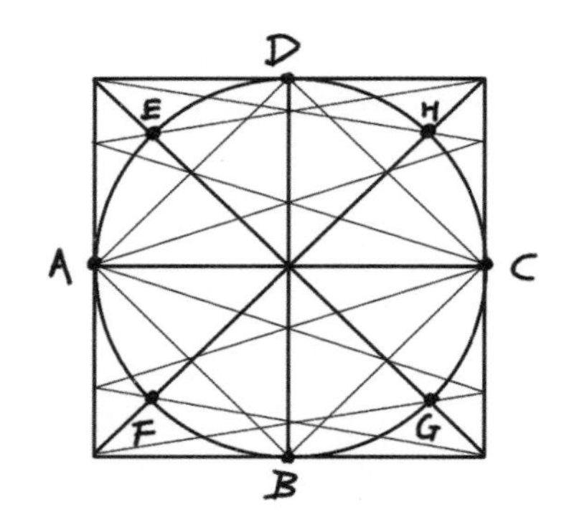

（3）圆必然会经过外切圆的以上8个点，所以在求透视过程中通过这8个点所作的椭圆就是我们所要求的圆的透视。

在圆的透视中，离我们近的半圆大，远的半圆小，画的时候弧线要均匀自然，两端不能画得太尖或者太圆。

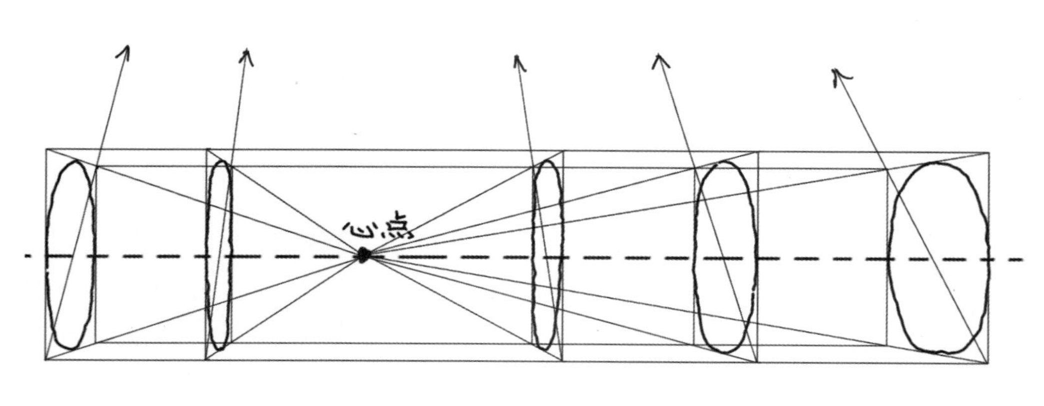

圆的透视画面

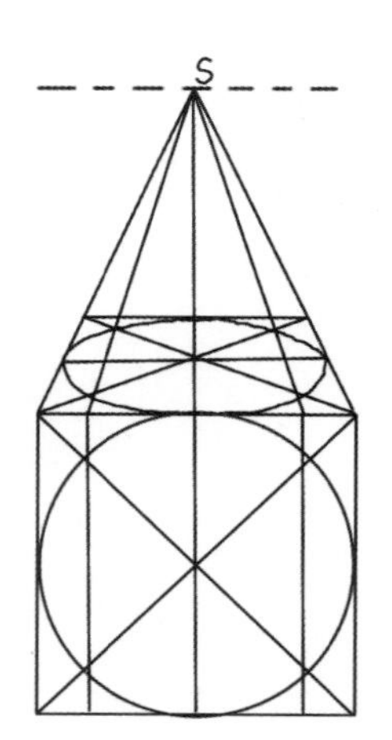

圆的透视实际运用举例

2.3.5 散点透视

散点透视法亦称动点透视法，是传统东方绘画的技法之一。它不同于西方的焦点透视，焦点透视只有一个观察焦点，而散点透视则有许多“点”。如《清明上河图》，在观赏中国画卷时一般都是一边拉开另一边卷起慢慢地看，这样的话就需要每时每刻看到的画面都有独立的视觉焦。而对西方的古典油画，如果遮住画的一部分，观众就会觉得构图不完整。

移动视点，打破一个视域的界限，采取漫视的方法和多视域的组合将景物自然有机地组织到一个画面里，这是一种复元性的透视方法。在绘画中运用得当可使构图极为自由，表现幅度具有极强的延伸性、可塑性。中国传统绘画采用散点透视的方法达到了广视博取、随心经营的目的。

散点透视在实际手绘运用当中并不多见，在草图设计中更是几乎不用，出去写生时偶尔可以试一试。散点透视的技法原理取自于中国传统国画，也可以说是中国古人没有发明透视之前的一种主观的相对不科学的画法，但是就是这样一种画法创造了中国绘画历史上相当璀璨的成就。

散点透视在画面中的运用

2.3.6 空气透视

空气透视是由于大气及空气介质影响使人们看到近处的景物比远处的景物浓重、色彩饱满、清晰度高等现象。空气透视又被称作“色调透视”“影调透视”“阶调透视”。它的特点具体如下。

（1）近处物体暗而深，远处物体淡而浅。

（2）近处物体色彩饱和、趋于暖色、明度高，远处物体色彩饱和度差、趋于冷色。

（3）近处明晰，远处模糊。

（4）近处明暗反差大，远处明暗反差小。

总结成一句话就是：近实远虚。

实景照片

未考虑空气透视的处理效果

考虑空气透视的处理效果

空气透视在实际中的运用

2.4 阴影

在建筑手绘当中阴影几乎时时刻刻都需要运用到，说到底，画画其实就是在画光，而光又是通过影来衬托的，画面当中没有了阴影也就没有了光感。

2.4.1 总图阴影

在设计和手绘表达中无可回避地会遇到总图这个内容。在手绘总图阴影表达当中一般有以下几个诀窍。

1. 阴影的方向

一般考虑光源在建筑的正西北角，但是这个位置并不是绝对的，建筑的平面造型不同，光的方向也需要跟着有所变化，但切记画面中有且只能有一个光源。光源除可以在正西北角还可以在正西南角、正东北角或正东南角。至于这四个正角位置最终选哪一个作为光源就得根据平面造型来定了。哪个面变化最丰富，光源就定在与其反向的两个正角点中的一个。

配景阴影方向必须与建筑阴影方向保持一致。

2. 阴影的长度

在总图当中，建筑在地面上的投影长度一般不超过其建筑本身的高度，建筑的投影越长，遮挡的周边环境就越多，建筑与环境之间的关系就越不明朗。所以，投影不宜太长。

但是，投影太短的话建筑的体量感又出不来。所以，投影长度一般是在建筑本身高度的二分之一长左右，然后根据实际情况酌情增减。

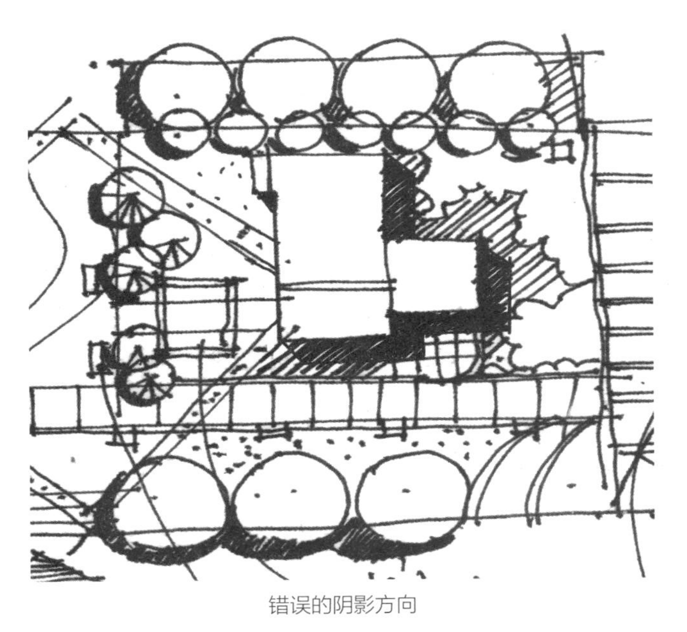

错误的阴影方向

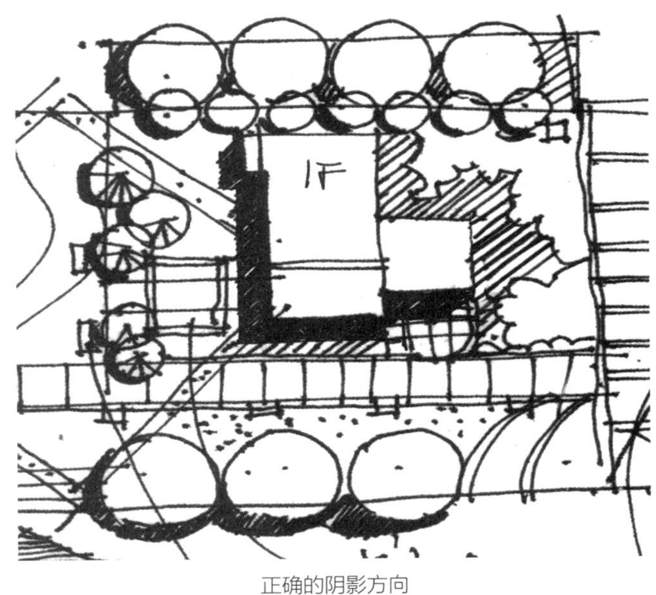

正确的阴影方向

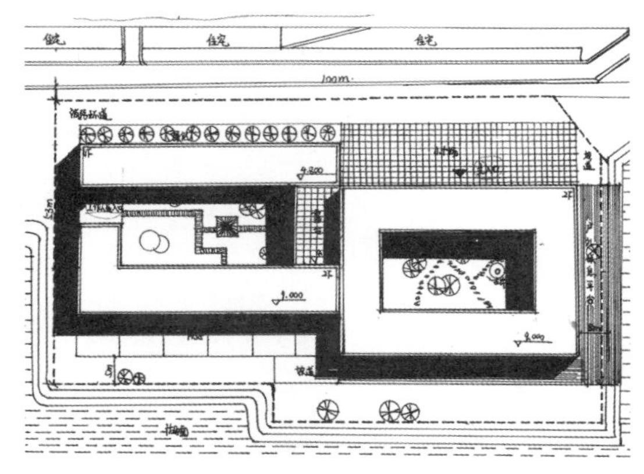

错误的投影长度

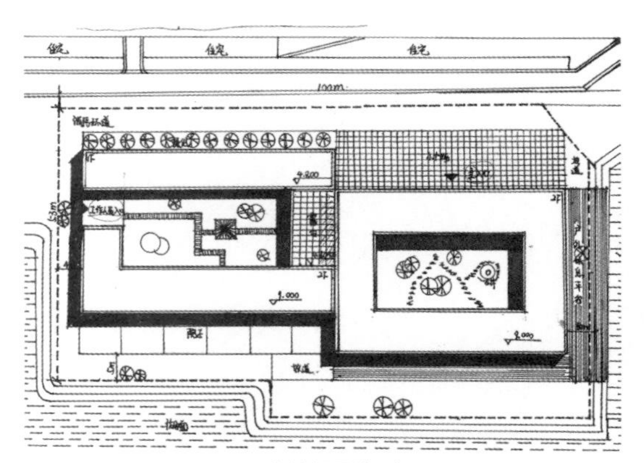

正确的投影长度

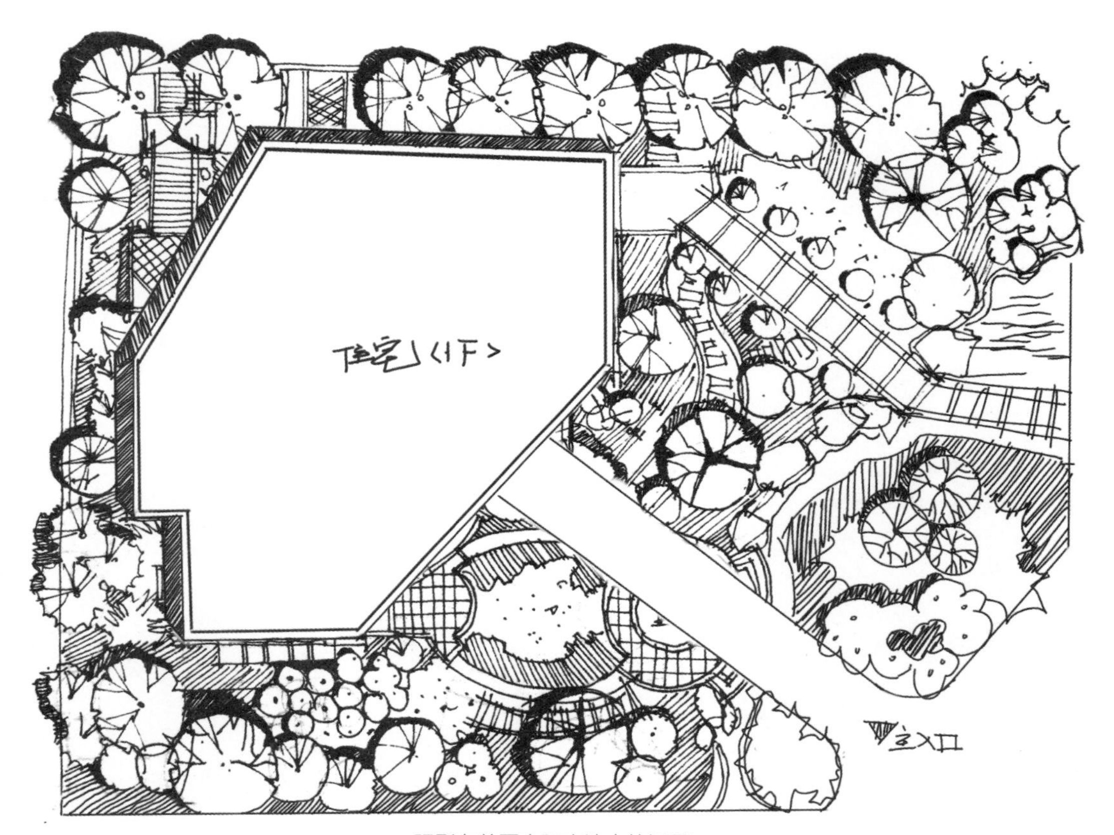

阴影在总图实际表达中的运用

本张图可以说是偏景观的带一层平面功能的总图，因为带上了一层功能，所以也就省略了建筑阴影，而着重强调建筑周围环境的上下空间关系。光源存在于东南角，阴影长度控制得恰到好处，既没有遮挡道路关系同时也很好地反映了配景的尺度大小。

2.4.2 立面图阴影

在推敲实际方案时，立面主要反映了方案的造型，虽然说有效果图能够说明建筑的形体问题，但是纯粹的建筑体量关系还得看立面。

阴影在交代建筑前后关系和体量大小上起着决定性作用。

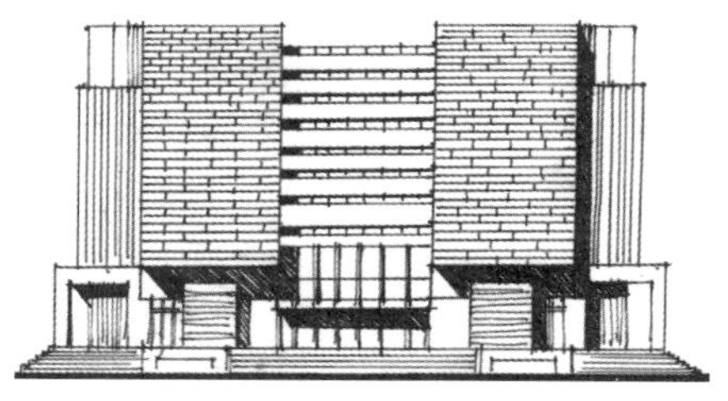
有阴影的立面

没有阴影的立面

在徒手表达时没必要苛刻地精益求精，当刻画立面阴影时一般有以下几个要点。

1. 光源方向

一般考虑光从立面正前方左侧或右侧斜45° 角射下来。

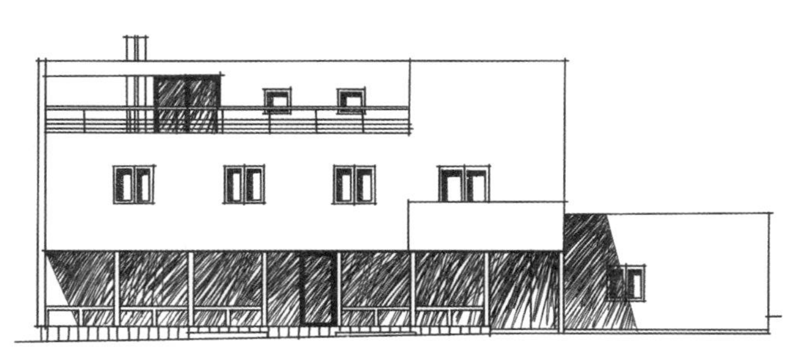
光从左侧45° 角射下来

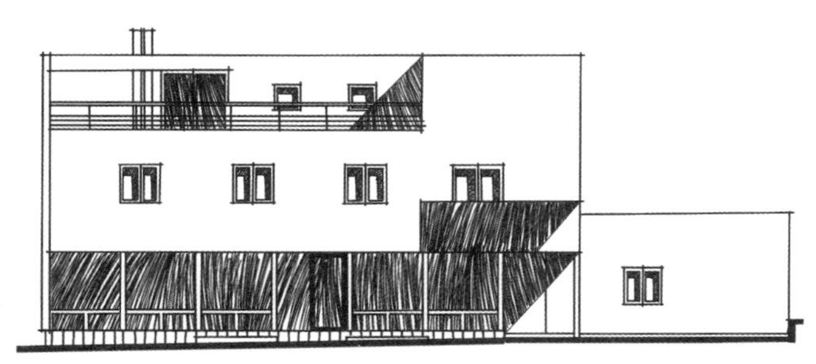
光从右侧45° 角射下来

2. 投影长度

一般情况下，投影长度与建筑本身构筑物突出的实际长度相同，可根据实际情况酌情增减。

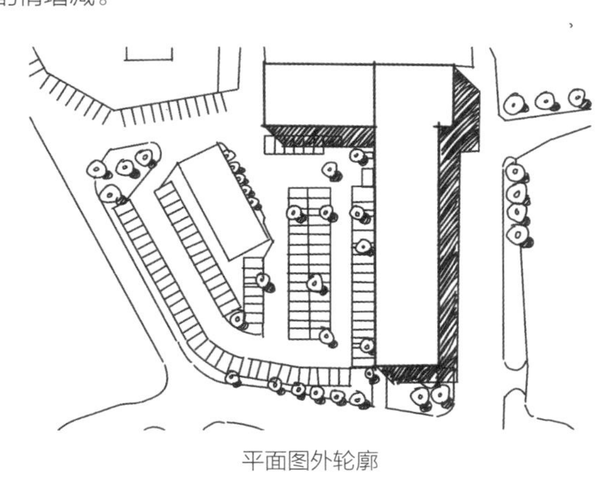
平面图外轮廓

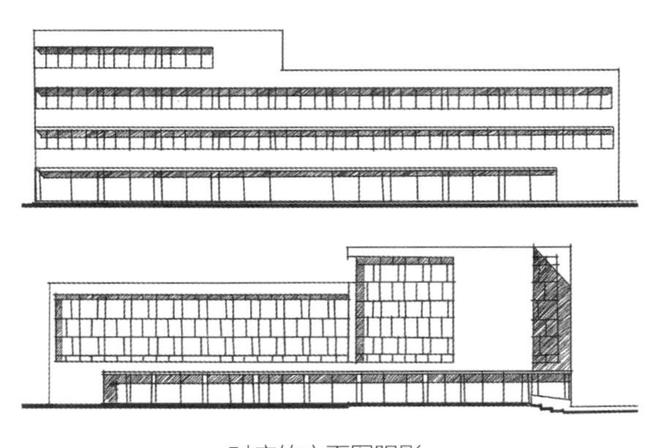
对应的立面图阴影

阴影在立面图中的实际应用

2.4.3 透视图阴影

在手绘实际应用当中，透视图的阴影一般是依据基本原理再结合创作者自身的经验画出来的。如果按照正规的几何画法去求透视图阴影是非常繁琐和麻烦的。在实际手绘中不可能也没必要那样做。透视图阴影的刻画方法是千变万化的，它既遵循常理，有时也打破和违背常理。

唯一不变的准则是：一切处理都是为了画面的美而服务。有时候太过于遵循常理画面反而会陷入呆板和局促，合理的不一定是美的，这个时候就需要打破常规大胆地主观处理。

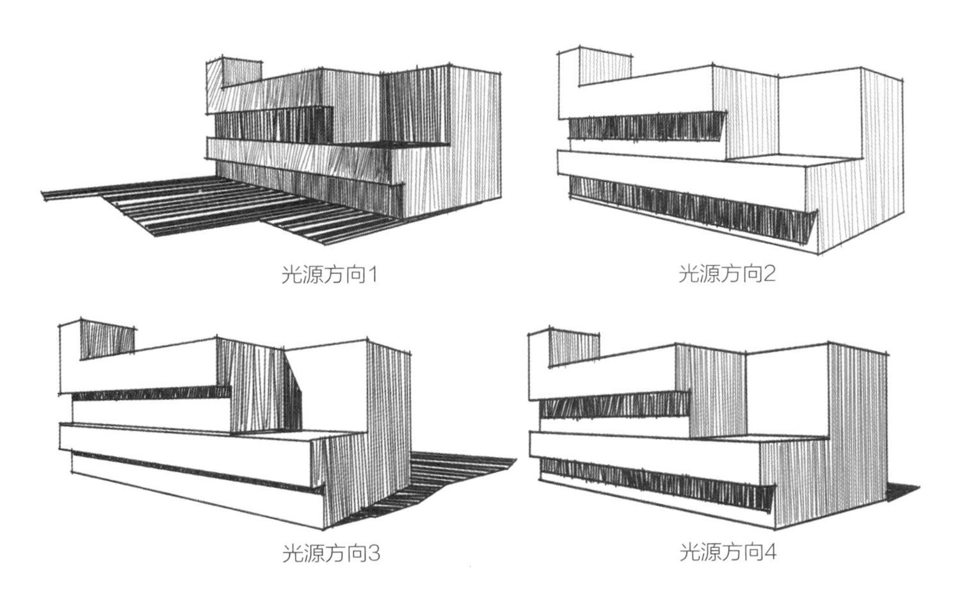

光源方向1　　光源方向2

光源方向3　　光源方向4

阴影在效果图中的实际运用1

分析1：由于光线是从正面右上角摄下来，所以转角处最亮。

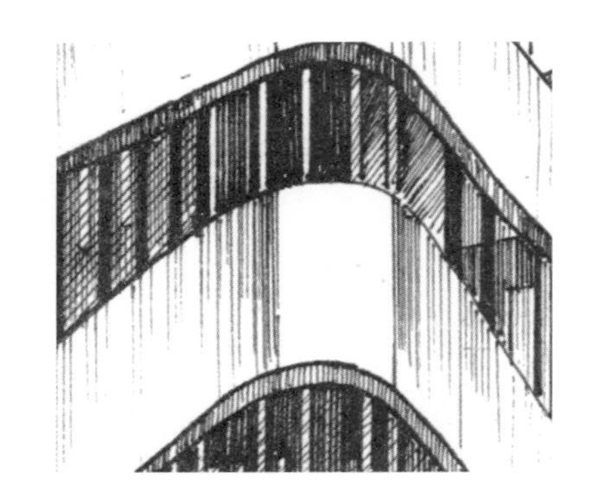

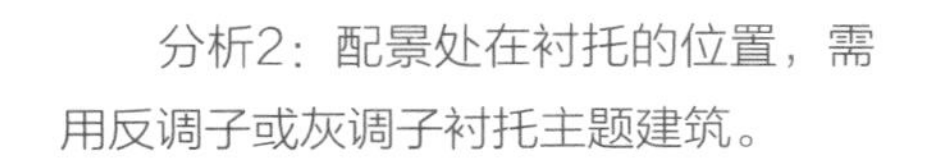

分析2：配景处在衬托的位置，需用反调子或灰调子衬托主题建筑。

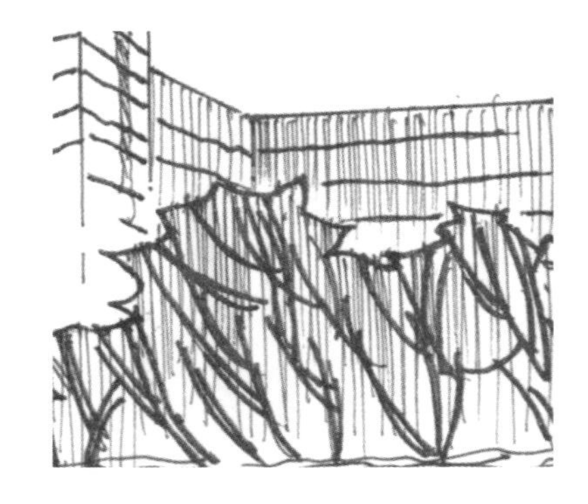

分析3：前景为衬托主题完全概念化，单一横向抖线强调前景存在。

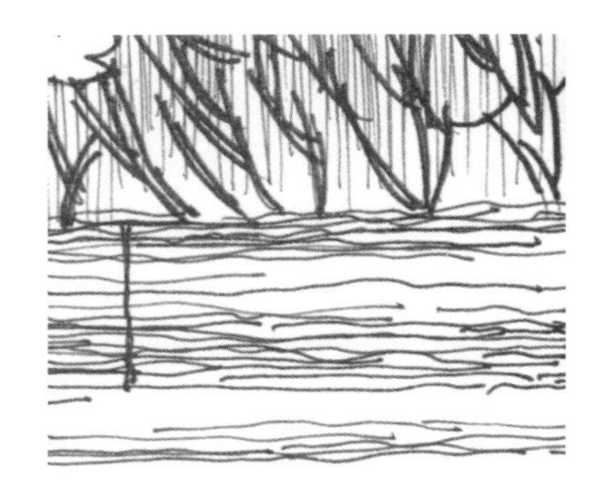

分析4：近景的树用白描的手法进行处理，不过分强调明暗。

分析5：入口处受到地面反光和本身材质的影响会有高光存在。

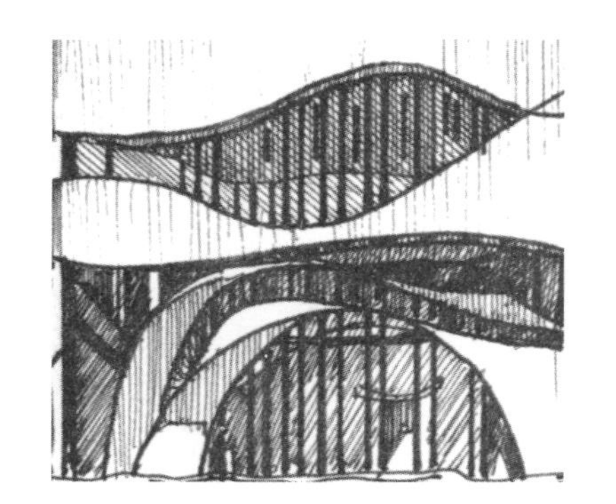

分析6：远景基本处理成灰块面，不过分强调明暗，只为衬托主体。

阴影在效果图中的实际运用2

2.5 明暗

在建筑手绘的实际运用当中，仅明白了光从哪里来是远远不够的。一个体块在光的作用下哪个面最亮、哪个面次亮、哪个面最暗、哪个面次暗，只有明白了这些概念才能有效地区分各自不同的面，才能很好地抓准建筑各块的转折关系。

2.5.1 立方体的明暗变化

立方体的实际明暗刻画的基本规律如下。

（1）影子永远是最暗的地方。

（2）背光面（暗部）由于受到地面和其他环境的反光而相对影子要亮一点。

（3）同样处在受光情况下的两个面，与光线夹角越接近90° 的面越亮。

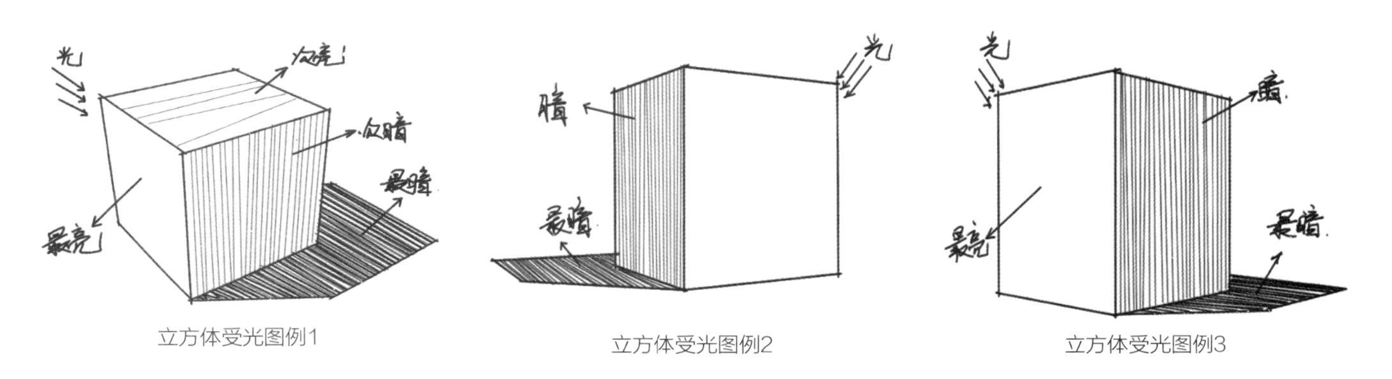

立方体受光图例1　　立方体受光图例2　　立方体受光图例3

立方体的明暗变化在实际中的运用

2.5.2 圆柱体的明暗变化

圆柱体受光的图例如下。

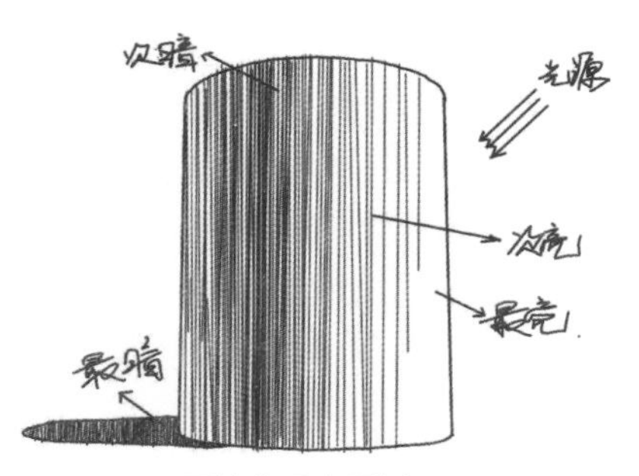

圆柱体受光图例1

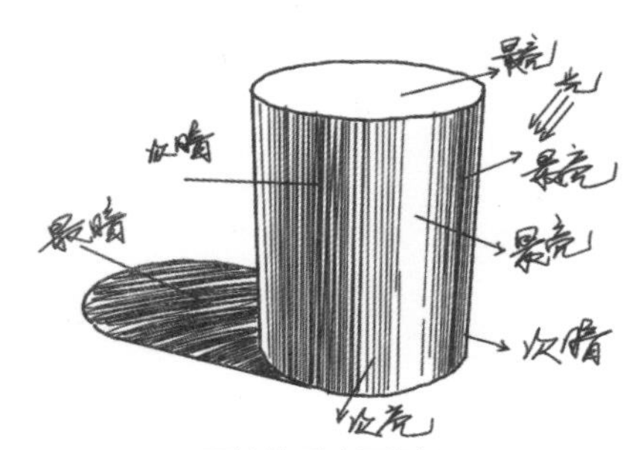

圆柱体受光图例2

分析1：在建筑手绘当中一定要记住的是细节最多的一定是建筑本身。

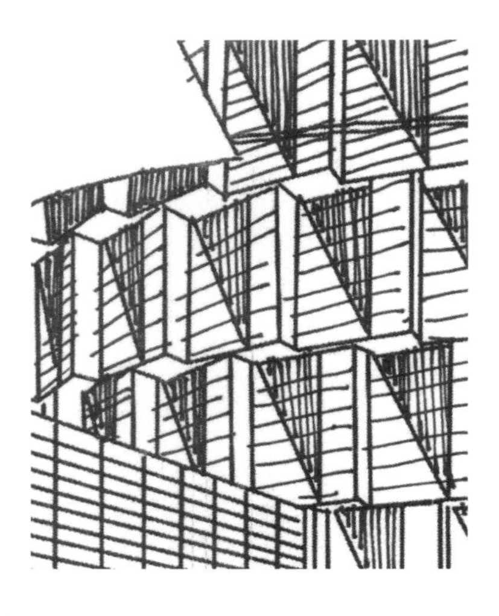

分析2：极具简化特色的配景非常具有建筑味道。

圆柱体的明暗变化在实际中的运用

2.5.3 建筑明暗实例分析

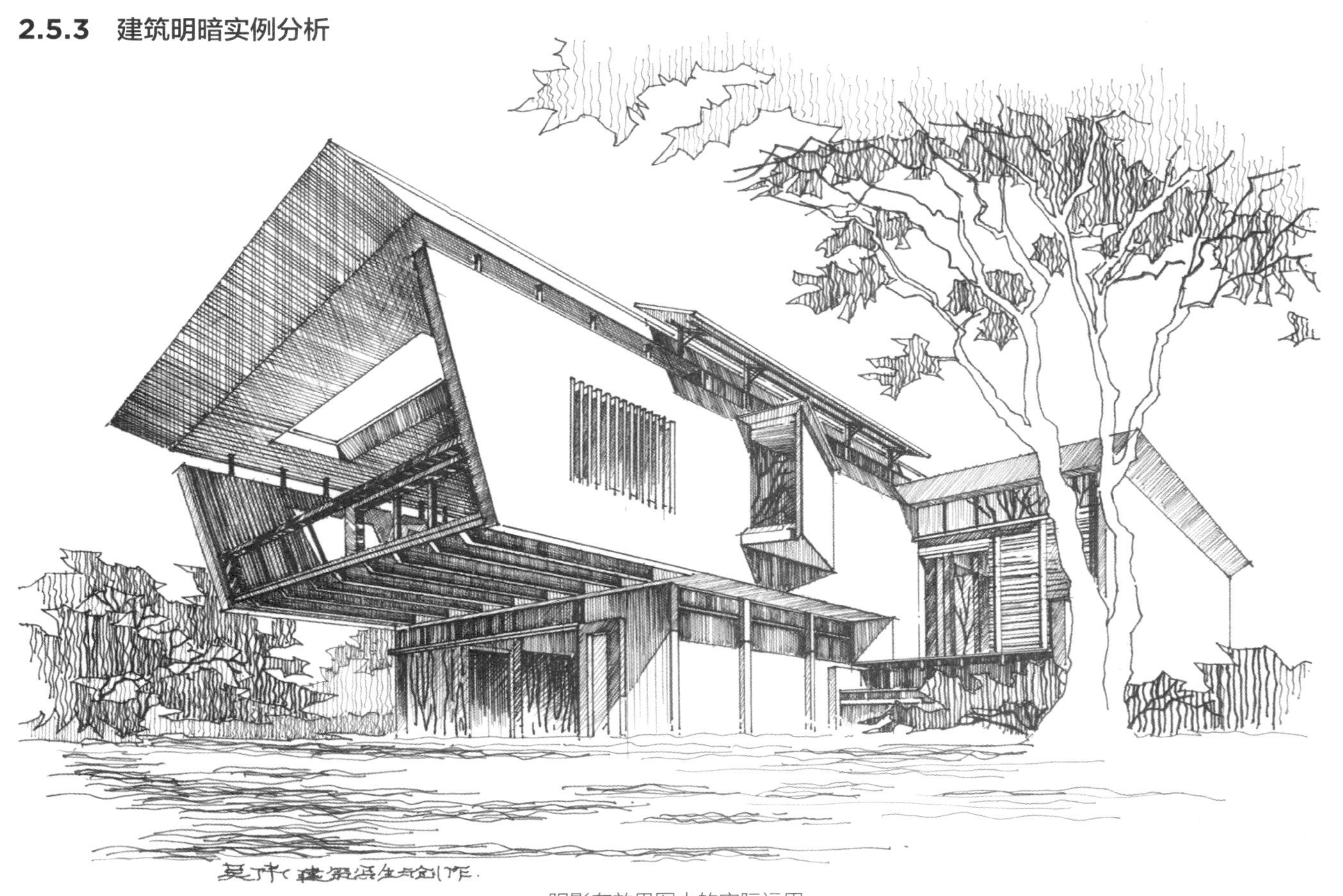

阴影在效果图中的实际运用

分析1：配景不过分强调材质、品种等细节，只为衬托建筑主体。

分析2：受光面部掺杂任何灰调子杂质，与背光面形成强烈对比。

分析3：配景最黑的地方也不能超过建筑的暗部，这样才能凸显建筑。

分析4：前景路面采用最大化概念处理，横向抖线稍稍强调调子。

2.6 高光

高光是建筑本身受光最充分的地方，也是最亮的地方。高光在实际运用中虽然所占面积比重不大，但在某些风格的画法中却起着非常关键的作用。

高光在立方体组合运用中的实际效果

2.7 光感的过渡

当阳光照射到一个建筑上时，由于受到空气透视的影响，受光面离视点越近越亮，离视点越远越灰。背光面离视点越近越暗，离视点越远越灰。

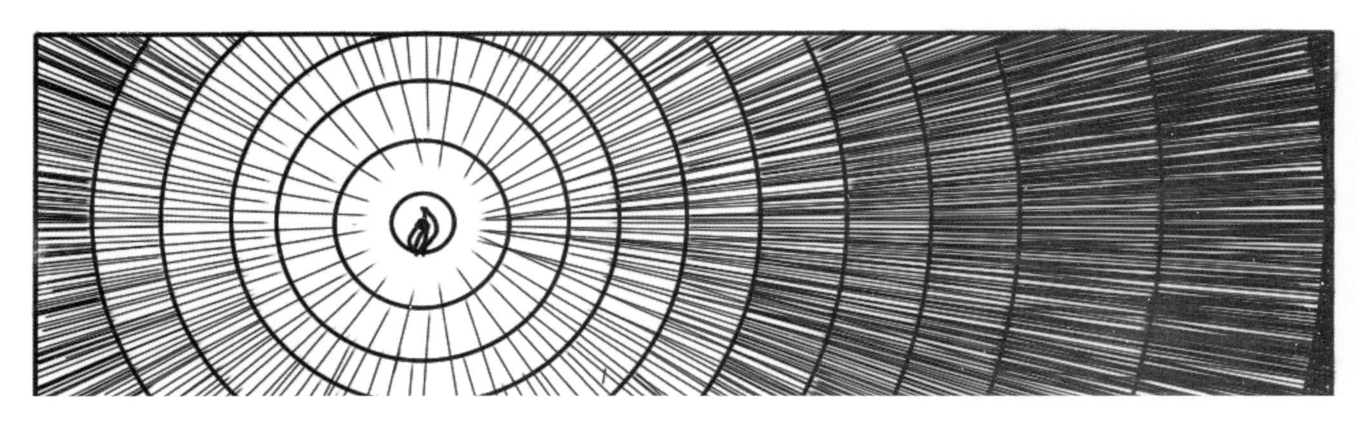

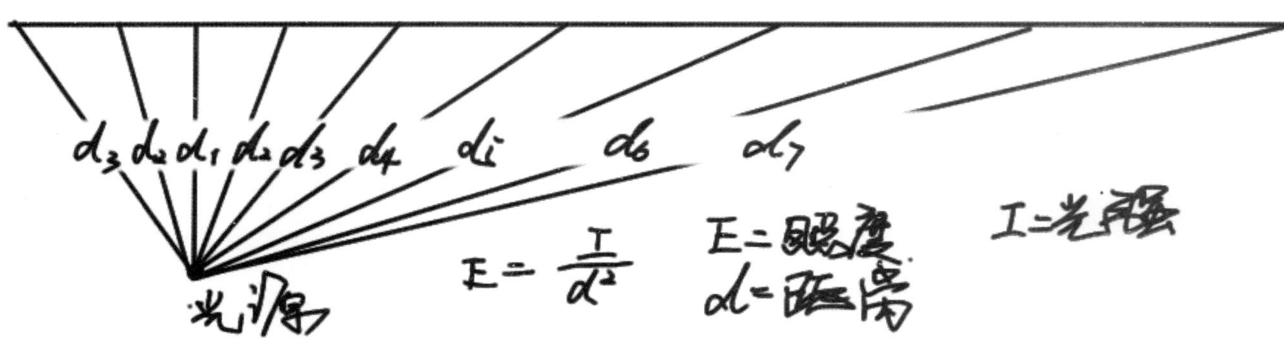

过渡原理图

2.7.1 透视的过渡

（1）一个墙面越靠近地面，受到地面的反光越强，墙面越亮。反之越暗。

（2）站在地面上看高层建筑，越往高处越暗，越低的越亮。

（3）由于受空气透视的影响，越靠近视点阴影越重，离视点越远阴影越浅。

（4）有些造型特殊的建筑，如圆柱体、球体、半球体等，因为这种类型的建筑受光不均匀也会产生光影过渡效果。

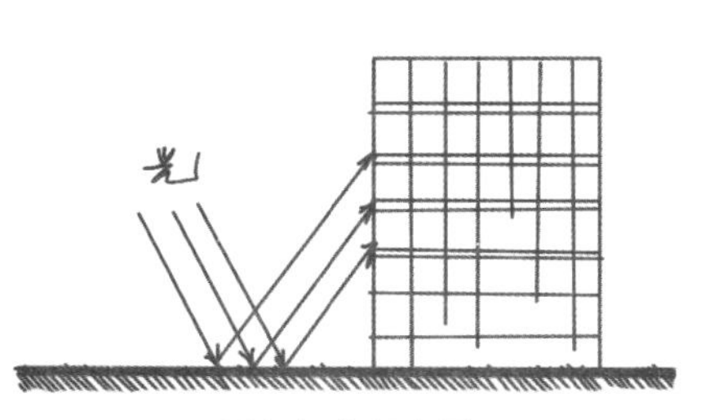

理论（1）示意图

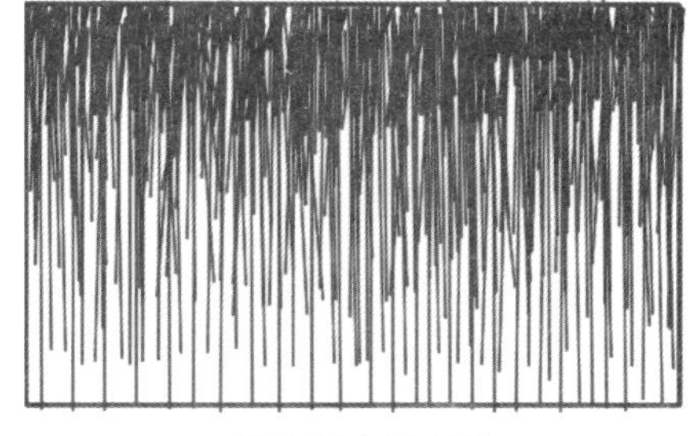

理论（2）示意图

理论（2）在透视中的运用

光感过渡的实际运用效果

2.7.2 阴影的过渡

物体受光线的照射会产生受光、背光和投影三个面，而背光面和投影面由于受到相互之间反光的影响、环境反光的影响以及本身材质的影响而会产生十分明显的过渡效果。

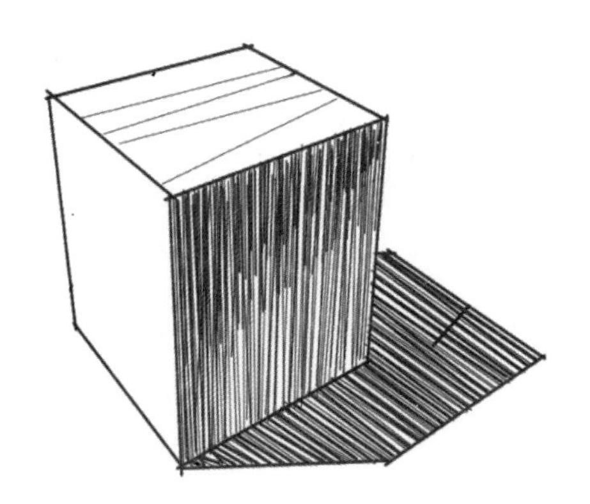

阴影对比示意图

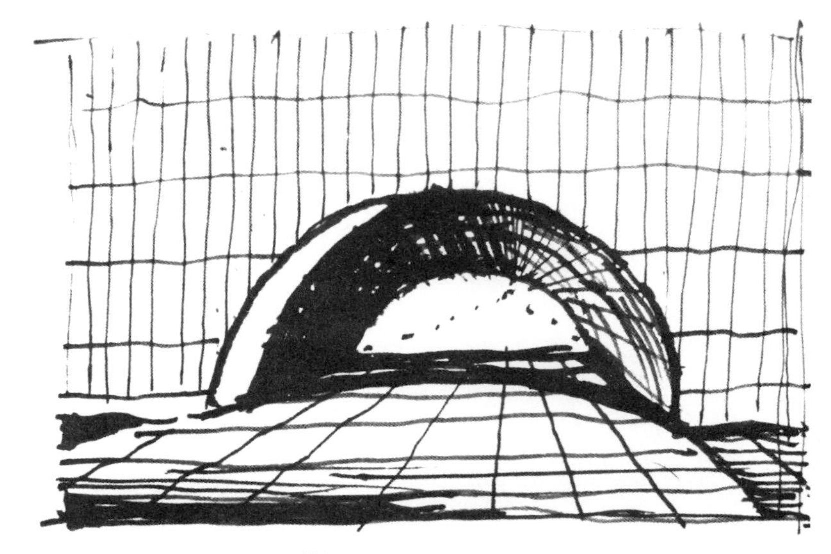

拱门的阴影退晕实际效果

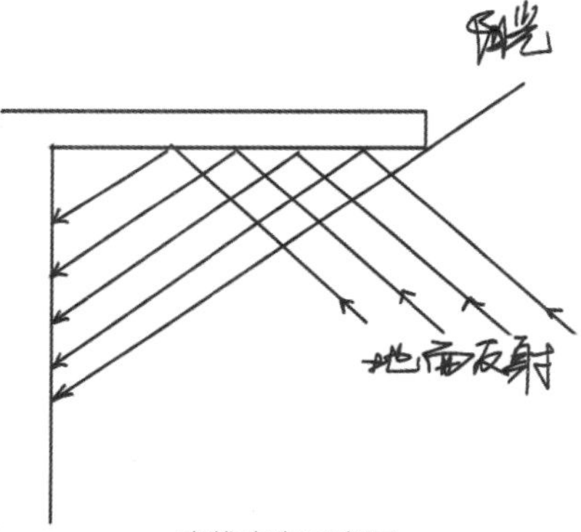

光线走向示意图

实际阴影示意图

阴影过渡的实际运用效果

2.8 材质

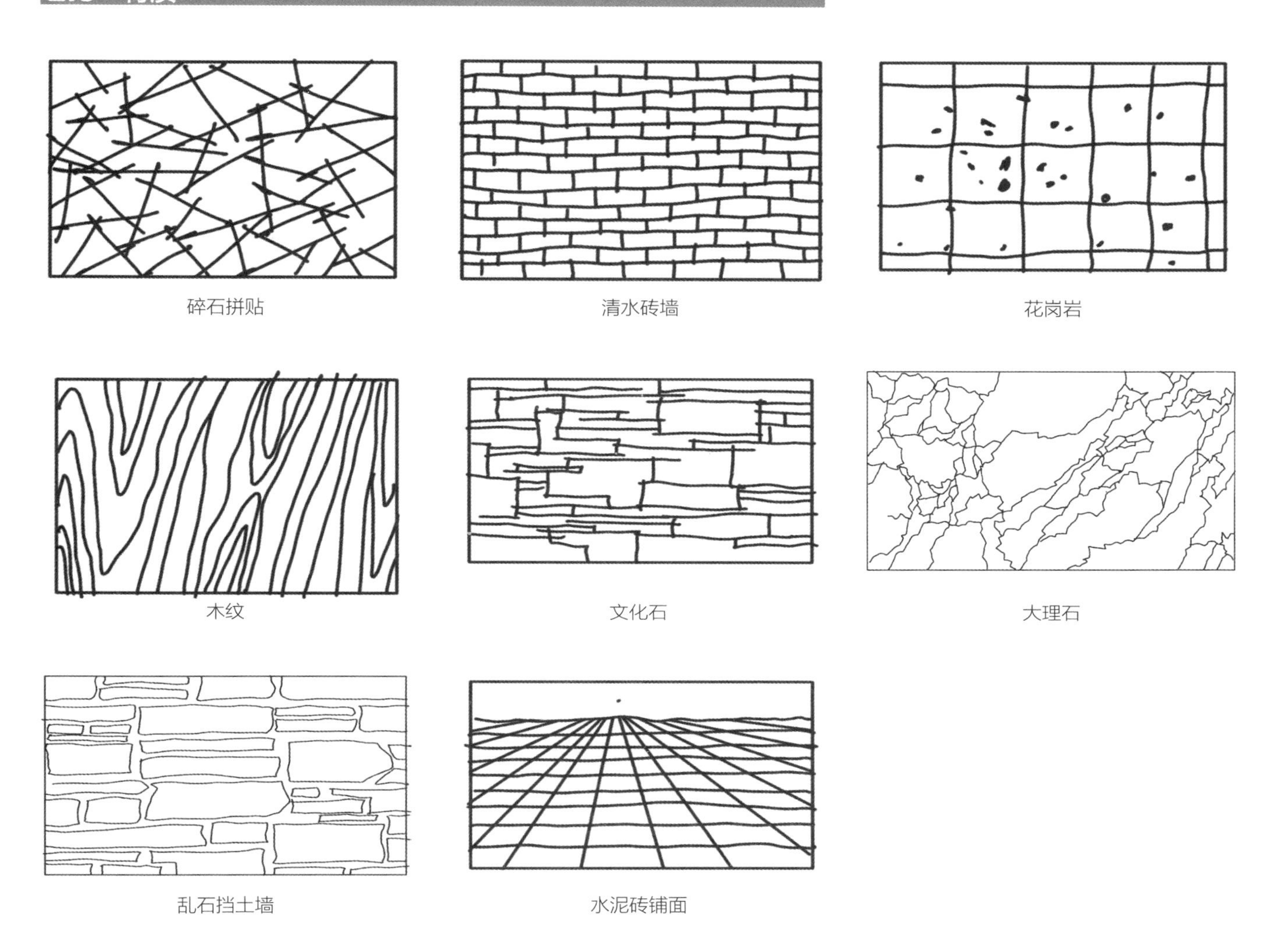

碎石拼贴　　清水砖墙　　花岗岩

木纹　　文化石　　大理石

乱石挡土墙　　水泥砖铺面

2.9 构图

构图是指创作者在一定空间范围内对自己要表达的现象进行组织安排，形成形象的部分与整体之间、形象空间之间的特定的结构形式。简而言之，构图是造型艺术的形式结构，包含全部造型因素与手段的总和。

在各种造型艺术中，构图称呼有别，例如绘画中的“构图”、设计中的“构成”、建筑设计中的“法式”与“布局”、摄影中的“取景”。

构图包括以下方面。

（1）艺术形象在空间位置的确定。

（2）艺术形象在空间大小的确定。

（3）艺术形象自身各部分之间、主体形象与陪体形象之间的组合关系。

（4）艺术形象与空间的组合关系及分隔形式。

（5）艺术形象所产生的视觉冲击和力感。

（6）运用形式美法则和产生的美感。

构图显示了作品内部结构与外部结构的一致性，反映了作者思想感情与艺术表现形式的推移性，是作者人格力量和艺术水准的直接体现，也往往是艺术作品思想美和形式美之所在，所以构图能力在美术创作和美术欣赏中占有相当重要的地位。

2.9.1 取景

好的取景至少要达到以下两个要求。

（1）主题是什么。

（2）在线条、块面、明暗上画面是否均衡。

一张好的作品，只能有一个中心，其他景物都是为了说明烘托中心的。取景时，我们要尽量设法突出和强调这个中心，做到有主有次，主次分明。

画面布局非常重要，布局安排合理能使画面章法井然，主题突出。眼睛看到的和画面中表达的最大的区别就在于眼前的世界是大世界，作者可以移动视线观察它的任何一个角度。而画面中的事物是有限的，在作者取景时就必须考虑到画面的布局、主题和主体。

从范围上考虑，选取的景物可以分为全景、中景和特写。

全景就是展现景物全貌的，全景取景能从宏观上展现景物全貌，它适用于表现场景中一定的气氛和气势。

特写主要反映局部和细节。

中景是一种介于全景与特写之间的画面形式。中景既有全景的某些氛围特点，又不失特写中某些细节的妙处。它适合表达情节，传达感情，因此也是画面中运用最多的取景模式。

实景照片

作为近景来处理

作为中景来处理

作为近景处理，首先需要明确画面中谁是主体建筑最想表达的部分，因为如果建筑作为近景，相对配景就会少很多，那么画面中的重点和次重点就都在建筑中去选择了。

如果建筑作为中景处理，那么始终要保证画面主体是建筑本身，不能把配景作太多的细节强调。配景作为画面的次要部分，细节上要处处注意减弱。

作为远景来处理

如果建筑作为远景处理，那么就很难去把建筑作为重点在画面中进行表达了。因为在采用的手绘处理手法中一般将重点放在画面中景的位置，所以当建筑作为远景时就成了配景了。

2.9.2 比例

画面的比例主要包括以下几种。

1. 画面的长宽比是否适合建筑

这种问题是初学者最常犯的一类错误，且不说在进行照片写生和实地写生的时候会遇到这种情况，就是在临摹阶段有很多人把一张竖构图的画临摹在了一张横向的纸张上面，这样就会导致画面左右两端显得十分空洞，还有些人将原本横构图的画面刻画在了一张竖向的纸张上面，这也是不符合规律的。

2. 画面大小与纸张大小的比例

很多人在初学手绘时控制不好画面的大小，不是画大了就是画小了。最常规的解决办法就是在用钢笔画之前先用铅笔打好底稿，特别是画面在纸张上的大小得先用画框确定一下，这样就有助于打好功底。

3. 建筑的主体大小与画面大小的比例关系

在进行照片写生或者实地写生的时候，很多人无法确定自己想要表达的建筑到底应该在画面中画多大，在这里就得明确一点，你是想要突出表达建筑还是想要突出表达整体。如果想要突出建筑元素，而非环境，那么常规做法是将建筑所占比例控制在五分之三左右，捎带前景和远景，把建筑放在中景最抢眼的位置。

4. 画面近、中、远景面积大小的比例关系

人视点是最常用的取景视点，那么在人视点取景的时候如何去控制画面中近、中、远景的比例关系呢？一般来讲首先要把建筑放在中景的位置并控制比例在画面的五分之三左右，然后在近景处放棵大树，比例控制在五分之一左右，其次是稍稍交代一下远景，同样比例控制在五分之一左右。但是这个比例不是绝对的，在不同环境下是可以上下变动的。

5. 建筑主体所在画面位置的比例关系

位置对于建筑主体非常重要，很多初学者不是把建筑主体画得太靠左右两端就是太靠上下两端，这样的话画面就很容易失衡或者建筑主体不够突出。最常见的位置是画面中心偏下一点点或者偏左或者偏右一点点，尽量控制在画面中心附近，以方便观看者最迅速地捕捉到画面的视觉中心而不用费力去寻找，也有一部分人选择用九宫格的方式去布置自己的画面，但是在建筑手绘中并不采用。

2.9.3 常见的构图方式

1. 横向式构图

横向构图多用来处理建筑外形主线条为横线的画面，能表现宽广、开阔、磅礴的气势。

实例一

实景照片

分析：仔细观察实景图片会发现，图片本身就是一个非常地道的横向构图，前景植物竖向线条明显，在构图上打破画面一层不变的横向构图，远景在线条上再稍加变化。

仔细对照实景照片和处理完之后的画面，不难发现作者对前景植物改动比较大，理由是照片当中的前景植物形态不够漂亮，然后在远景增添了一颗乔木以平衡构图。

实例二

实景照片

分析：实景照片是一张不折不扣的横向构图，实景中缺少配景，在画面搭配上也基本没有近中远景，所以在处理画面的时候就不得不主观地进行添加和改动。

近景和远景都采用了大型乔木作为画面呆板的横向构图的调味剂，配景虽然都有交代，但是基本上都以极简的手法进行处理，特别是远景的配景，几乎没有交代细节。

2. 竖向构图

竖向构图也称垂直构图，通常用于表现具有垂直高大特征的建筑，如高层或超高层建筑。使用竖向构图的方法会给画面带来较强的视觉冲击力。

竖向构图稳定性不如横向构图，但是能够产生很强的垂直力，给人以力量感。运用竖向构图可以使画面主体更加明确突出，给观看者留下深刻的视觉印象。

比如在刻画高层和超高层建筑时，通常就得用竖向构图，原因很简单，因为高层和超高层建筑本身就是竖直的，运用垂直构图能够快速将观看者的目光吸引到主体上。同时，垂直的画面更能给观看者带来动态感。在实际运用中，横竖构图是用得最多的两种构图方式，所以初学者要扎实地掌握好这两种构图方式。

实例一

分析：实景图为竖向构图，不足之处在于前景太空，面积太大，中间乔木不好处理，左边缺少透视引导线。

画面基本依照原图进行处理，作者在前景中加上了人物以丰富画面。中间的乔木采用白描的手法减弱对画面主体的冲击，再通过横向阴影打破竖向的呆板。

实例二

分析：本图建筑造型独特，可画性很强。细节繁多，在处理的时候就必须把握好取舍，什么都画等于什么都没画。

原图中的三点透视被作者改弱了，视点也拉高了，主观处理成分非常大，当然舍弃的部分也非常多。

3. “V”型构图

“V”型构图是最富有变化的一种构图方式，其主要的变化表现在方向的安排上。不管是横放还是竖放，其交合点不必是向心的。单用“V”型构图时，画面的不稳定性极大，而双用时，画面不但具有向心力，而且稳定感得到了满足。

仔细对照原始图片，不难发现V型构图十分明显。

原始图片

小景分析

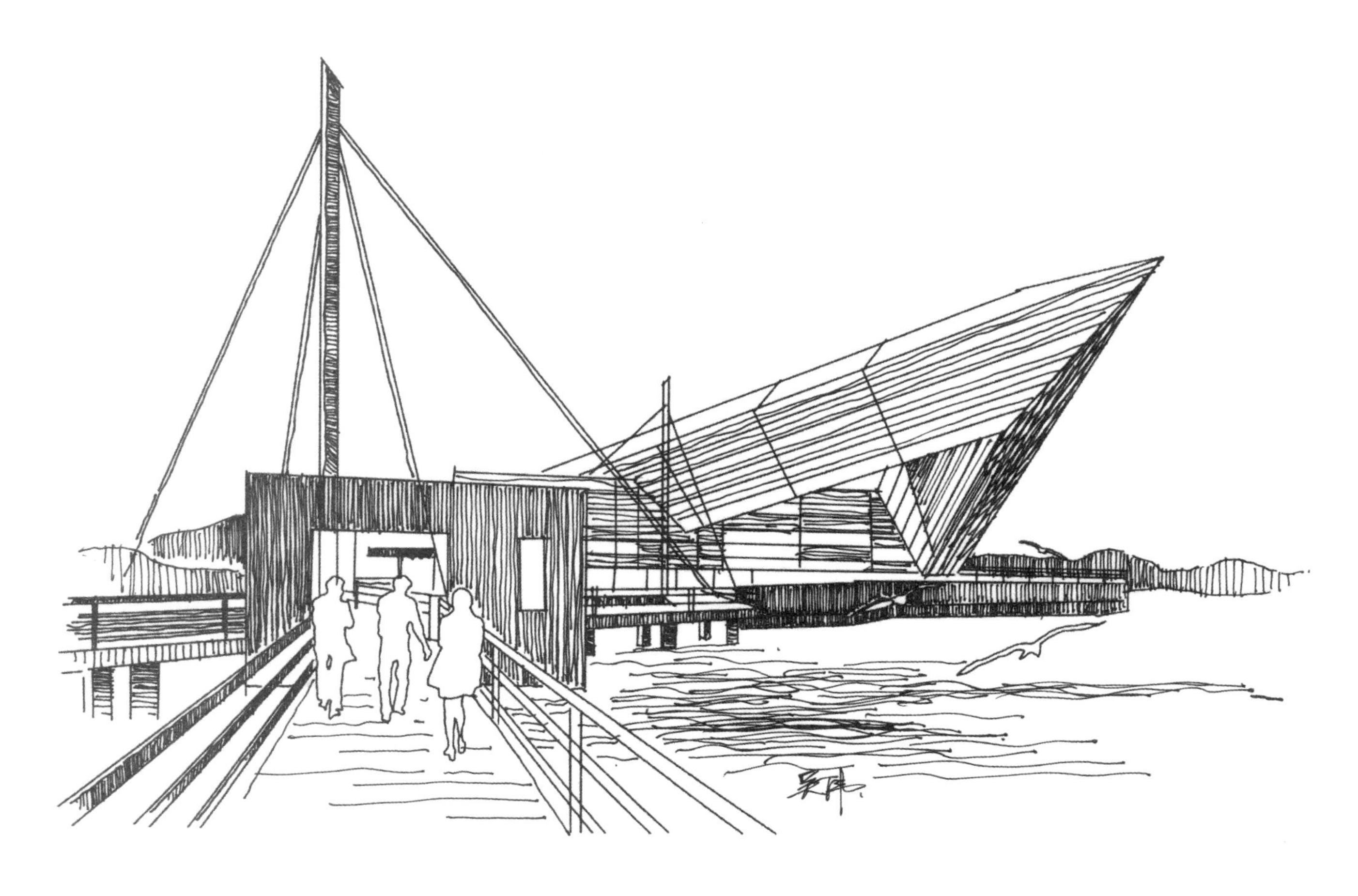

对照图片，画面和图片的相似度还是很高的，作者把前景人物采用留白的手法用背景墙面的黑调子衬托出前面的人物，这样就加大了画面的前后关系。前景的浮桥画面相对图片要亮很多，这也是为了拉大前后关系。

4.“S”型构图

“S”型构图也称曲线型构图。“S”型构图富有活力和韵味，“S”型画面生动活泼，观众的视线往往容易随S型向纵深移动，可有力地表现其场景的空间感和深度感。“S”型构图最适于表现自身富有曲线美的场景，如河流、羊肠小道、蜿蜒的马路等。

实例一

原图十分紧凑、饱满，处理起来需要大胆地进行提炼和舍弃。

原始图片

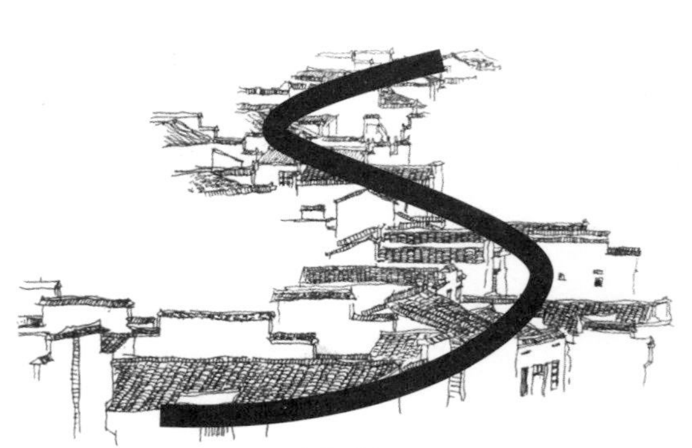

小景分析

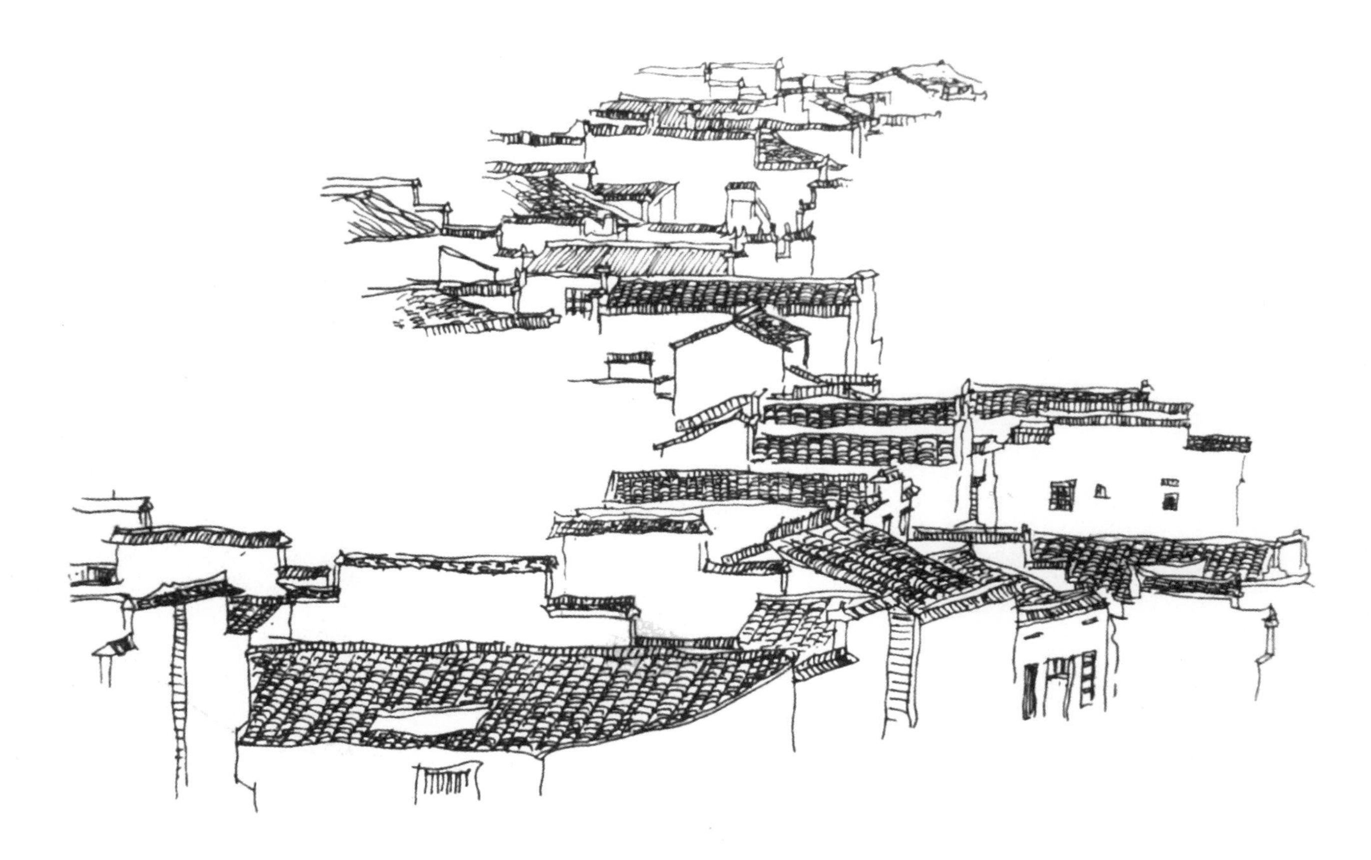

对照原图和画面会发现变动非常大，且不说画面的内容饱满程度，就连诸多细节也是大相径庭，作者为了满足心中构图的需要而大量舍弃了很多在画面中看似处在重要位置的内容。

实例二

纷繁复杂的内容如何进行处理，需要作者胆大心细。

原始图片

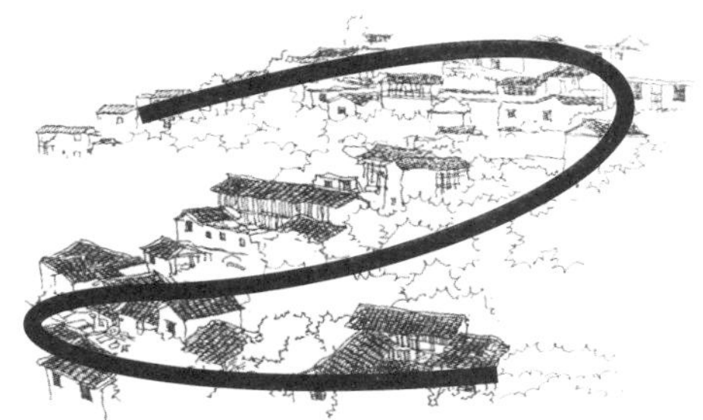

小景分析

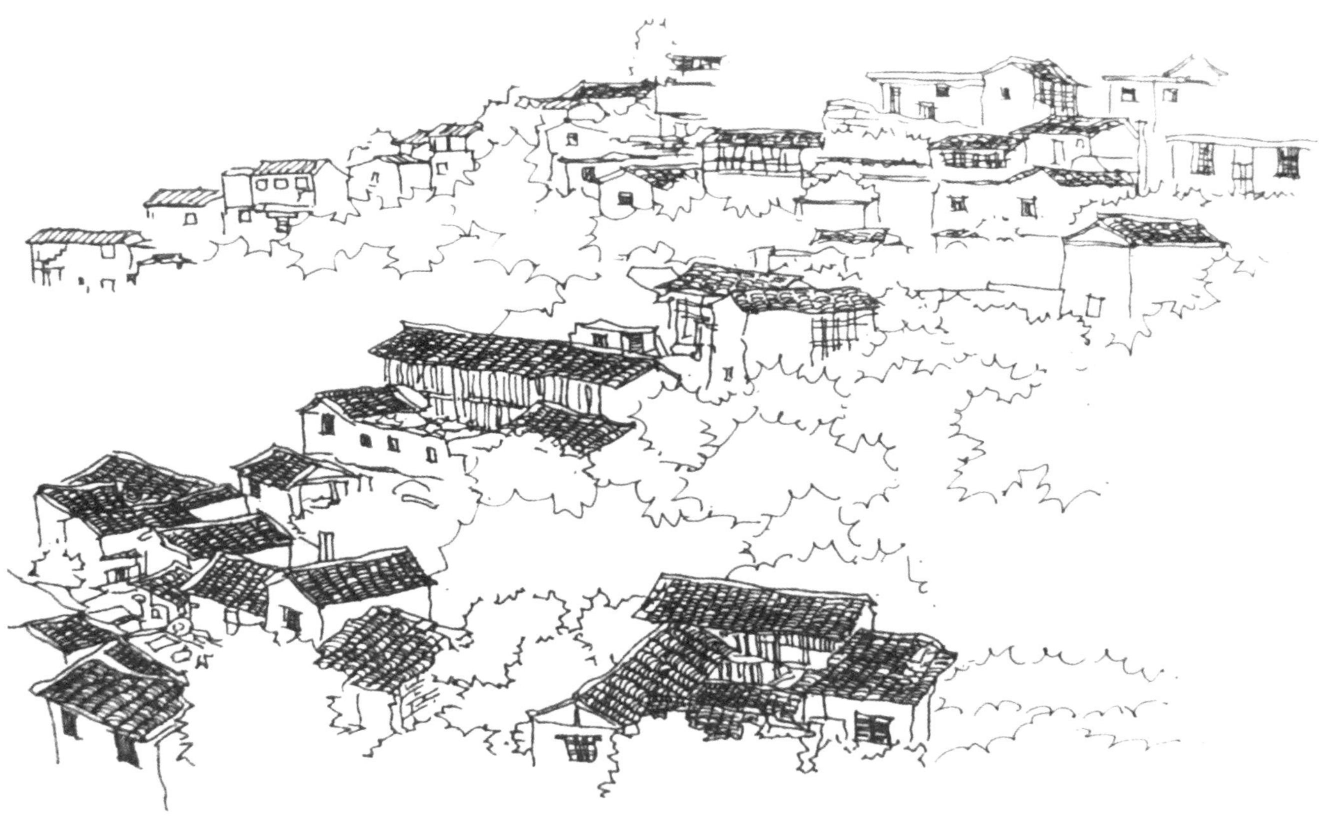

将图片中密密麻麻的房屋进行主观提炼，最后成了一条蜿蜒的“S”型长蛇伸向远方，观看者不难发现其实S型构图的空间张力是非常大的，要是选择面面俱到估计就毁掉整个意境了。

5. “X”型构图

“X”型构图具有很强的向心感，该类型构图中的景物具有从中心向四周逐渐放大的特征，有利于把人们的视线由四周引向中心。总之，“X”型构图具有焦点突出的特点。

实例一

“X”型构图最常见的就是用来处理街景和巷道。

实景照片

小景分析

本张图片的处理采用的是线面结合的处理手法，以线为主，有些细节则采用了明暗反转的手法。对比图片的画面会发现左边街区的黑白灰分布有所不同，这主要是因为作者为了加强画面的节奏感。

实例二

两边的房屋处理成重灰调子，街道和天空尽量留白。

实景照片

小景分析

原始图片左边的房屋细节几乎是看不清的，这样就为后期处理带来了很大麻烦，作者在处理时把左右两边房屋的受光方向做了主观的反向，同时把左边墙面进行留白以强化画面的节奏关系。

6. “W”型构图

“W”型构图特点是稳定感强，趣味性十足，作者在运用“W”型构图时要注意视觉感受和细节变化。

原始图片为三角构图，三角构图转化为“W”型构图其实不难。

实景照片

小景分析

原图是没有左右两处乔木配景的，作者之所以会主观地添加这么多配景，目的有三：一是为了丰富画面内容；二是为了改变画面构图；三是为了丰富画面空间关系。

7. 金字塔式构图

金字塔式构图又称三角构图，通常是以三个同性质的事物来组织画面。其中，正三角构图最为稳定，给人以心理上安定坚实的感觉；反三角构图则给人一种强烈的不稳定感。三角构图在处理画面时会经常用到，一般画面的最高部分为主体，两边低矮部分为辅。

实例一

图片中的主体由两个部分组成，黑白灰关系上重调子主要集中在下面，但画面采用了黑白对调的手法。

实景照片

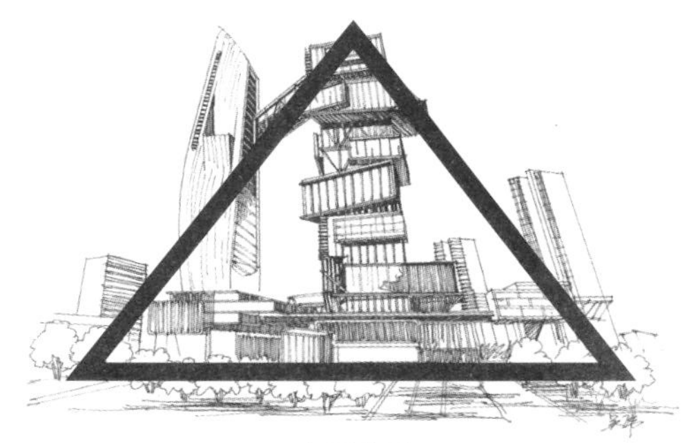

小景分析

画面基本采用上实下虚的手法，前面提到过，在处理仰视角度的时候会发现背光面越往视线上面走会越黑，越往视线下面走会越灰；越往上对比越强，越往下对比越弱。

实例二

图片中三角构图明显，但不规则，判断时可以主观一些。

实景照片

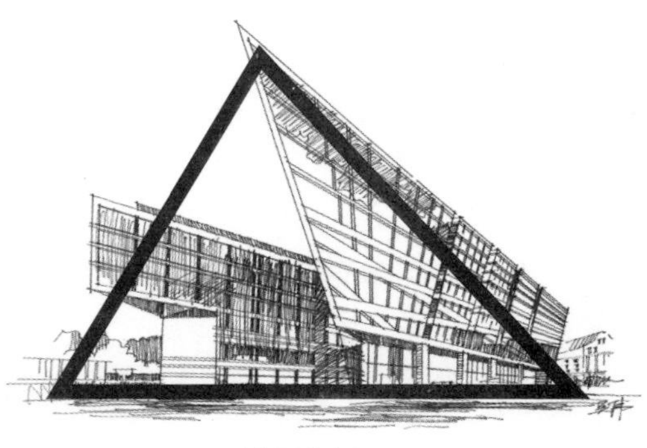

小景分析

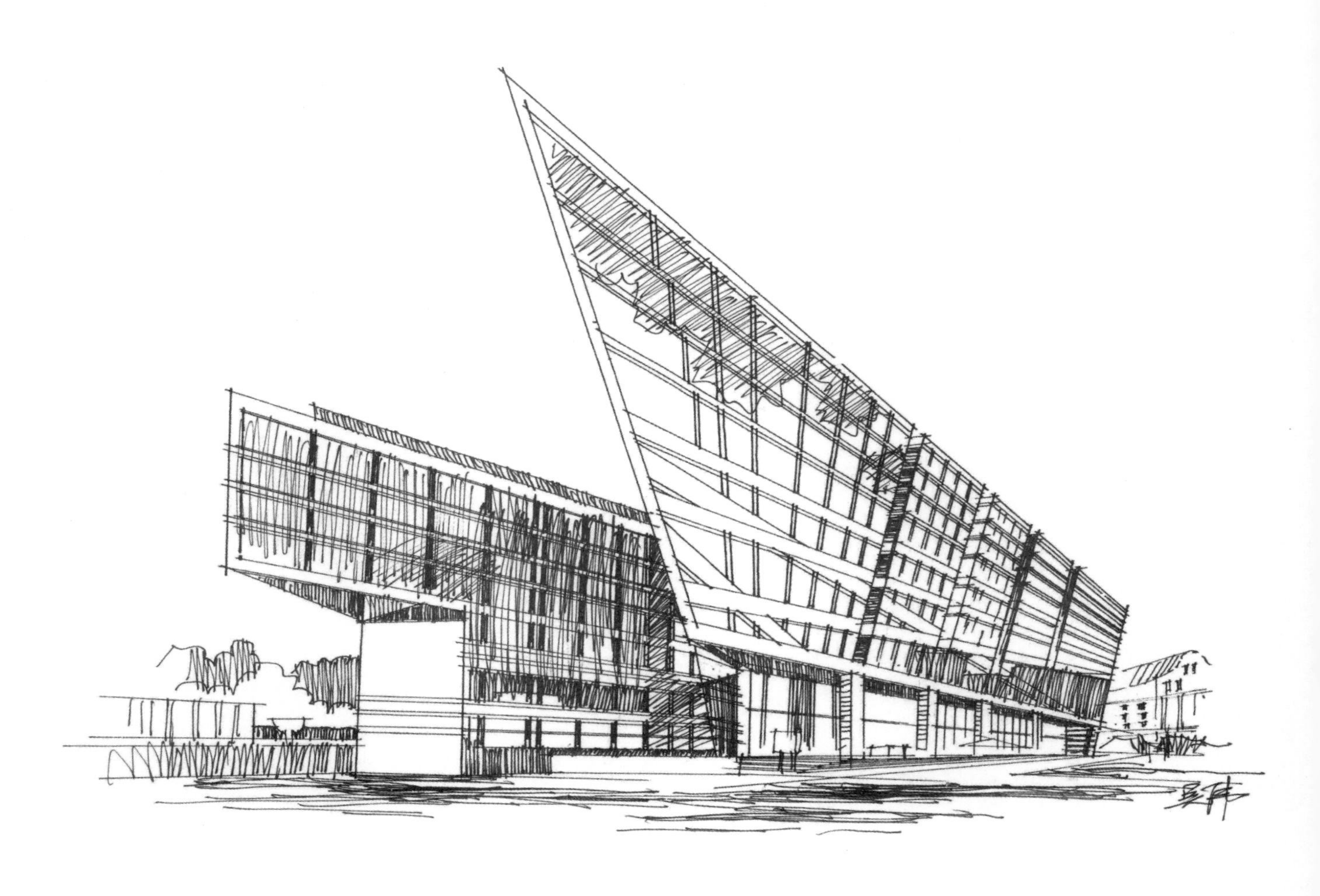

图片是一张一点透视的三角构图，建筑主体呈不规则的形状，图片本身趣味十足，处理时就不需要主观加入太多的配景进行调整。

8. 框景构图

风景写生过程中，运用框景式构图的成功在于一个适合画面主体的框架，如一棵树或一扇门。选择框架式前景能把观众的视线引向框架内的景物以突出主体，将主体影像包围起来形成一种框架可营造一种神秘的气氛。

图片本身并不是框景构图，在处理的时候就需要作者有厚实的经验以及细腻的观察。

实景照片

小景分析

框景构图的景框要求既能丰富画面，又能不抢主体。一般情况下，景框尽量处理成灰调子，不要对比太过强烈，但是也不能太没有变化。

2.10 对比

对比是评定一个画面好坏的核心标准，如果一个画面对比太少太弱，那么画面容易闷，没有重点。而对比太多太强，又容易使画面太碎，太没有重点。一个画面如果没有明暗对比就没有光影，没有虚实对比就没有空间。

2.10.1 大小对比

大小对比就是画面中形体大小的对比，构图中的大小对比就是在同一画面利用大小两种形象以小衬大，或以大衬小，使主体得到突出。

实例一

图片中建筑主体本身就带有强烈的透视。

实景照片

小景分析

画面采用线面结合的手法，以线为主，以面为辅，通过建筑主体本身的透视关系体现空间，所以读者不难发现对建筑主体的明暗关系没有做太多的强调，而是通过黑白灰的节奏变化来稍做刻画，另外主要还是通过近大远小的透视关系来塑造空间。

实例二

图片本身光影效果强烈，空间关系也很明朗。

实景照片

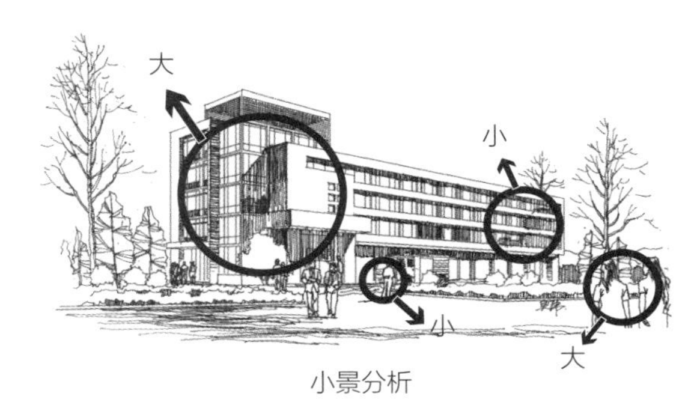

小景分析

画面和图片相似度还算比较高，主观成分较少，如前景的人物和远景的植物。稍稍改动的地方就是建筑本身的黑白灰分布，这是因为图片明暗关系合理，但是过于程式化，太呆板不够灵动，远景的建筑也太过啰嗦，在线条表达时不利于衬托建筑主体。

2.10.2 疏密对比

疏密对比在构图中十分重要。在实际手绘创作中最忌四平八稳对等式构图。要有疏有密，疏密得当，才能打破死板的画面。在国画创作中有句话叫作“疏可跑马，密不透风”，意思就是疏到可以走马，但要注意，疏不是空虚一无长物，还是得有点内容；密处风都透不过去，但不是没有一处立锥之地，千万不要让人有种密到窒息的感觉。

实例一

图片本身主体突出，阴影明朗，但缺少近景。

实景照片

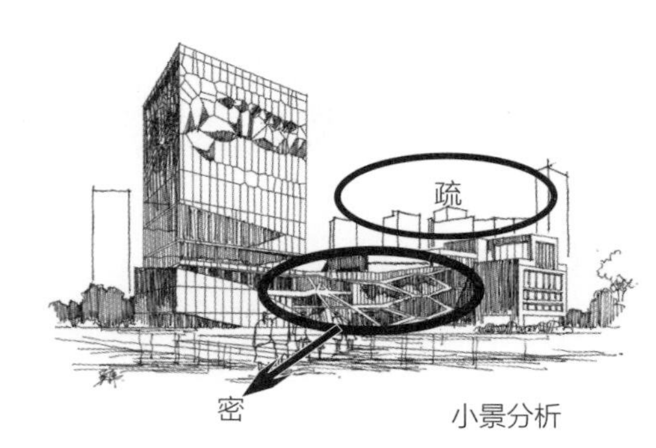

小景分析

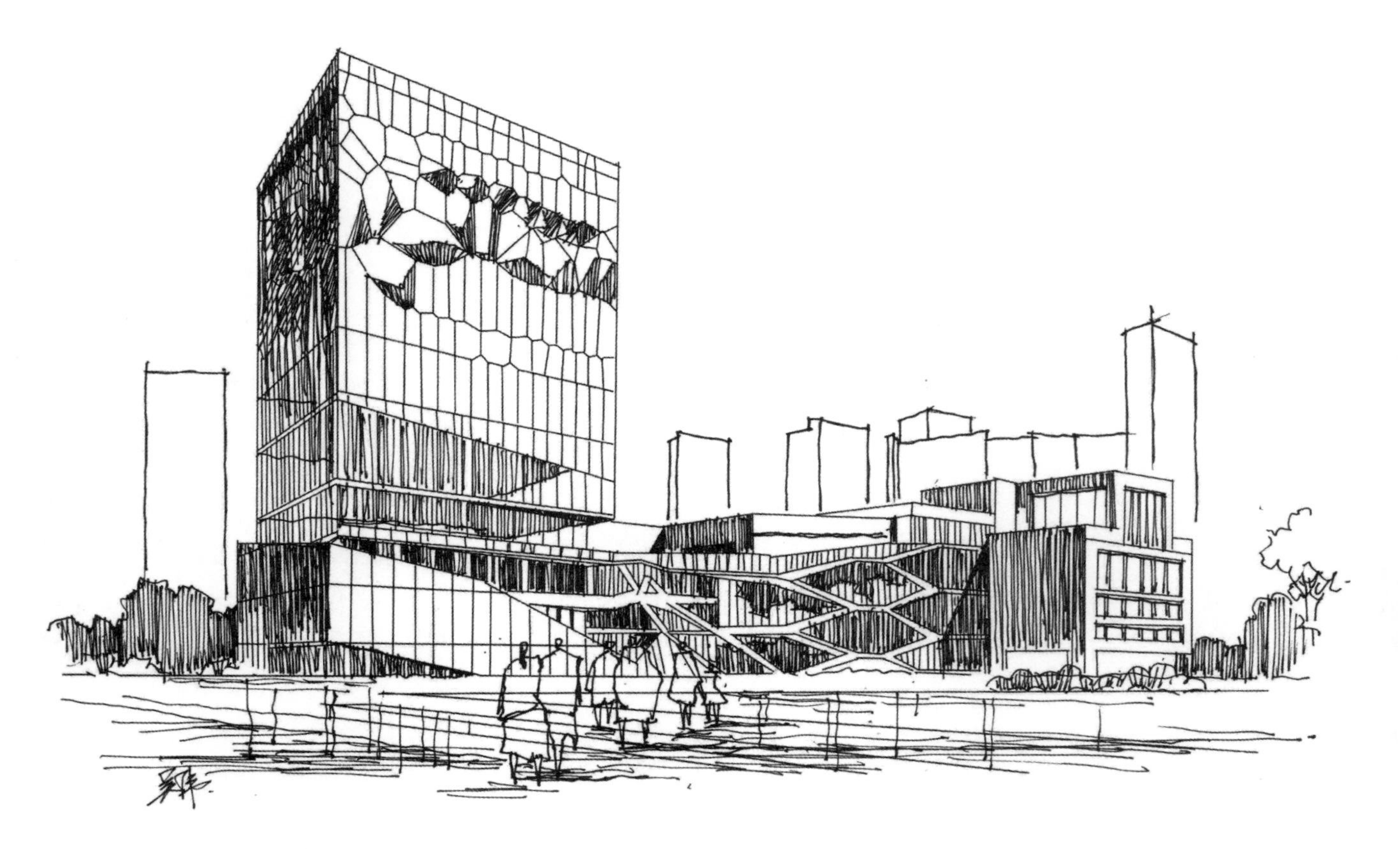

画面在原有的图片基础上主观地添加了近景人物，丰富了画面的前后关系，同时减弱了远景的植物和建筑。特别是建筑，单一地采用线描的方式把建筑轮廓勾勒出来即可，在建筑主体上增加细节，强化光影关系，背光面用密集的线条体现，受光面用稀疏的线条反映。

实例二

原始图片中光影强烈，但是细节不清。

实景照片

小景分析

原图中光影强烈，但细节看不太清，这就需要主观地进行猜测和添加。仔细的读者会发现建筑主体的暗部和远景的植物几乎粘到一起去了，这个时候就需要通过疏密对比来拉开彼此的距离，在画面当中，建筑暗部越靠近远景植物的部分线条就会越稀疏。

2.10.3 虚实对比

留心观察生活的人应该不难发现这样一个现象，离自己眼睛太近或太远的事物都看不清，而在视线适中的位置是看得最清晰的。这样的现象运用到画面中就是虚与实的关系。看不清为虚，看得清为实，对比弱为虚，对比强为实，线条细为虚，线条粗为实。但是在实际手绘当中，建筑设计师一般把建筑处理成实，配景处理成虚，配景再实不能超过建筑主体，同时，远处的配景一般要比近处的配景处理得要虚。

实例一

图片本身的光影很丰富，但建筑细节少。

实景照片

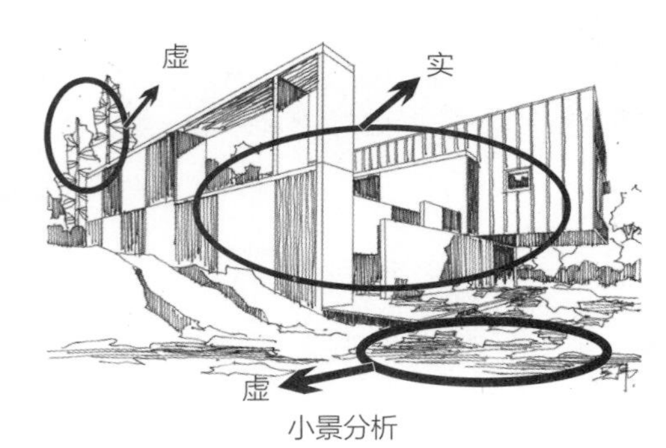

小景分析

对比原始图片，建筑主体的亮部要显得纯净得多，太过于强调图片中的光斑容易使画面碎掉。作者对前景的草地和阴影也做了大胆的提炼，在远景的植物上作者采用黑白翻转的手法进行了概括。

实例二

图片本身建筑主体突出，但是几乎没有配景进行衬托。

实景照片

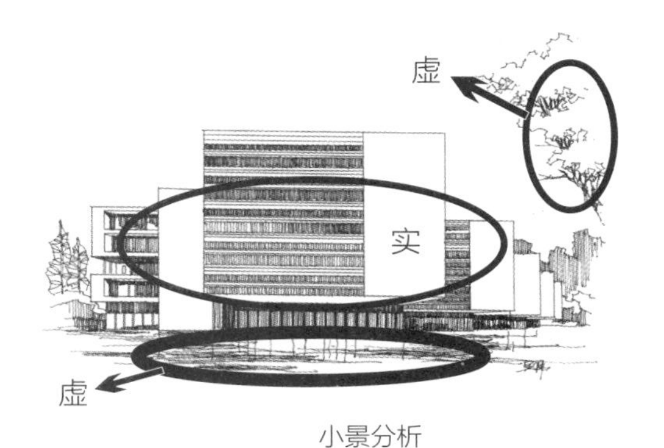

小景分析

原始图片中几乎是没有配景的，画面显得单调乏味。虽然建筑本身的空间和透视效果强烈，但是缺少应有的配景，所以作者在处理的时候主观地添加了适当的配景进行衬托。

2.10.4 明暗对比

由于物体受光情况不一样，而导致有些面暗，有些面亮，有些面介于最暗与最亮之间。画面没有了光也就没有了生气，不能给观看者带来积极的正能量。有位大师曾说过："画画其实就是在画光。"建筑钢笔画表现中一般通过黑白灰的关系来刻画画面的光感。

实例一

图片本身是一张夜景，光影关系不够明朗。

实景照片

小景分析

如果要把夜景处理成一个阳光明媚的环境，一般方法就是假设一个固定的光源，图片是一个两点透视，作者假设的光源从画面左上角射下来，知道了光源就很容易区分建筑的受光情况了，再结合自己对画面的认识与理解进行适当的主观加工，把配景的光影关系进行弱化，注意前面提到的疏密关系，建筑暗部用白描的配景衬托，建筑亮部用带调子的配景衬托。

实例二

图片光影明确，建筑细节繁琐，不利于处理。

实景照片

小景分析

建筑亮部的外墙材质作者进行了省略，为的是与暗部拉近关系。如果建筑亮部的材质进行太过细腻的刻画就把光影关系减弱了，暗部也不能全部押黑，不然就不透气了。在建筑速写中，暗部适当留白能丰富画面节奏，不至于像素描一样呆板。

2.11 取舍与重组

在实际写生当中，面对的场景中常常会有很多影响画面的细节和自己不愿去画的事物或者是太多杂乱无章的细节。在面对这些情况时就需要主观地对画面进行取舍，画面中哪些该保留哪些该舍弃，全凭自己对画面的理解和把控。评价一张作品的成熟与否，取舍占很大的成分。

还有一种情况：在有些场景中，如果能够移动其中某一个对象，画面的构图可能会好很多。这个时候就不能太遵循客观事实，必须大胆地进行重新分配，把它放到最需要它的位置。

实例一

照片中缺少配景，前景的桩子太过零碎。

实景照片

小景分析

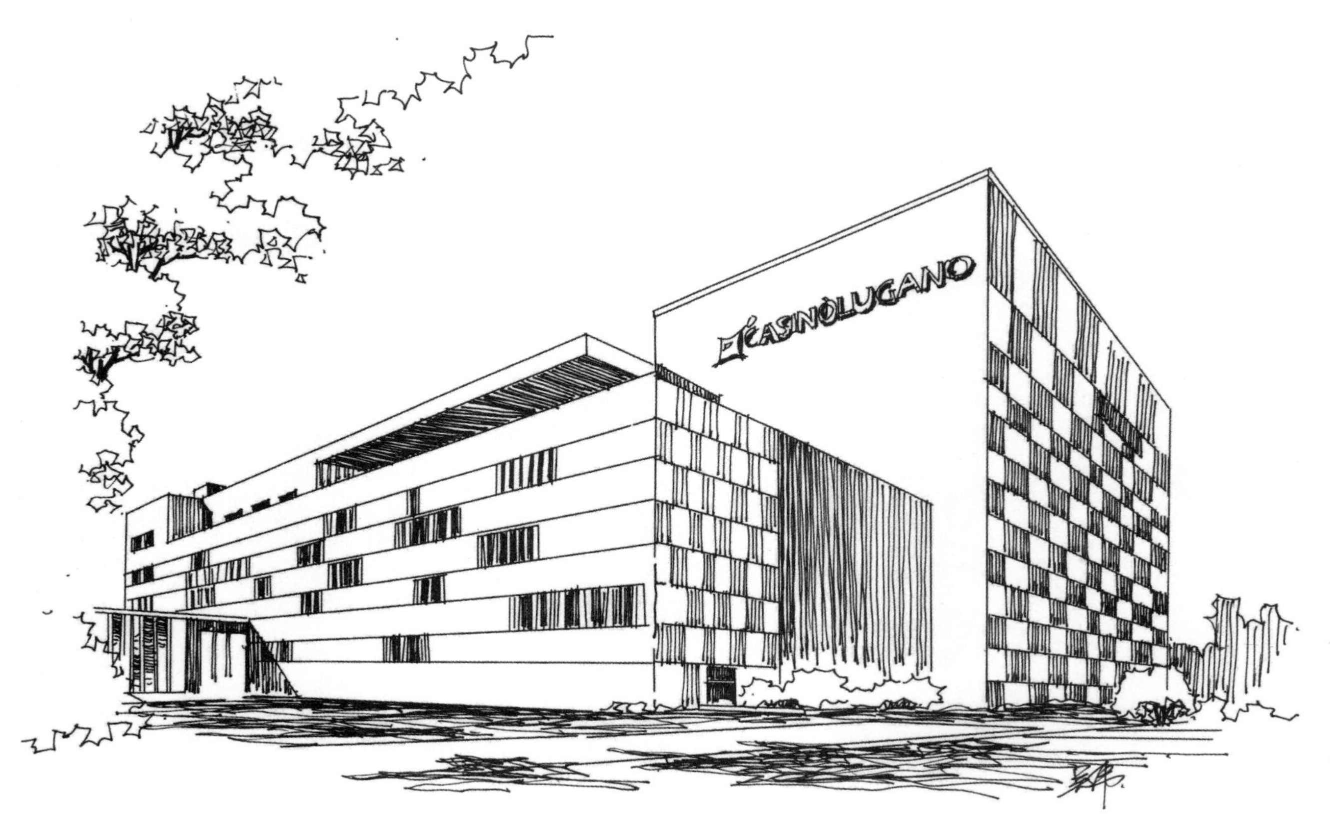

对比图片，画面中增加了近景的乔木，舍弃了远景的房屋和近景的铁桩子，这样一是丰富了画面内容，二是弥补了画面的构图，三是规整了整个画面的黑白灰节奏。

实例二

原图缺少配景，亮部太过单调，构图不完整。

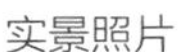
实景照片

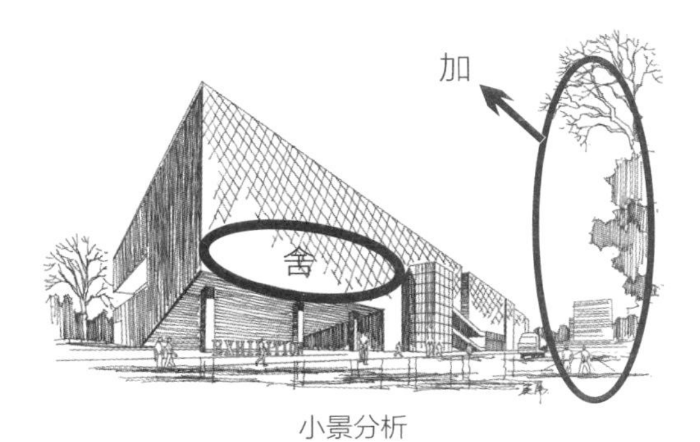

小景分析

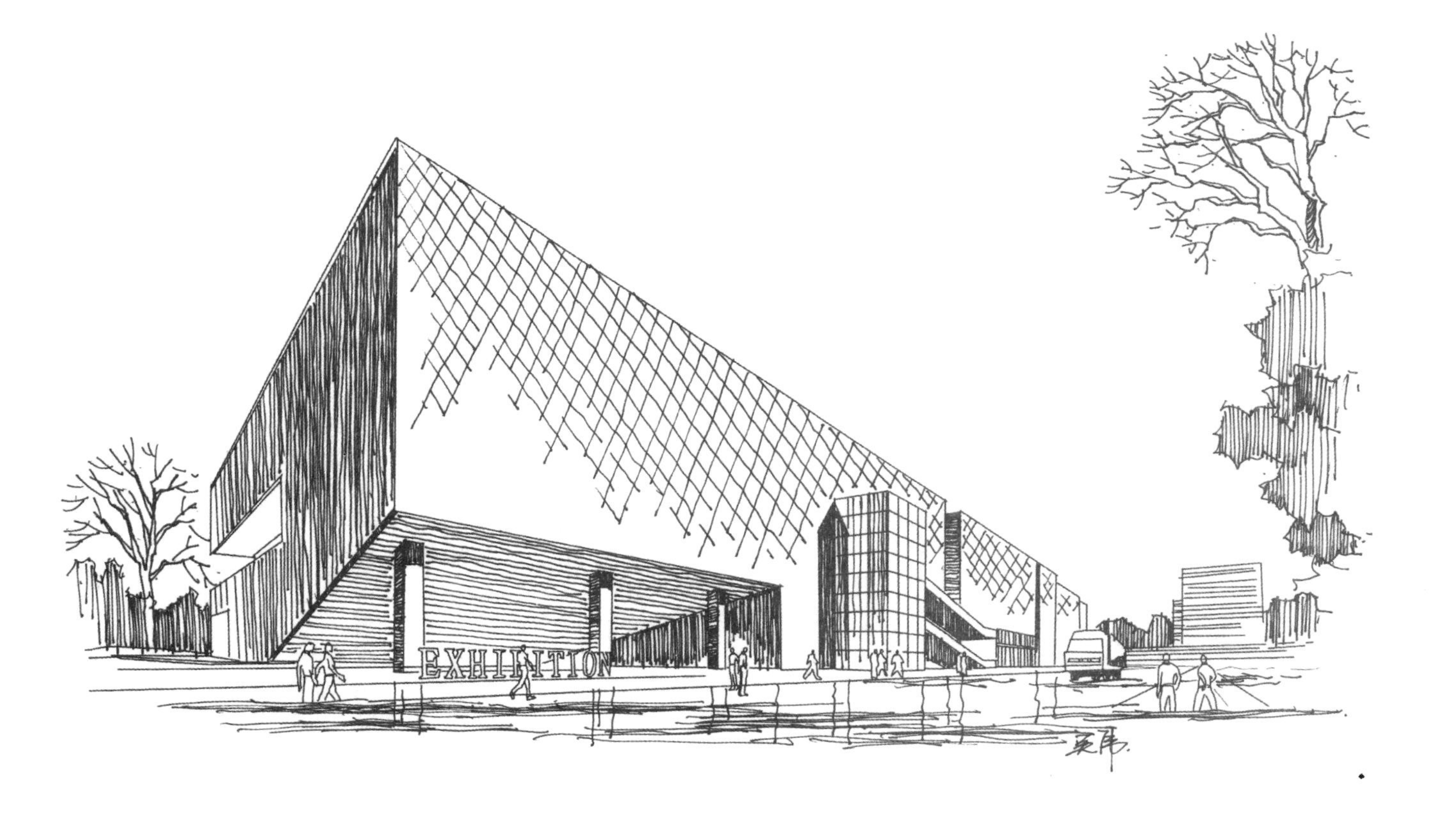

对比原始图片，为了丰富画面的构图趣味性、画面的内容以及空间的墙厚关系，作者主观地增加了画面右边的配景，这样一来，图片本身的三角构图就变成了“V”型构图，画面的向心性更强，空间的引导性也更强了。原图亮部的建筑表皮太过呆板，缺少变化，作者大胆地将其由上至下处理了一个过渡效果，丰富了画面的虚实变化。

实例三

原图缺少配景，图片单一。

实景照片

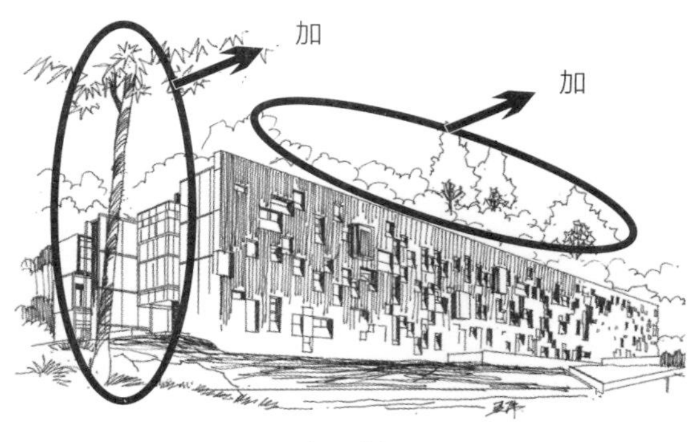

小景分析

原图近景的乔木把建筑主体遮挡了一部分，在处理的时候必须对其进行舍弃，建筑手绘实际创作时千万不能让配景把建筑主体遮挡太多。

实例四

原图构图呆板，空间关系不够明确。

小景分析

实景照片

原图虽然光影关系强烈，但虚实对比太弱，缺少配景对主体进行衬托，画面内容不够丰富。为此，作者在处理图片的时候在画面右侧加入了大型乔木对画面进行丰富、透视，对远景进行了概念式处理。

2.12 精简与归纳

在面对一个场景或一张照片时，有时候会发现自己看到的细节太多，并且无论是近景还是中景或是远景，可能每个部分都能发现很多清晰的细节，这个时候就必须对看到的东西进行精简和归纳，分析哪些细节是不需要的，哪些细节是需要着重刻画的。

实例一

原图算是属于横向构图，可改可不改。

实景照片

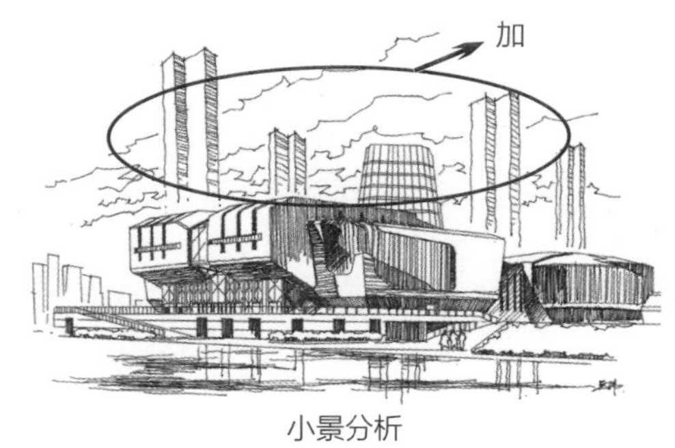

小景分析

对比原始图片，作者在原先横向构图的基础上增添了很多竖向内容来打破呆板的构图形式，同时拉大画面的空间关系，通过云和远处的建筑对中景的建筑主体进行得当的衬托。

实例二

原图建筑造型独特，容易跳出来，但缺少衬托。

实景照片

小景分析

原图建筑造型新颖，光影关系明确，但是与前面的图片一样缺少配景的衬托，图片中几乎只有光秃秃的中景，缺少近景和远景。为此，在处理这类图片的时候就需要添加合适的配景，既不能太多太细，也不能太少太过提炼。一般情况下将近景处理得要稍微细腻一点，远景可以适当减弱，以突显环境在空气透视的作用下近实远虚的效果。

实例三

原图明暗关系太过呆板与程式化。

实景照片

小景分析

原始图片中，前景地面太过繁琐，暗部作为照片可以全部压重，但是作为徒手处理就需要对暗部进行由上至下的黑白灰过渡了，不然就会使画面限于呆板和拘泥之中。

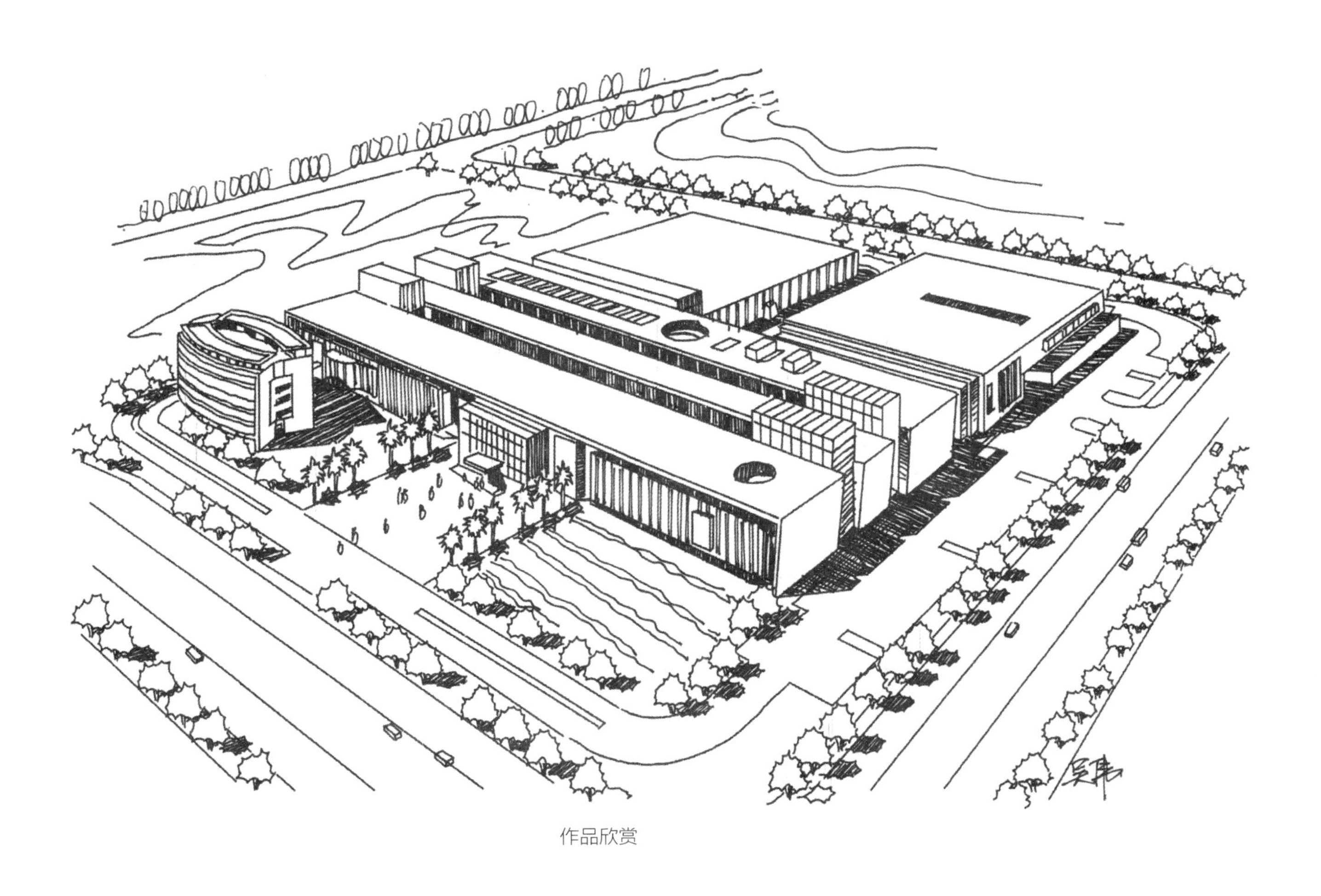

作品欣赏

第3章 配景

在建筑手绘中，配景就是为了衬托建筑主体、烘托环境氛围、对画面起到补充和协调作用的其他景物，是建筑手绘中不可缺少并且至关重要的一部分。

3.1 配景的选择

在进行设计创作、照片写生、实地写生的时候，常常会遇到以下几种情况而让创作无法进行下去。

（1）在设计完建筑主体之后，草图上只有光秃秃的一幢建筑而不知道用什么样的配景进行衬托和环境的渲染。

（2）在进行照片写生时往往会遇到一张照片中只有建筑主体和极少的不太适宜下笔的配景或者配景太多的情况，这个时候就需要对配景进行提炼和取舍，或者根据建筑本身的特色添加一些适合的配景。

（3）外出实地写生的时候，常常会遇到仅仅只对眼前的建筑感兴趣而不太喜欢其周围环境的情况，这个时候就需要对其做大量主观的改动。

实例一

对比实景图和作者处理完之后的画面不难发现变化还是比较大的，如配景当中的云作者没有画出来。其实云在建筑纯钢笔表现过程中是很少画出来的，只有在偶尔特殊情况下才画，如需要填补构图不足或增加画面的趣味性等。

其次，作者把前景的道路细节全部换成了倒影，这种手法在建筑表现中十分常见，减弱近景而更加强调建筑本身。

除了主体建筑以外的其他建筑在画面中也充当了配景的作用，所以细节就被作者省略了一大部分。画面中的植物几乎是没有细节的，基本上都采用剪影的手法进行处理，前后关系通过整体排线的手法来体现。

实例二

作者在处理这张图时，没有对配景改变太多，根据原先照片上的人物和树，作者用白描的手法对其进行了刻画，而对建筑主体本身作者采用了黑白翻转的手法，因为建筑的亮部细节要远远多于建筑的暗部，处理时更加方便。

3.2 植物

植物是建筑手绘配景中最重要的一部分，也是难点之一。往往根据地域的不同，植物的品种有所区别。植物又分为乔木、灌木和草地三大类。植物是最常用的构图工具，能够灵活地弥补建筑本身构图的不足。

3.2.1 乔木

乔木的通俗含义指树身高大的树木，具体指由根部发生独立的直立主干，树干和树冠有明显区分，且高达6米以上的木本植物。根据高度划分，乔木可分为伟乔（31米以上）、大乔（21米~30米）、中乔（11米~20米），小乔（6米~10米）等四级。乔木与低矮的灌木相对应，通常见到的高大树木都是乔木。此外，按冬季落叶与否，乔木又分为落叶乔木和常绿乔木。

1. 树根

树根在建筑手绘中几乎用不到，唯一可能会碰到的一种情况就是在古宅子里写生时可能会遇到。虽然用到的时候不多，但作为打基础我们还是应该认真学习。

作者采用白描的手法对图片中的树根进行了大胆的取舍，如果用线面结合的方式来处理图片中的树根会显得过于烦琐，费力不讨好。

刻画树根、树枝以及树干有一个共同的要点就是要注意穿插，穿插才能体现出根络的前后上下关系。

2. 树干

每种树都有其特有的树干表皮，不同的树种表皮纹理不同，树干的长势也不一样。在国画里面常常把树皮的纹理表现称为“皴（cun）法”。像鱼鳞一样的表皮叫“鱼鳞皴”，如松树皮；如人字一样纹理的表皮叫“人字皴”；横向纹理的表皮称为“横皴”，如梧桐树。

在纯粹地只为了表达树本身的时候，树干不宜太直，不然显得十分刻板，但是也不宜太曲，太曲显得软弱无力，曲直有度才自然。

图片上是一棵杨树的树干，当然它已经枯死。在刻画这类树干时，切记线条不能太硬，甚至要很柔，才能把那种沧桑和岁月刻画出来，否则就太过于僵硬而失去原有的感觉。

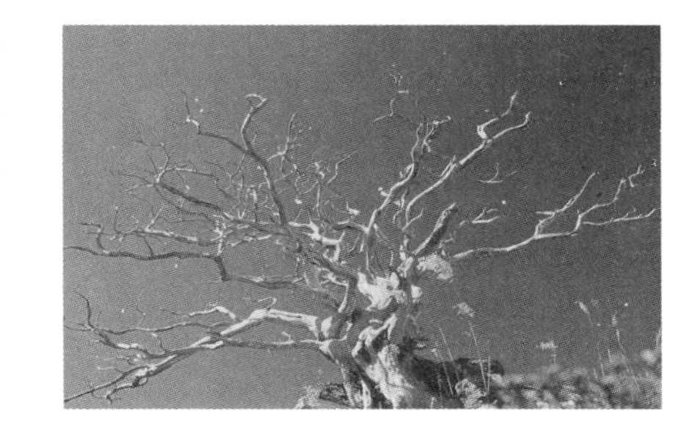

作者以最简练的白描手法将图片中的树干轻描淡写地就刻画出来了，其实不是作者偷懒，而是这种方式处理画面最干净。

一棵完整的树干或许容易刻画，那么当碰到一群的时候要如何处理呢？有几个原则要注意，就是前后的大小、疏密对比，否则就没有了空间。

3. 树枝

树枝就是指从主干上生长出来的枝条，从长势上分为向上、向下、平衡三种情况。在国画中向上生长的枝条叫“鹿角枝”，这是最常见的一类，如槐树、梧桐树等都是这类枝条；向下弯曲生长的枝条称为“蟹爪枝”，如龙爪树就是这类枝条；平衡生长的枝条叫“长臂枝”，如松树等就是这类枝条。

画树枝时要注意前后左右的穿插，没有穿插就没有空间。切忌分支太过对称，角度太过相同，遇到太过琐碎的细枝注意取舍和提炼。下笔要注意果断、灵活。

刻画树枝的时候一定要注意取舍，注意先画主枝，再找末枝，末枝密而细，主枝粗而疏。

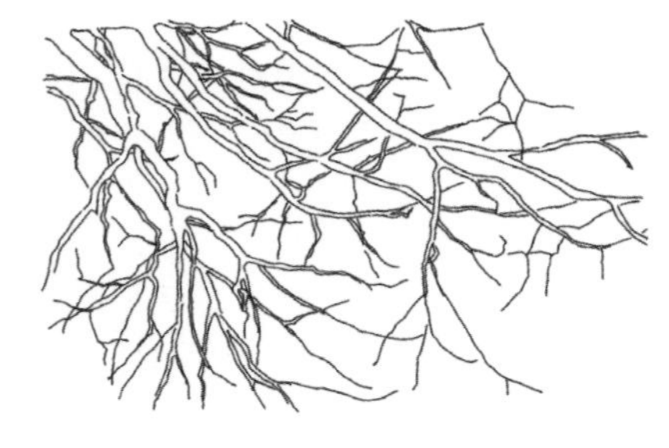

图片上是一堆密密麻麻的树枝，这时候就考验作者的取舍功底了。特别是远处的树干，有些甚至看都没办法看清。对照画面，远处的树干作者基本上没有画末枝。

图片中的树枝张牙舞爪，密密麻麻，先舍弃末枝，画完主枝再选择性地刻画分枝，这样一来条理就清晰了。

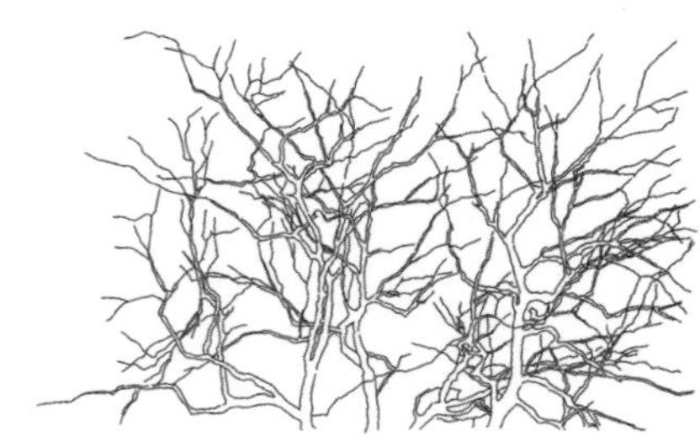

4. 树叶

树叶是体现树的特质的重要部分，不同树种的树叶是绝对不一样的。另外，即使是同一棵树，不同的手法画出来的效果也是截然不同的。

画树叶一定要注意取舍和概括，因为你若是想把每一片看到的叶子都画出来是不可能的，同时也是没有必要的。

在画树叶的时候，作者可以着重挑选几处有代表性的叶丛着重进行刻画，其余地方进行提炼成简单的元素进行概括。在常规画法中，叶属“密”，枝属“疏”，要完整地体现树的整体就得疏密互衬。

图片中是常见的樟树树叶，且受光不太明显，作者采用白描手法将叶片有取舍地刻画出来。

图片中的叶片圆润，几乎没有棱角。叶片的形状代表着植物的品种，特别是景观专业的读者更要注意。

作者在处理时稍稍拉长了叶形，使得树的品种发生了改变，在写生过程中是可以“偷梁换柱”的。

5. 树的结构推演

原始图片

画树的时候要注意几个要点：一是要仔细观察光影，二是要留意笔触，三是要把握好树形。对照图片和画面，光是从正前方45° 射下来，虽实际是由一个大树团和几个小树团组成，但是作者把它简单地处理成了一个大树团，大家看第三张图的光影和树形能够发现。

整体光影

原始图片

整体光影

这棵树的树形是比较收的，换句话说就是不够蓬松有张力。笔触上作者采用了小圆圈的笔触，树形上作者也做了简单的刻画。当然，在光影上这棵树是由很多个小树团组成，作者真实地刻画了出来。树干上作者没有做过多的强调，简单的白描概括即可。

3.2.2 常见树的基本画法

1. 松树

松树的笔触大家一定要特别注意，线条要硬，单株的盆景可以不做太多光影的强调，本案例就是个很好的例子。松树的树干纹理需要留意一下，基本上是由一个个不规则的四边形组成，线条相对硬朗，树皮纹理也能体现品种。

原始图片

整体光影

原始图片

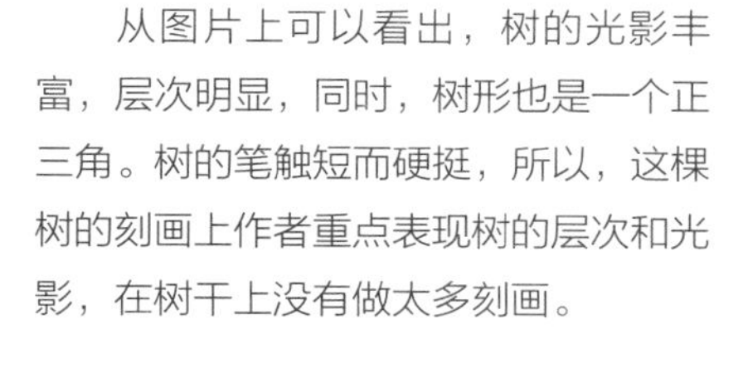

从图片上可以看出，树的光影丰富，层次明显，同时，树形也是一个正三角。树的笔触短而硬挺，所以，这棵树的刻画上作者重点表现树的层次和光影，在树干上没有做太多刻画。

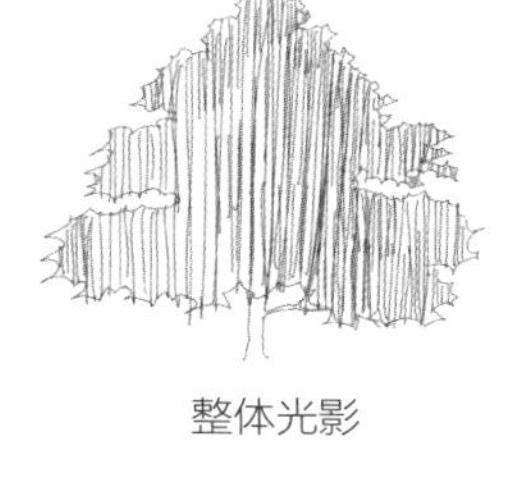

整体光影

2. 杨树

杨树常见于北方，特别是土地相对干旱的地区。

原始图片

这棵杨树作者采用了写实的手法，杨树的笔触很有特色，也很常用。这棵杨树基本上是由上下两个树团组成，上面树团又分散成了三个小树团，刻画的时候就要从整体大树团入手再细节到小树团。

整体光影

原始图片

这张图片采用了概念的手法进行处理，作者提炼出杨树的笔触，对主体进行了大胆的取舍，所以光影对比明显要强于上一棵杨树，但是细节上就要弱很多。

整体光影

3. 柳树

柳树是南方常见的树种，当然部分北方地区也有，是一种地域意境的象征。

原始图片

整体光影

柳树在刻画的时候要掌握以下要点：一是树叶笔触线条柔而直接，没有太多的折线变化；二是树叶整体往下搭，像头发一样；三是光影比较碎，刻画起来要尤为注意。

原始图片

整体光影

这棵柳树相对要长得更紧凑，层次要更简单，但是光影要整体一些。柳树的特点关键在于笔触，一根根柔软的线条相互叠加，就组织成了一团团小树团，无数的小树团就组成了一棵完整的柳树。

4. 柏树

柏树和松树有些类似，某些品种的处理手法上几乎是一样的。

原始图片

整体光影

这棵柏树高大挺拔，光影变化丰富，树形奇特。当然，树干的特点也比较明显，所以这棵柏树树干和树冠都是重点，光影基本上是由上下两个树团组成，并且光是从左侧45度斜着射下来。在刻画树干的时候图中的刻画方式是经常用的。

原始图片

这棵柏树也是由横向的树饼一层层叠加起来的，所以光影比较有规律。树形是正三角形，树干的刻画方式有别于第一棵柏树。

树冠的受光是由树的正上方直射下来的，所以基本上每块树饼都是上部为亮部，下部为暗部。

整体光影

5. 竹子

竹子在建筑手绘中不算常见，但是熟练掌握是百利无一害的。

竹子的叶形和树干是最有特点的，其树干是一节一节的，所以在刻画的时候树干也要一节节画，但不能太连贯。树叶细长而尖，而且是一条条的。

原始图片

整体光影

原始图片

整体光影

不同品种的竹子在画法上没有太大的区别，所有品种的竹子的树叶与树干的脉络组织都是一个系统，区别就在于树形和不同的受光情况。

6. 棕榈

棕榈是南方常见的树种之一，也是建筑手绘中常见的配景之一。

原始图片

棕榈最大的特色就在于其树叶，型如巴掌，树叶稀疏而细长，所以总体上来讲棕榈树的光影关系是不太明显的，也是较难把握的。刻画棕榈的时候一般都采用白描手法。

整体光影

这棵棕榈树干细而长，且基本没有分支，树冠集中在树干顶部，叶形蓬松，张力较大，但同样光影关系也是不太明显。这类树的树干很有特点，在刻画的时候可以全部采用横向线条来进行提炼，在靠近树干部分戛然而止，转变成整体的圆柱。

原始图片

整体光影

7. 芭蕉

芭蕉树叶叶形特点明显，大而瘪长，由于单个叶片太大，本身比较脆弱，很容易就被外力分割成了许多块，所以在刻画年老的叶片时要注意一片分割成几片来进行处理。

原始图片

整体光影

原始图片

整体光影

对比第一棵芭蕉，第二棵芭蕉明显要显得更加的苍老，从树叶的特点就知道被外力分割得很严重。

8. 常见的树的概念画法

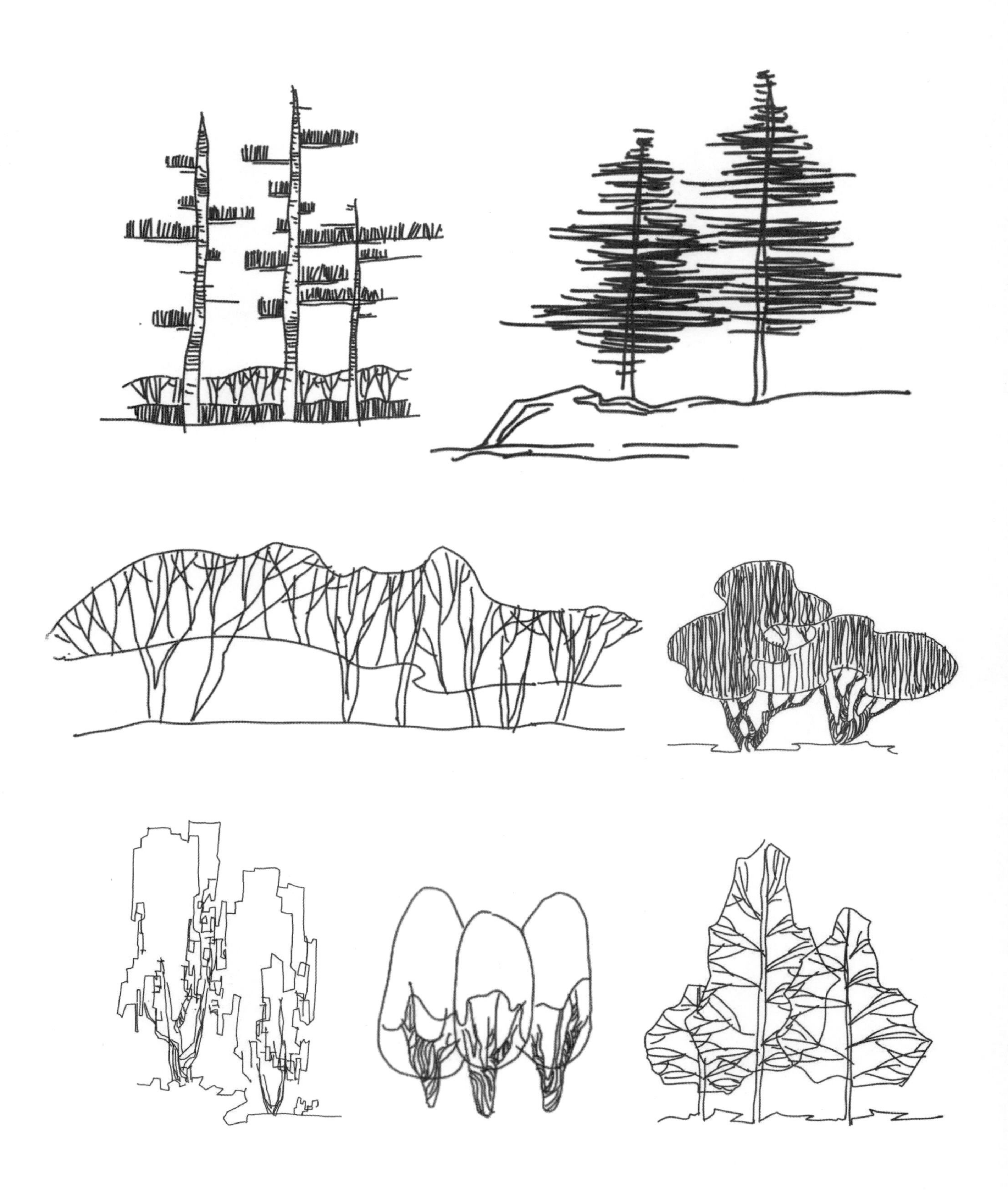

3.2.3 灌木与草地

灌木与草地在建筑手绘中经常是一同出现的，乔木过渡到草地需要灌木的衔接，不然就会显得比较突兀。本节把灌木和草地一同来讲。

灌木与草地在建筑手绘中算是最为常见的配景了，特别是草地，在作为前景的刻画中时常将繁琐的配景直接改成相对概念的草地来进行处理。但是在刻画手法上草地是有许多种手法的，包括横线条、竖线条，波浪线等。

对比图片和画面，最大的特点就是图片中繁琐的草地被作者采用横向短弧线进行了概念处理。这样一来灌木就成了画面的视觉中心，草地成了衬托灌木的配景。

本图在对草地的处理上明显不同，注意画面中灌木是由两种植物组成，近景为实，远处就概括多了。

这里体现了第三种处理手法，焦点还是在草地上。

3.3 人物

人物在建筑表现中不是重点，却也是不可或缺的一部分，人能客观地反映建筑的尺度，增加和烘托建筑周边环境的氛围，通过近大远小的关系来体现空间的纵深感。

在实际操作过程中应根据不同的场景安排不同的动态人物以便更好地协调画面。在刻画中景和远景的人物时，不用太过于死抠细节，脸部特征和衣服褶皱纹理采取概括的手法即可，远景人物甚至可以省略细节，只需人物的剪影即可。近处的人物可适当刻画面部特征和着装。

3.3.1 人物的形象特征

一般来讲，正常人的身长比例为8~10个头长，下笔时可从头部开始一次往下画，重点刻画姿态特征。下面介绍不同类型的人物应该如何进行刻画。

（1）人的年龄层次可以通过服装的类型和款式体现。

（2）在办公楼、学校和街景中常用到上班族，特征以西装、皮包为主，体态可以微胖。

（3）老年人一般很少出现在画面中，但真要刻画的话特征一般为：拐杖、驼背、裤腿宽大，老年人用到小区环境表现的情况比较多一点。

（4）在刻画少女时，一般体态修长、腰高腿长。

3.3.2 人物的透视关系

在建筑表现中常用到三类视角：人视、仰视、俯视，视角的不同画面的透视关系也就不同，具体如下图所示。

1. 仰视角度

2. 人视角度

3. 俯视角度

3.4 交通工具

在实际操作中常常通过交通工具来烘托环境与氛围，与人物相比使用率可能相对较低点，但也是至关重要的。在现代手绘图中交通工具作为配景的主要有汽车、摩托车以及自行车，相对而言，汽车使用得最多。在刻画交通工具时，切记不可喧宾夺主。

3.4.1 汽车

画汽车的时候，注意以车轮的比例来确定车身的长度以及整体的比例关系。车的细节，如车窗、车灯、车门缝、把手以及倒影都应该有所交代。

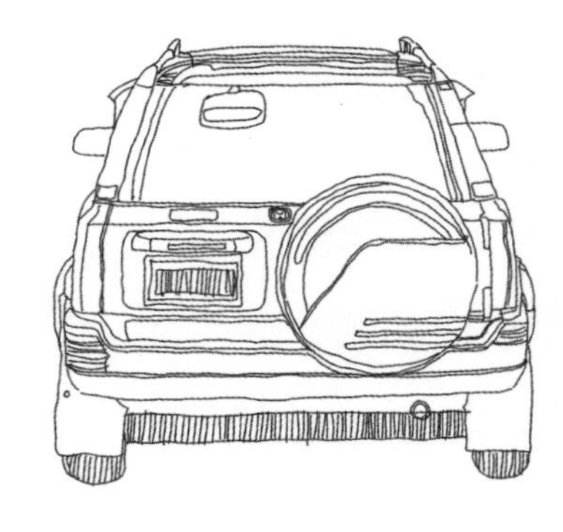

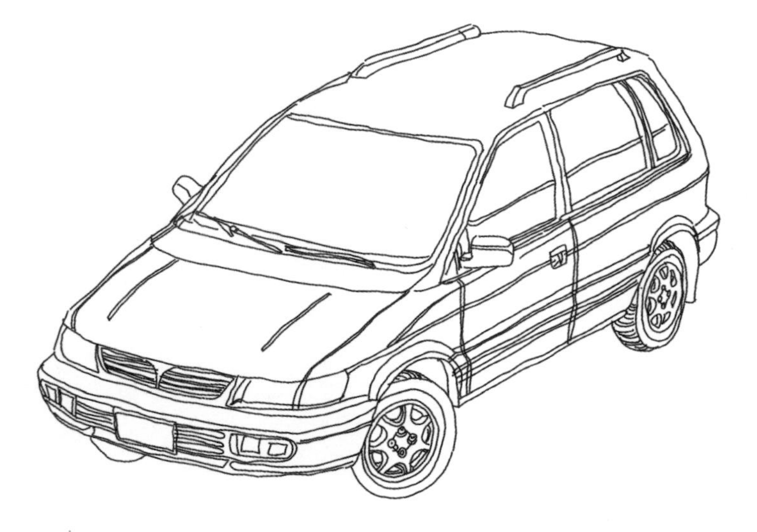

3.4.2 摩托车

摩托车的案例如下。

3.4.3 自行车

自行车的案例如下。

3.5 石头

石头在建筑表现中并不常用，但是在景观表现中是出现频率极高的配景，甚至是主景，当然，在外出写生过程中也是经常遇到的。在刻画石头的时候要注意石分三面：黑、白、灰；线条注意软硬结合，亮面线条硬朗果断，给人以坚韧之感，暗部线条要顿挫有力，运笔可快可慢，线条可以粗一些。

钢笔速写的风格与表现

钢笔速写的风格有很多种，如线描、线面结合、排调子、装饰手法等。初学者在开始练习时应大胆尝试，打牢基本功，多临摹，多写生，反复练习，不断吸取经验教训，这样慢慢就会形成自己的风格。

4.1 线描

线描是素描的一种，是用单色线对物体进行勾画。线描对线条的要求是非常高的，而线条又是钢笔画中最基本的造型元素，线条掌握的成熟程度直接影响着线描画法。扎实的线条功底对线描起着至关重要的作用。

在用线的过程中，线条可快可慢，可直可曲，不用刻意追求一味的快慢曲直，关键是画面的整体感。线描最大的风格特点或许就是整体感十分强。但是少了黑块的点缀光影效果会大打折扣，虚实的对比更多的时候是靠结构和材质的取舍来完成。

线描的空间关系可以通过线条的粗细、连贯与否、密集程度来体现。粗代表实，细代表虚。连贯代表实、断断续续代表虚。

关于线描的练习方法，可以分四个阶段走。第一阶段是蒙图，蒙图阶段十分关键，能够把线条尽情打开，要放松，这个时候的量应该要达到50米左右的A3草图纸。

第二阶段是临摹阶段，就是临摹别人已经处理好了的画面，并且尽量和他人画的一模一样，并且努力地揣测作者为什么要这样去处理画面，这个阶段的量应该要达到200张左右。

第三阶段是照片写生或者是效果图写生，实际上就是将一张张自己喜欢的照片以线描的方式刻画到画面当中，这个时候需要反复借鉴别人的处理手法，有些配景甚至可以直接拿来用。

第四阶段就需要带上速写本走出家门去写生了，这个阶段是最痛苦同时也是提高最快的时候，会遇到很多东西不会画，需要绞尽脑汁地思考画面。

4.2 明暗

明暗风格其实偏向于传统的钢笔画，也叫作写实钢笔画。这种风格来自于传统同时又有别于传统，传统的写实钢笔画更细腻同时也更呆板，而明暗风格虽然相对较粗糙但是稍稍显得灵动一些。在细节上不用有什么画什么，调子上追求一种整体感，不用太过苛求局部，要重点突出光照效果。

光影是明暗风格最大的优势，当然，其排调子的方式相对素描来讲要简洁得多，只需要体现大致的层次即可。这种风格主要通过线条的排列，或交叉或重叠来反映光影的变化，通过黑白灰的合理分布来增强画面的视觉冲击力。

明暗还能较为细腻地表现物体的材质和品种，这是线面遥不可及的特点之一。通过明暗的表达，画面能够更加立体，三维关系更加强烈。

明暗风格在刻画灰调子的时候层次不用太过于丰富，少一点中间层次能使画面的明暗对比更加强烈。调子要整体，不能太碎，重点在于整体气氛的描绘，不用死抠细节。

4.3 线面结合

线面结合是写生过程中最常用的的手法，线描与明暗各有其长处，也各有其短处，但是线面结合能补二者之所短，扬二者之所长。这种风格的特点是明暗对比强烈，中间调子较少，主要集中在暗部，亮部基本采用白描，画面空间纵深大，明暗对比明显，氛围感较强，主体突出，层次丰富。

线描比明暗更自由，抓形更迅速。明暗比线描更细腻，表现力更强。在进行创作的时候，作者要放开要敢画，尽量多用线，在用到调子的时候要酌情进行把握，亮部切记不要大面积上调子，要不容易把画面画闷。暗部刻画的时候排线要注意疏密搭配，局部应该有适当的变化，上调子要慎重。

谈到调子，排线应该依势而行，疏密有致，切不可画蛇添足破坏整个黑白灰的走势。有时候画画就是在画“势”，“势”一丢空间也就丢了，特别是在画一点透视的时候，“势”尤为重要。

4.4 意向草图

意向草图，顾名思义，就是以写意的方式对眼前的景物进行大胆的概括取舍，不拘泥于细节、灵感顷刻间迸发的草图。

在实际写生过程中，由于受到时间等各方面外在条件的限制，导致作者不能对眼前的事物进行过于深入细致的刻画，只能在十分有限的时间内用最简练的线条进行大刀阔斧的处理，尽管缺少细节，但是用笔随意、自然、灵动，常常会有意想不到的效果。

4.5 各类风格分步解析

4.5.1 线描类分步解析

实例一

❶ **图片分析：**拿到一张图片首先要对眼前的事物进行深入分析，哪些该要，哪些该舍，画面中哪个物体是重点，重点的地方该怎样表达。

❷ **铅笔定位：**铅笔打型阶段要注意不可太细，后面还得上墨线，铅笔画得太细就等于画了两遍。不可太过马虎，因为该阶段是为了给画面定位，尤为重要。

❸ **钢笔框架：**前面铅笔打好的大致形体，在这个阶段进行深入和修改，尽量追求准确，如果因为手误没有画准确再补一根准确的线条即可。

❹ **主体细节刻画：**在钢笔形体打完之后，首先对建筑主体进行刻画，注意取舍，虽不刻画明暗，但要注意疏密的节奏。

❺ **整体调整：**主体刻画完毕之后适当对画面添加一些衬托的配景，前景中的草地作者采用了留白的形式，在白描中留白是最常见的手法。

实例二

❶ **图片分析**：图片上主体为古典主义建筑，细节繁多，前景道路相对比较空旷，缺少可画性，所以，路旁的汽车可以重点描画一下，为前景做下交代。

❷ **铅笔定位**：先确定主体建筑轮廓，然后确定周围的道路以及其他建筑的位置，铅笔线条切不可像画素描一样来回磨蹭，尽量做到干净利索，一步到位。

提示

线描这一类画风对线条要求比较高，一般都采用自然的抖线进行刻画，画面的趣味就在于对结构和材质的取舍来完成节奏的变化，没有明暗，没有光影，有的只是疏密对比、大小对比，近处的物体大，远处物体小，近处细节看得清，多刻画，远处细节看不清，少刻画，一多一少，空间自然就拉开了。

Tips

❸ **钢笔框架**：用墨线把画面中各物体的轮廓严谨地勾画出来，形体要准确，注意透视，这两者对后面的建筑细节刻画影响非常大。

❹ **主体细节刻画**：把建筑内部的门洞、窗洞，部分结构的凹凸转折线刻画出来，注意虚实。虚实的方法有很多种，上实下虚或者左实右虚等都可以。

❺ **整体调整**：在街景的刻画中，交通工具是必不可少的一部分，没有交通工具、没有人的街就是条死街，画面没有生气，所以说草图也要注意氛围。

提示

车和人在手绘表达时是比较难画的，在没有十足把握的时候刻画这类配景可以先用铅笔把型打准之后，再上墨线。当然，你要是有十足把握不打铅笔稿也可以，只要能做到形体准确即可。

Tips

实例三

❶ **图片分析：**图片中存在大面积水体，水体的处理手法一是直接留白，二是用单线勾勒出水中的明暗分界线，三是通过虚线和折线来描绘。

❷ **铅笔定位：**在铅笔打型阶段实际和结构素描是比较类似的，但在手绘中应尽量做到一个结构一根线条到位。

大家观察图片会发现，天空中云彩的变化很丰富，那么在白描中天空中的云彩到底要不要刻画呢？如果非得要刻画又怎样表达呢？其实在白描中天空中的云是尽量不画出来的，若有读者非得画的话，可参考动漫中一些云彩的勾勒方式。

Tips

❸ **钢笔框架：**先把建筑本身的各个结构框架画出来，一般画欧洲古建都采用白描的手法进行表达，欧洲古建细节繁多，特别是雕塑，元素的重复性很大。

❹ **主体细节刻画：**画面主体几乎占了三分之二的面积，作者基本没有对建筑的材质进行任何刻画，因为建筑本身的结构已经很有表现力了。

❺ **整体调整：**将远景的植物外轮廓勾勒出来，近景的水面仅仅是用折线将明暗分界线进行了提取，草地基本留白，中景补充了人物剪影。

提示

白描一般适合场景结构较多的情况，结构太少的情况下尽量采用线面结合或者是明暗的形式，总之在画面空洞的情况下就得补调子。

Tips

实例四

❶ **图片分析：**本张图片几乎是一张立面图，术语上可叫作透视立面图，构图上图片平淡无奇，作者决定把前景改成水面。

❷ **铅笔定位：**干净利索的铅笔线条让画面随时都能保持建筑草图的原汁原味，铅笔打型的时候也是练习线条的时候，所以不能马虎随意。

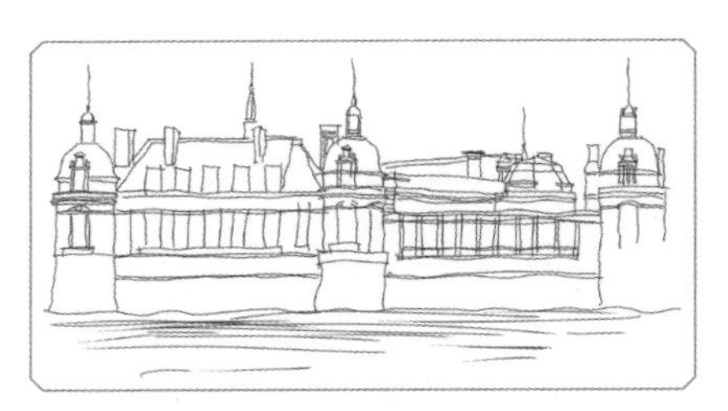

❸ **钢笔框架：**上墨线的时候要注意严谨，同时要舒展，关键是把形体抓牢，太放容易把型给跑丢了，这是白描手法的一大忌。

❹ **细节刻画：**重复的窗洞需要耐心地一个个刻画，很繁琐，也很枯燥，但这是手绘必经的一个过程，是一个磨心很好的阶段。

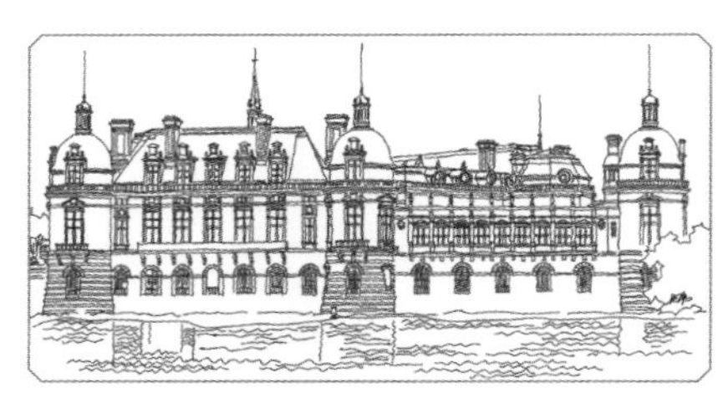

❺ **最后调整：**作者把原景改成了一整块水体，而且采用的是景观表达中的一种手法，竖向抖线勾勒出倒影的轮廓，横向抖线来刻画水的波纹。

在手绘实际运用中，当遇到不好处理或者是不会处理的配景时，适当的移花接木是必须的，拿本张图来说就是很好的例子，作者擅长处理水面所以就把前景不擅长的场景换成了水体。

Tips

实例五

❶ **图片分析**：本建筑主体优美，远处的高塔使构图显得十分有趣味，难点可能在于近景的水体处理和建筑细节的耐心刻画。

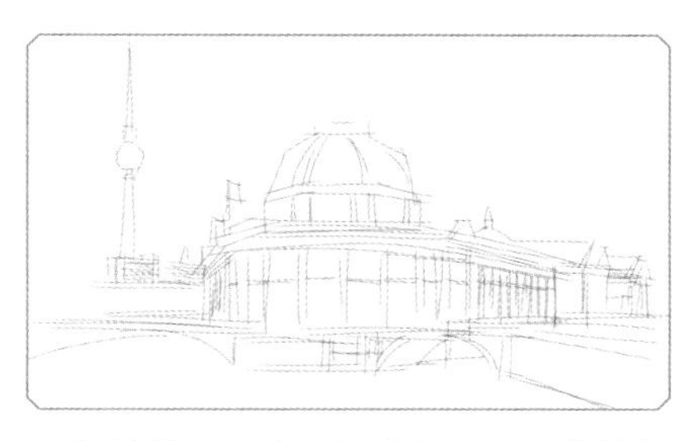

❷ **铅笔线稿**：先用铅笔打型，弧状的地方在用铅笔勾形的时候可以将其分解成若干直线进行刻画，门洞和窗洞这些暂且可以放一边，把大型确定。

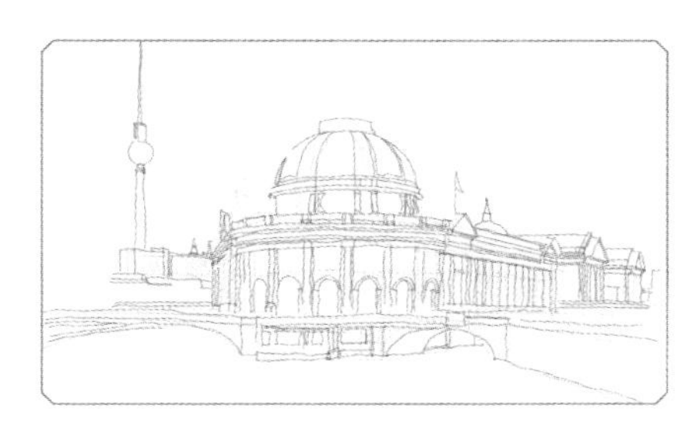

❸ **钢笔框架**：建筑主体应该由外到内，由整体到局部，局部迁就于整体，切不可因为建筑大型有一点点错误而影响内部细节，以致失去画下去的勇气。

❹ **细节刻画**：重复的窗洞和门洞有时候会让创作者很没有激情，加上白描，考验的就是一个人的抓形能力，而对艺术上的处理要求不是特别高就更加乏味了。

❺ **整体调整**：主体完工之后，需要根据画面整体来添加合适的配景，在水面的刻画上作者下了一番功夫，大家可以根据图片和画面进行对比看出。

提示

上图中的水面希望大家认真学习和领会，这种手法在景观手绘中经常用到。但是手绘是相通的，建筑表达中也同样可以借鉴。折线用来勾画波纹外形，竖向抖线用来体现倒影，横向抖线用来体现水面的层次，这种方法的优势就在于画面能够十分干净，刻画起来也十分形象。

Tips

实例六

❶ **图片分析**：这张图大体上是一张一点透视街景，作者把主体放在了远景的高塔上，通过一点透视的向心性，引导观者的视线到视觉中心。

❷ **铅笔线稿**：一点透视相对容易找灭点，刻画起来比较容易，但是画错了也比较明显的，在铅笔稿阶段就尽量做到透视准确。

❸ **钢笔框架**：街上的配景用铅笔把大致的位置留出来就行了，墨线框架阶段重点放在建筑上。当然，街道左侧的树丛的外形可以先行勾出。

❹ **细节深入**：就画面而言，细节主要集中在了视觉的中景和远景上，近景相对较弱，注意近处的物体大而疏，远处的物体小而密的特点。

❺ **整体调整**：整体勾画完工，先前留出来的位置就是给配景的，画面需要配景来进行环境的烘托，特别是街景，热闹与繁华光凭建筑是无法体现的。

白描是相对简单的一类画种，对于美术功底相对薄弱的建筑学专业的人士来讲是一个很好的入手点，大家只要多多练习抓形能力，慢慢感受近大远小、近疏远密、近实远虚这三大关系就足以应付日常问题了。

Tips

4.5.2 明暗类分步解析

实例一

❶ **图片分析**：这张图光影强烈，建筑主体突出，作为配景的重调子与主体的浅调子形成强烈对比，配景的弱对比与主体的强对比也形成了强烈反差。

❷ **铅笔线稿**：在铅笔打型阶段，作者采用了将远处大面积树丛分解成几块树团的形式为画面的墨线稿做一个铺垫的手法。

❸ **钢笔框架**：先把建筑主体外形用工具线条确定，再填补建筑内部结构细节，如门、窗等。材质也是必须抓出来的，配景时需要适当交代下。

❹ **细节深入**：根据图片上原有光影作为参考，画面中最黑的地方集中在建筑上，远处植物在玻璃上的投影就是画面中调子最重处。

❺ **整体调整**：这里作者得强调一下，在明暗画风中对于草地的处理，作者一般采用最简单的方法来进行表达，即分层排线法。

本图中提醒读者朋友们注意远处的树丛刻画，与画面右侧的树的剪影不同，左侧远处的树丛丰满而细腻。

刻画方式上主要通过缠绕的抖线来突出树丛的黑白灰层次关系。灰调子相对比较少，相对建筑，层次就要少了很多，但是对于视觉的引导已经起了很大作用了。

Tips

实例二

❶ **图片分析**：首先可以确定的是图片中的远景很贫瘠，几乎没有。在面对一张没有远景的图片时就得考虑为后面的画面添加一些适当的配景作为补充。

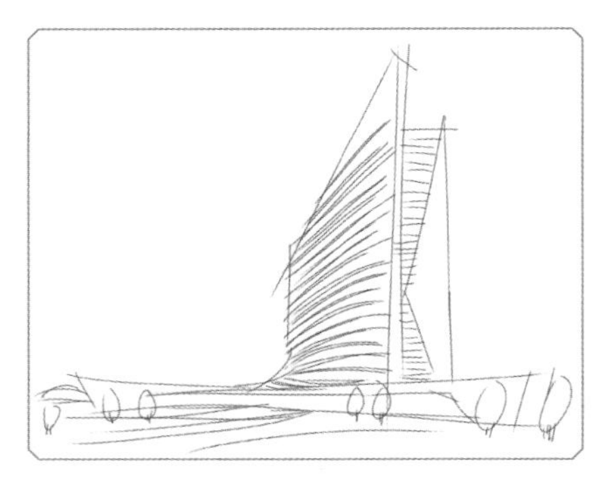

❷ **铅笔线稿**：初学者很容易把图画大，一个可行的办法就是先打好一个画框，打型时注意不要超出框架以外，这样就能够很好地控制图画大小了。

❸ **钢笔框架**：作者采用了不同粗细的笔刻画同一幅画，亮部用细线条刻画，暗部用粗线条刻画，明暗转折线用粗线条刻画，远处用细线条刻画，近处用粗线条刻画。

❹ **细节刻画**：作者这里采用了明暗反转的手法。当亮部结构和材质细节太多，暗部结构和材质细节太少的时候，为了使得节奏更强烈，时常将画面某个部分的明暗进行对调。

❺ **整体调整**：作者主观地为画面添加了草图中常用到的云彩，非常概念，但是构图上非常和谐。近景的草地采用大面积排线，只为在黑白灰关系上为画面做一个补充。

提示

在表达高层和超高层建筑时，常常会因为拍摄视角的原因造成图片上缺少远景，这个时候就要根据主体建筑的外形线条来添加合适配景了。

Tips

以本图为例，建筑外形张力十足，力量感很强，这个时候若在远处添加一些高层建筑显然会破坏建筑本身这股动势的。而云可高可低，形态可以自定，刻画起来就十分自由，能更好地根据主体建筑来调整。

实例三

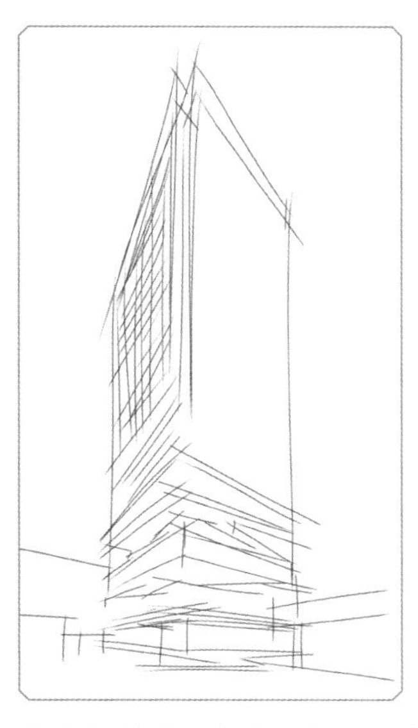

❸ **钢笔框架**：竖向构图有时候最头疼的就是容易把建筑画歪，特别是喜欢坐着画画的作者。因为坐着画画视野是会受到一定限制的，建议有时候刻意尝试着站起来画一下。画竖向构图的建筑尤其需要以更加宏观的视野为抓形做后盾。

❶ **图片分析**：本图是一张不折不扣的竖向构图，这类建筑的特点是高大挺拔，主体建筑明暗对比相对较弱。

❷ **铅笔线稿**：在练习线条的时候，横线条比竖线条画起来要容易很多。对于竖向构图的图片，在铅笔打型阶段不妨试一试抖线。

❹ **细节刻画**：在建筑主体上，作者采用了上实下虚的手法，这也是在刻画高大建筑时候采用的手法。

❺ **整体调整**：虽然建筑主体已刻画完，但是画面还是显得有些空洞。画面需要一些重灰进行协调，否则感觉有点头重脚轻。

4.5.3 线面结合类分步解析

实例一

❶ **图片分析：**本图最大的问题就在于光影不够强烈，建筑细节变化不够丰富，构图太过拉长，作者选择了一棵近景树来打破原有构图格局。

❷ **铅笔线稿：**铅笔稿阶段就能够把脑海里面思考的构图体现到画面中来了，对比照片，构图上就已经要丰富很多了，而且近中远景的关系也更加明确了。

❸ **钢笔框架：**铅笔稿起好之后，上墨线的时候就得遵循铅笔稿的构图形式来，切不可画蛇添足，或犹犹豫豫，建筑主体抓形要严谨，配景可以适当放松。

❹ **细节刻画：**作者将正面处理成相对的背光面，侧面处理成了相对的受光面，在调子的选择上正面原图材质饱满，变化更加丰富，刻画起来更有内容。

❺ **整体调整：**作者将前景的水面做了相对细致的刻画，之所以是相对细致，是因为水面其实还是采用了概念的处理手法，有变化，但是不具体。

实例二

❶ **图片分析**：本图最大的问题是构图，天际线太过平淡，缺少趣味性。其次是材质，若刻画材质势必就会减弱光影，不刻画材质，画面又会单调很多。

❷ **铅笔线稿**：这个阶段作者在画面左侧添加了一棵近景树，在画面的右侧作者添加了三棵概念树，右下角作者补充了一簇灌木，构图上进行了二次重构。

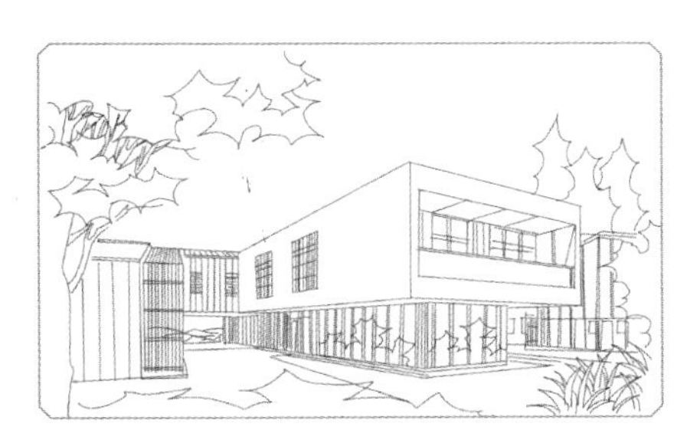

❸ **钢笔框架**：这个阶段就是将已经构思成熟的画面正式定稿，下笔需要严谨，同时运笔需要放松，特别是建筑主体的透视不能出现错误。

❹ **细节刻画**：这张画面细节上不是很丰富，主要是一个大的光影节奏变化和场景体现，线面不像明暗那样，画面会更加明快，对比也更加强烈。

线面结合这类画种可变性是很大的，预示着自由发挥的空间很大，原图的光影关系也只是作为一个参考依据，切不可麻木的拿来主义，这类画种更多的是讲究一种黑白灰的层次变化，光影可乱但层次不可丢。

Tips

❺ **整体调整**：这一步主要对近景的阴影和乔木的光影进行刻画，层次不需要太多，如图所示，就两个，一黑一白，足够衬托出主体的细节了。

在线面结合的风格中，常常会用到工程制图里面的很多配景，当然，这也是建筑设计行业特有的表达方法，这种配景的运用，建筑味道更佳浓郁，使用起来也更加方便。

Tips

实例三

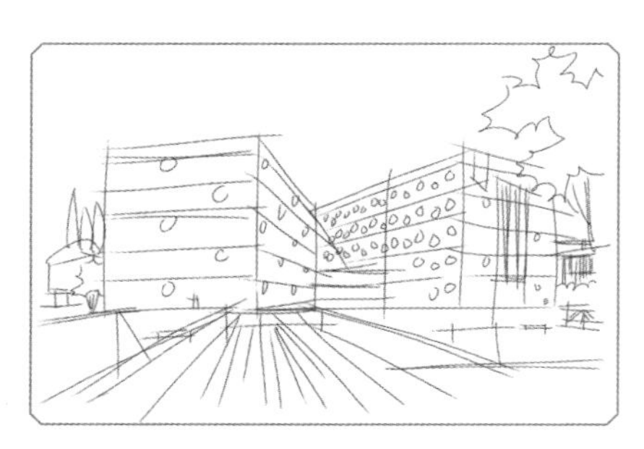

❶ **图片分析**：本图在构图上不够合理，近景缺少明显的标识，需要再主观添加一部分近景，作者习惯于加树，原图光影也不够强烈。

❷ **铅笔线稿**：这个阶段主要是确定大的位置和轮廓，不用吹毛求疵，关键是构图合不合理，至于一两笔不正确可以在后面上墨线的时候进行调整。

一点透视是比较好刻画的，在透视准确的基础上只需在透视上进行强调即可凸显出强烈的空间关系。外加在视觉中心的地方进行细腻的刻画，再配上强烈的黑白对比，画面的层次自然就出来了。

Tips

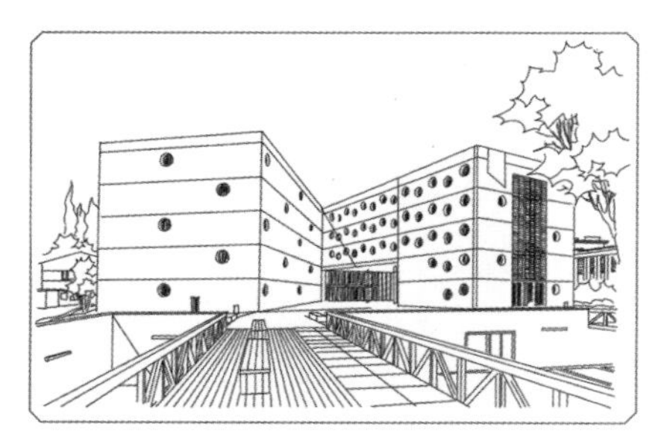

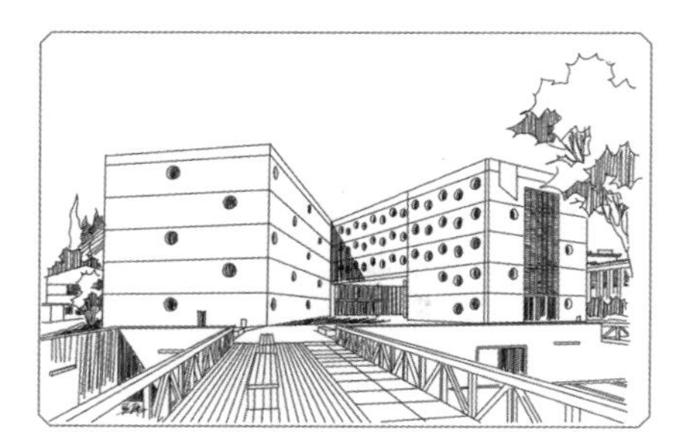

❸ **钢笔框架**：铅笔稿起好之后，上墨线的时候就得遵循铅笔稿的构图形式来，切不可画蛇添足，或犹犹豫豫，建筑主体抓形要严谨，配景可以适当放松。

❹ **细节刻画**：本图的细节无非就是局部阴影的添加，选择这些地方也是为了突出前后关系，通过黑白互衬的原理，前景留白后景就压黑，反之也是。

在线面结合的画面中，有时候是以线为主，有时候是以面为主，也可能有时候会出现各占一半的情况。以线为主主要是画面中结构细节丰富，没必要再补充太多的调子来对画面进行深入。

Tips

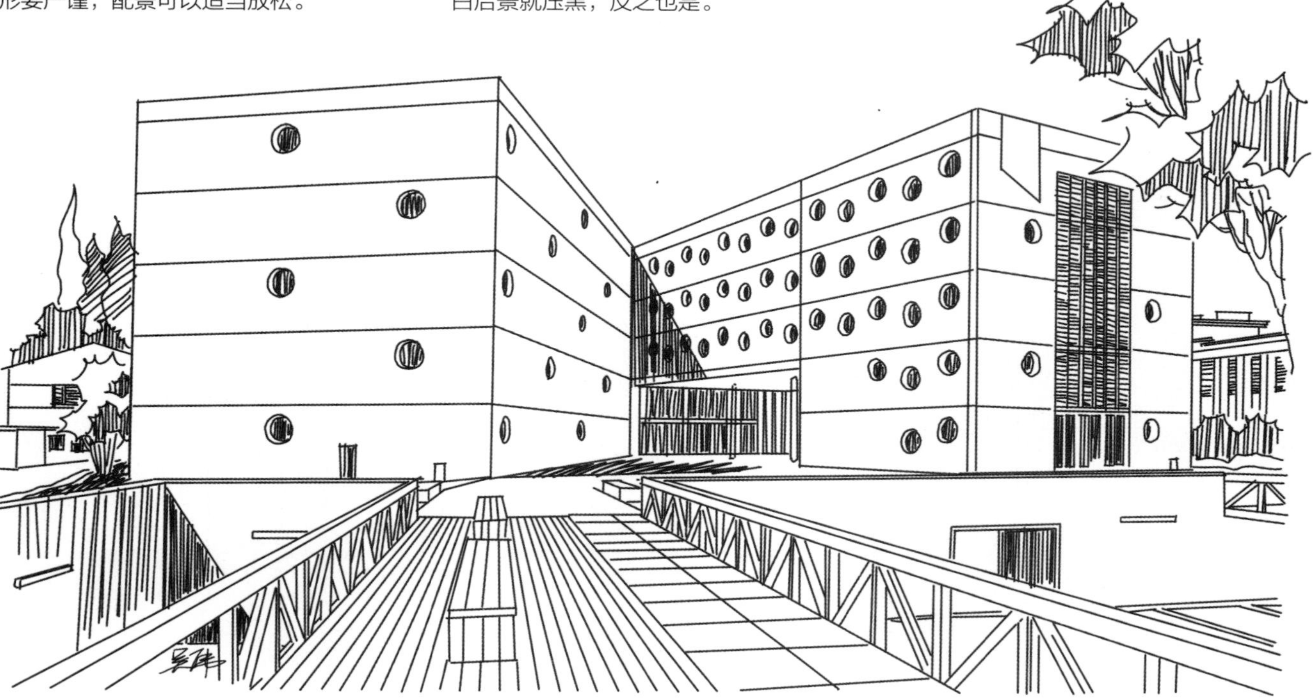

实例四

❶ **图片分析：**本图的问题就是近景的乔木形体太过僵硬，在处理的时候主要是把近景的乔木替换掉，作者将其换成了旗杆，旗杆在运用中十分常见。

❷ **铅笔线稿：**好的构图在铅笔稿阶段就已经很漂亮了，三根并排的旗杆只有在中间才能打破原有的天际线动势，左右位置都相对欠佳。

❸ **钢笔框架：**本书中大部分线稿的结构线都是采用尺规完成，当然，民居除外，尺规的优势在于严谨，画面可能会更加干净。

❹ **细节刻画：**画面中主要的细节来自于正面的材质以及楼梯下面入口的结构，刻画正立面的材质时要注意细节的变化，稍稍在疏密上存在一点即可。

❺ **整体调整：**前景中存在大面积的草地，如果细致刻画毫无疑问会喧宾夺主，作者将其处理成重调子，中景留白的道路就被两块压黑的草地给衬托了出来。

旗杆、气球、宣传条幅这些元素在构图上都是可以取代大型乔木的，植物刻画起来可能会相对麻烦，而以上作者提到的这三种元素既简单又容易出效果，大家不妨试一试。

Tips

实例五

❶ **图片分析**：观察图片，不足之处在于近景的枯枝十分破坏构图，从图片上看和中景的建筑距离拉不开，这个时候就需要大胆舍弃近景的枯枝。

❷ **铅笔线稿**：前面提到好的构图在铅笔稿阶段就能体现出来，在建筑的左侧，作者添加了一些树丛作为弥补的元素，丰富画面的层次关系。

枯枝在画面中其实是表现力十分强的配景，位置放的好能给画面增添一大趣味，但是如果位置放的不好就会和主体形成冲突，本图就是典型例子，它所在的位置把白给堵死了，换而言之就是天际线被枯枝堵了一部分，不利于“白”的走势，所以作者将其进行了舍弃。

Tips

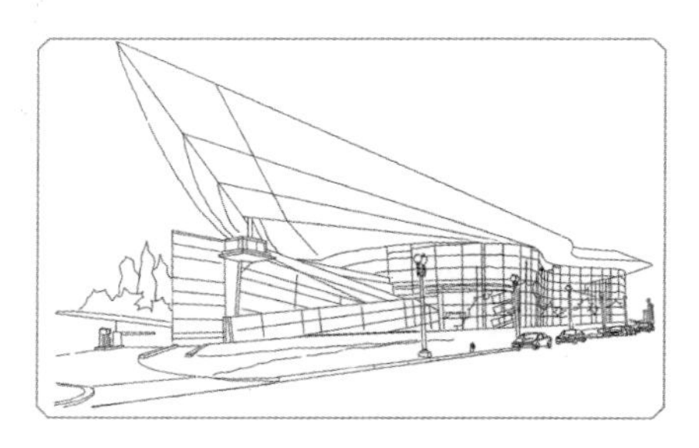

❸ **钢笔框架**：弧线在抓形的时候可以采用抖线或者也可以用弧线板和蛇形尺，这些工具都是在画弧线时必不可少的工具。

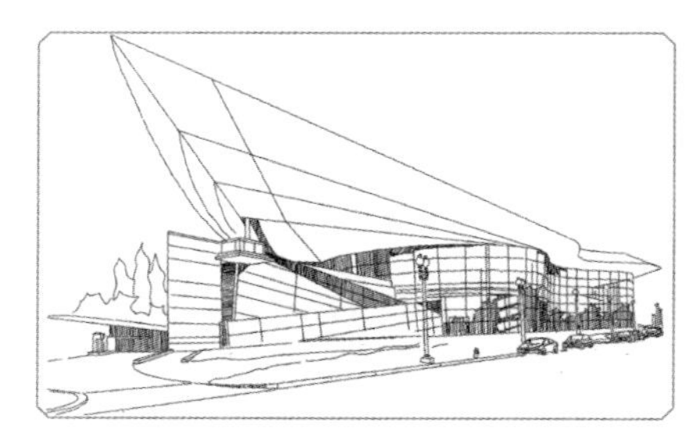

❹ **细节深入**：适当补充一些调子丰富画面的黑白灰关系，调子对于本图尤为重要，因为光凭线的话画面会显得十分空洞无力。

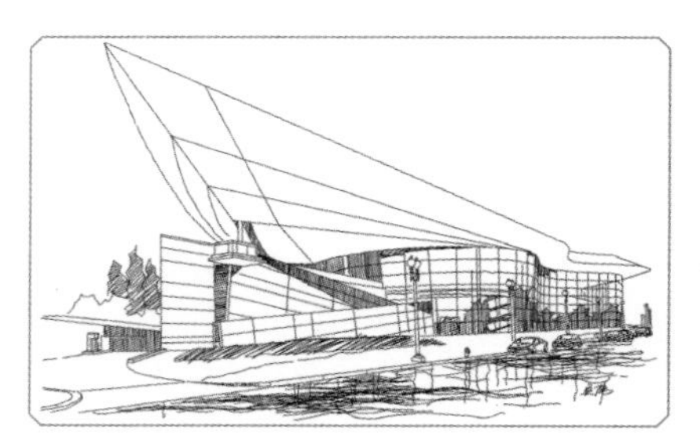

❺ **主体调整**：前景的道路作者采用了惯用的手法进行刻画，前景压黑，但细节变化不多，整体上充当了空间构图的需要，即不抢主体又丰富了画面。

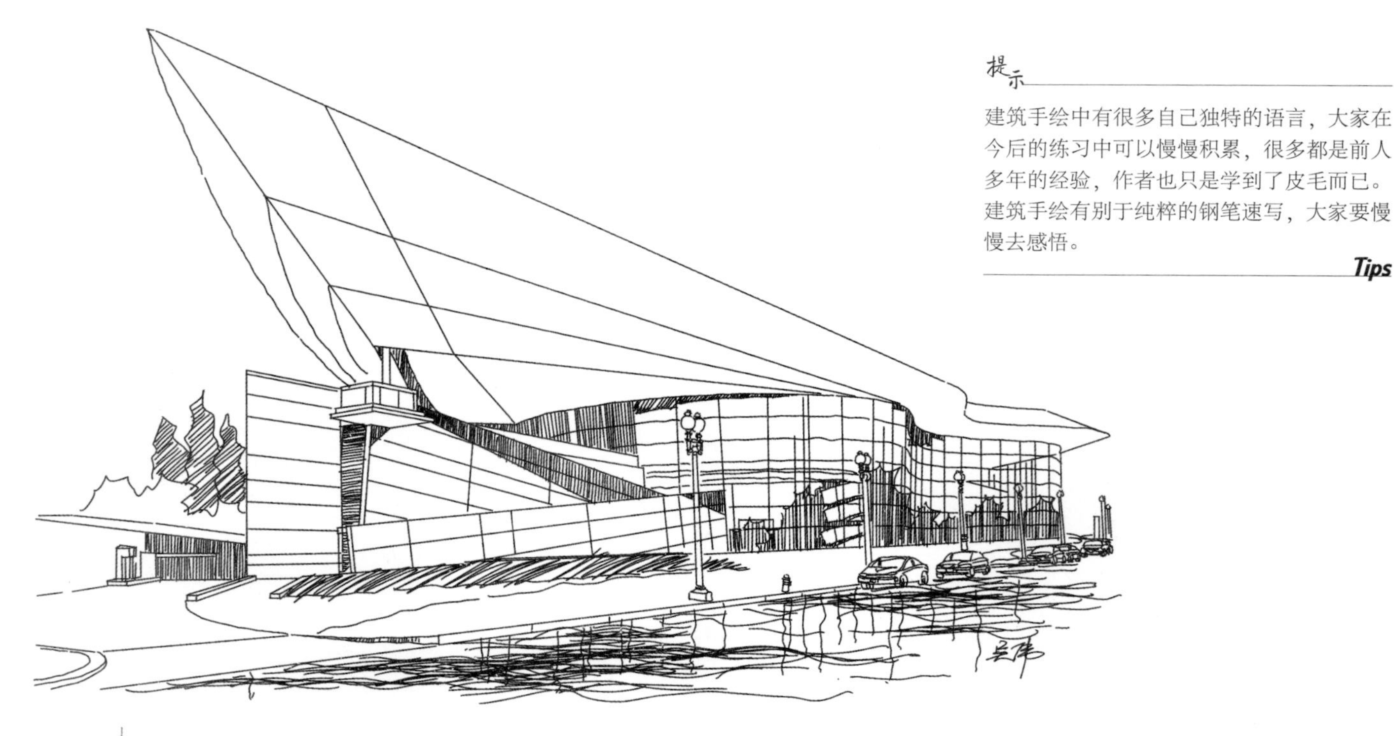

提示

建筑手绘中有很多自己独特的语言，大家在今后的练习中可以慢慢积累，很多都是前人多年的经验，作者也只是学到了皮毛而已。建筑手绘有别于纯粹的钢笔速写，大家要慢慢去感悟。

Tips

4.6 建筑速写三阶段

建筑速写是设计师在成长阶段必不可少的功课之一，也是表达自己设计思维的重要途径之一。有句话说：建筑师的图纸就是建筑师的语言，手就是建筑师的嘴巴。

学好手绘，按部就班、由易到难、循序渐进的过程十分重要，先得从临摹入手，然后是图片写生，最后是实地写生。按照这三大步骤，不出三年你就能成为手绘高人了。

4.6.1 临摹阶段

临摹是手绘的开始，就像孩子的启蒙教育一样重要，选择好的手绘作品进行深入的研究，思考作者为什么要这样处理画面，他是先画的哪里，再画的哪里，接着画的哪里，最后又进行了哪些调整，为什么要这样构图等。临摹不是迅速画完就可以了，你得花比作者更多的时间和精力去揣测作者的构画意图，这样才能起到事半功倍的效果。

实例一

本图是庐山艺术特训营教务处主任、执行副总裁、著名的手绘艺术家邓蒲兵老师的一张速写。用笔轻松、自然、洒脱，画面空间深远，虚实对比强烈，细节刻画精道，取舍大胆，构图趣味性强。

首先看画面的前景，道路和墙面作者采用了大胆的留白，把笔墨集中在街边的人物和场景上，生活气息浓厚，画面的氛围骤然上升。再看画面的中景，中景细节丰富，黑白灰层次多样，随着道路留白的深入，把读者的视线直接引向画面的视觉中心。

实例二

本图依旧来自邓蒲兵老师的作品，这是他在出国写生考察期间的写生作品，整个画面节奏明快、爽朗，场景虽然不大，但是趣味十足，生活气息浓厚，构图精道，没有多年功力的积累是无法在短时间内完成这么出色的作品的。

4.6.2 图片写生阶段

图片写生阶段也并不是一味地闭门造车，从临摹过渡到写生，还有很多的东西不会画，这个时候就需要借鉴之前临摹的时候留下来的好作品。适当的参考是为了更好地提升学习速度，别人的东西用多了，自然就会举一反三了，这样一来就会形成自己的东西。

图片写生阶段对图片的选择是十分重要的，太难会打击自己对手绘的热情，太简单提升的空间又不大，怎么选择照片呢？一般情况下尽量选择别人已经处理好了的效果图进行写生，这样一来近、中、远景都有，不用自己再去刻意地拼接构图。

选择照片也要尽量选择构图完整的，千万不要选择配景太多的，因为我们是建筑专业，不是景观专业。当然，适当的练习很有必要，但是过了就得不偿失了。还有前期练习时千万要少选夜景的图，因为相对自然光线夜景的灯光用纯粹的线稿表达会难很多。

实例一

仔细观察图片，先从构图开始分析，图片中的建筑气势恢宏，建筑主体占了图幅很大比重，缺少近景，远景也太过于单薄，处理的时候可适当添加一些配景以作补充。

作者在处理的时候没有完全按照图片上的光影走势进行处理，线面结合的画法重点考虑的是画面的一个节奏变化，当然，能够合理地遵循光影分布规律进行处理是再好不过了。大家注意屋檐的暗部作者就采用了留白的方式，通过投影来体现阳光的效果。

实例二

图片中建筑主体突出，但是近景和远景极度缺乏。作者采用一贯的处理手法，以大型乔木作为空间的其实点，远景不做多余的主观处理，以白描的形式稍稍点缀几处树丛。在建筑主体的刻画上采用主观与客观相结合的形式来体现画面的节奏。

提示

如果图片缺乏空间层次关系，就要想到主观地添加配景，但是要注意添加配景的目的不在于刻画得有多么好，它在画面中主要还是用来衬托主体建筑而存在的，所以能够简化就尽量简化，一般通过放一些植物的方式能够给画面带来生气。

Tips

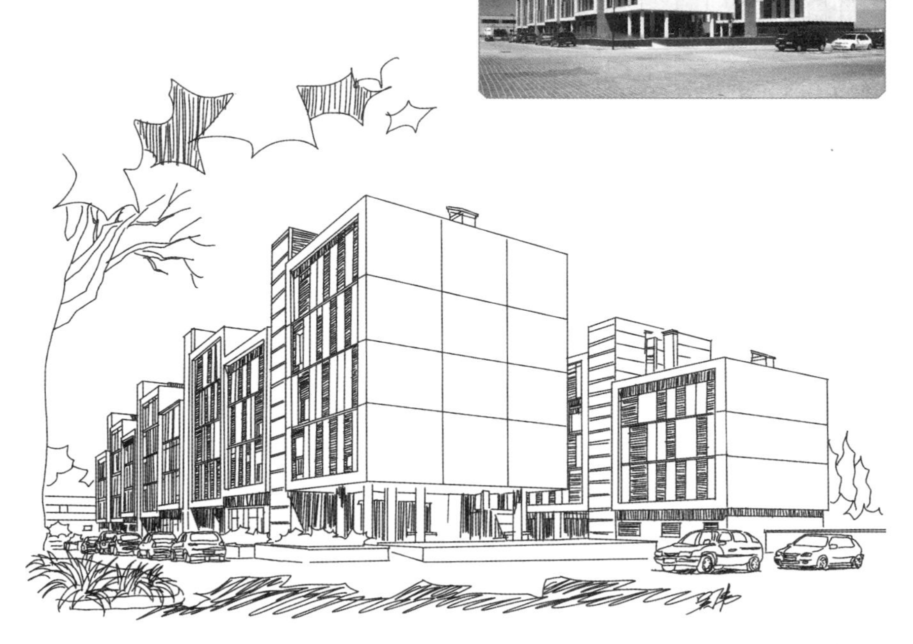

实例三

如果图片中主体建筑所占比重相对比较小，那么远景的高层建筑刻画时就要概括，稍不注意就有可能打破空间分布规律而与主体建筑粘到一起去。图片中近景的阴影也要简化，变化不要太多，尽量把配景的细节都化繁为简以衬托出主体的细腻。

既然在比例上不占优势，那就得在细节与节奏上下工夫。大家注意观察，画面中作者把近景基本都处理成了重灰，远景处理成浅灰，近景有细节但是基本没有层次对比，远景既没有细节也没有层次。中景道路的留白在画面中起到了十分关键的作用，没有这块白，画面要少很多光感。

实例四

原图近景空洞，远景和中景的建筑几乎粘到一起去了，层次上没有拉开，处理的时候就要主观拉大空间，丰富构图。

注意材质与明暗之间不要出现节奏上拉不开的情况，有时候二者必须舍其一，本图采取的是取材质舍阴影。当塔楼部分的玻璃幕墙材质与上面构筑物的背光面的调子相对类似时，作者就没有刻画明暗了。

远景的树丛作者把其换成了远山以拉大主体与远景的空间，近景作者主观地增加了三根旗杆来弥补构图和空间上的缺陷。把画面的至高点留给建筑的目的就是为了更好地衬托建筑的高大雄伟。主体前面的雨棚是画面中相对集中的趣味点，在刻画的时候要尤为注意，切不可马虎笼统地带过。

实例五

原图在构图上有动势，力量感十足，动势空间上相对较空白，层次上不够丰富。处理的重点落在了丰富画面的空间层次上，适当强化一下构图。

实例六

本图作者在配景上采用了三种处理手法：近景的灌木采用的是写实白描的手法；近景乔木采用的是提取剪影的原则；远景的乔木与灌木采用了概念抽象处理的手法。

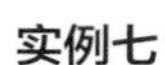

实例七

原图层次上缺乏对比，整体偏灰。主体建筑形体优美是趣味的重点，把材质的刻画作为节奏上的重点，阴影为辅助，近景与中景的处理要注意拉开层次，可以考虑以留白的方式来强化这种空间关系。

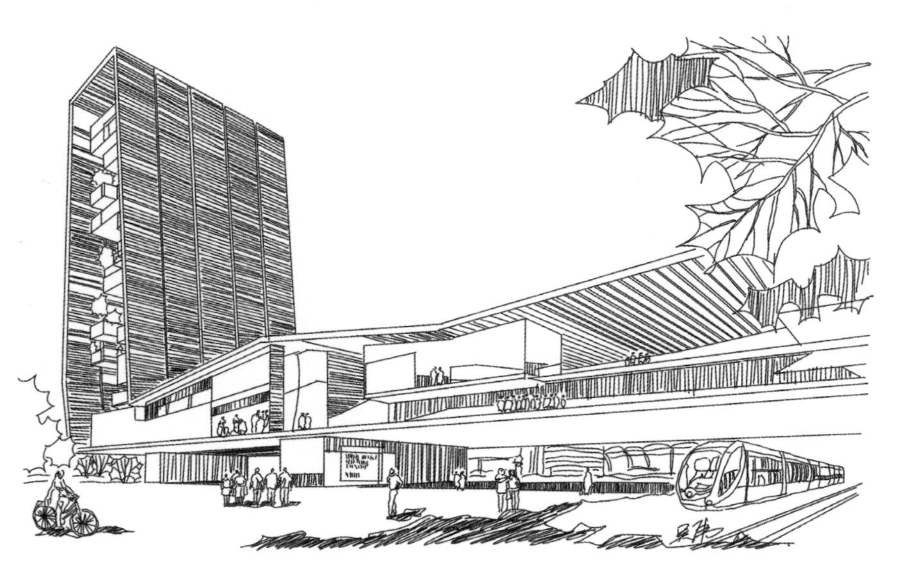

近景乔木需要减弱细节，为配合主体建筑强烈的设计感，近景的乔木也采用了设计感强烈的处理手法来协调整个画面。注意整体重调子的一个走势，切不可因为变化太过于丰富而打破这个势，细节局部变化可以，但要统一在大势之下。

实例八

图片中空间层次还算完整，构图也很合理，但是如果按照原图的构图形式画面上部势必会留白太多，遇到这种情况一般来说有三种手法来进行处理。

第一种是加大右上部分的乔木所占比例来填补空白。

第二种是把云刻画出来，但是这样一来就容易减弱构图的趣味性和空间的大小。

第三种处理就是舍弃右上角的乔木，加高左边的配景，重新创造出新的构图格局。

作者在这里采用的是第三种，图片中前景的调子太重，在刻画的时候可适当减弱，作者在前景灌木的刻画上流出了一条透气带以增加层次关系，不至于画面太闷，注意画面中白的走势。提醒广大读者朋友，无论处理怎样的场景，黑白关系的分布一定要整体，否则画面容易碎。

实例九

原图构图合理，空间层次完整，光影强烈，这种情况下就没有必要再进行整体上的主观处理了，这里作者指的是构图以及层次上的元素安排。稍稍需要下功夫的地方就是把原图常规的明暗分布进行提取与重组，必要的时候要进行舍弃。

近景的枯枝表现力太过强烈，作者将其换成了相对好处理一些的剪影，在不改变原有构图方式的情况下减弱配景，把读者的视线更加集中于主体。

在光影的交代上作者只是简单地在受光面刻画了两个突出结构的投影光的方向与存在，光影就自然产生了有时候没有必要一一画出光影，在速写中按照常规的方式刻画光影反而可能会减弱光影。

实例十

原图主体建筑造型平庸，构图存在缺陷，天际线缺乏趣味性，周围配景的调子也太过于重，不适合快速表达。减弱配景的调子和丰富构图是处理本图的重点。

实例十一

本图是一张别墅的效果图，造型上一般，构图上趋向于框景构图。从处理习惯上来讲，作者比较喜欢舍弃其一边的高大乔木。当然，如果说非得保留也可以，无伤大雅，根据自己采用的手法以及作画习惯，最终只要画面美就可以了。

实例十二

本图是作者非常喜欢的一张，在类别上应该算得上是高层和超高层了。造型十分优美，外墙材质也十分得当，天空的云彩配合建筑本身的线条，天际线显得十分完美，所以作者把天空中的云的刻画也纳入了其中。

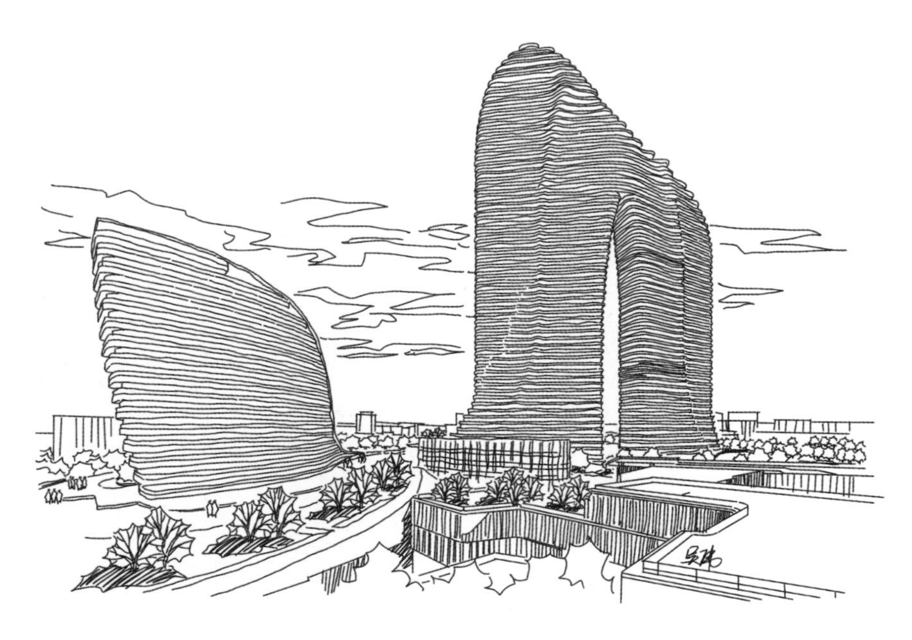

为了能更好地增加画面意境，主体建筑作者采用了完全白描的手法。因为外墙构筑物太过密集，也就没有必要再进行多余的排线了，在前景的配景和建筑的处理上作者稍稍带了点调子，为的是强化画面中的空间走势。

实例十三

图片中的建筑为一交通运输站，建筑主体几乎占到了画面二分之一的比例，缺少远景与近景，光影不够强烈甚至不明显，所以光感有待加强，以上三个问题就是本张图片急待解决的。

作者在远景添加了几处高楼和少量树丛；近景以一贯手法添加了一棵乔木的剪影，适当带了一点调子；前景地面作者采用整体压重不带过多变化的方式来衬托建筑主体。

对于建筑主体而言，作者在先的暗部的基础上适当添加了一些变化，丰富了其环境投影的变化。整体而言，近中远三要素完整，构图也还算中规中矩，美中不足的地方可能就是画面细节还不够，但作为草图的话也可以了。

4.6.3 实地写生阶段

实地写生阶段是最痛苦的阶段，同时也是成长最快的阶段，破蛹成蝶也就差这一步了。前面的临摹与照片写生可积累丰富的处理经验，但是千万别以为到了实地写生会好些，相反，会比前面的学习更痛苦，面对一个自己钟爱的场景，有太多画的欲望，又有太多的东西不会画，心有余而力不足，想画却不敢也不会画，这是件多么尴尬的情况。

突破心魔，勇敢下笔，不会处理没关系，多画自然而然就会处理了。就怕不敢动笔，那就永远也不会画，熬过了这最痛苦的阶段，读者朋友们也就算得上是名手绘高手了。

实例一

图片构图饱满，光影强烈，建筑气势宏伟，富有张力，很容易就能勾起人的创作欲望。除了黑白分布之外构图和要素的成分都十分完美，室内的天花板留白即可，因为如果天花板压黑容易减弱画面的清爽感，光影的效果不一定强于留白。

实例二

这张图片对建筑学的朋友们来说是很有挑战性的，因为其配景所占的比重几乎达到了二分之一，而且中远景全部是乔木。如何处理成堆的树丛，如何处理大面积的草地以及树丛的层次关系是本图的难点。

实例三

图片中的建筑为一国外有名的加油站。从这个视角看，建筑张力十足，造型优美，从构图上来讲左边稍显空洞，没有物体来打破天际线的规整，所以作者在左侧把处于远景的棕榈提到了前面，并对其主观加高，以此来达到丰富构图的目的。

实例四

图片中的建筑外形线条一般，但是表皮的构成感十分强烈，趣味性十足。构图存在很大缺陷，光感也明显不足。作者改变了原图中近景的乔木分布，把原图中的前景乔木改到了中景，在近景中主观添加了一处满足构图需要的乔木剪影，同时把原本处在远景的乔木再进一步拉远。

实例五

图片中场景处于夜幕降临之时，光影对比较弱，建筑外表皮材质也相对淡薄，结构偏少。单看建筑缺少能够撑起画面的足够的细节，画面中单看配景也显得十分弱，作者采用了主体与配景都相对淡薄的手法来完成整幅作品，也算是一次大胆的尝试吧。

提示

在处理细节偏少的场景时，主观添加是一种手段，原汁原味也是一种有意思的尝试，至少本张作品就是这样。只要把握好大的几个原则，画面就始终不会乱套，不乱套画面就不会出太大问题。

Tips

如果用设计里面的一个术语来讲，这张作品或许称得上极简主义吧。道路留白，前景的草地统一采用排调子的方式，整个建筑主体处于白的范畴。极少地方压黑，中远景配景通过抽象的手法进行交代，在调子上算灰的部分，这样整张画面黑白灰的层次分布就明朗了，四周的黑和灰共同来衬托出中间的白。在结构上细节最多的还是集中在建筑主体上，没有乱套。

实例六

图片中的建筑实际上是不全的，在做快题的时候千万不要出现这种情况，效果图如果没有画全在表现上是十分不利的。但是在外出采素材的时候无伤大雅。本图作者画了两次，第二次才将其勉强画出来。

第一遍失败的原因就是太过面面俱到。主次不分，作者把左右两边的建筑做了细致的刻画，这样一来导致的后果就是后期主体再怎么加工画面也还是会偏灰。这样的作品不清爽，不提神。

第二遍作者减弱了两边配景的细节。左边保留原有的建筑外形，但不做中间细节的刻画；右边作者将建筑换成了植物，一来缓解一下画面中全部是硬的元素，二来植物更容易控制和调整，能够更好地衬托出建筑主体，所以大家可以注意到主体细节并没有太多但是视觉中心的效果自然就出来了。

实例七

图片中的建筑造型趣味十足，后现代主义浓厚。就图面效果来说，近景和远景的建筑拉得不是太开，在处理的时候要主观改动。

实例八

建筑造型动感十足，表皮也十分细腻，入口前的锐角大檐口相信在阳光明媚的时候阴影一定非常的漂亮。

就构图本身而言，本图的确是缺少近景的。或许有人会说，其实建筑本身就是近景，的确，所以作者在这张图片的处理上没有再额外添加其他近景配景，只是稍稍在前景地面上压了一条阴影作为一个层次的过渡。

实例九

本图最大的亮点或许就是顶部缺了一块。在处理前期作者是想了又想，是保留原状呢还是将其补上？最终作者根据心中的原貌还是将其补上了。本图构图趣味十足，空间强烈，好处理，不用过多增添额外的配景。

实例十

在绘画本图的过程中，作者以草图的形式反复试验了几次，纠结的地方就是如何拉开建筑右侧的阴影与近景乔木的空间。一开始右边第二棵乔木作者采用的是留白的形式，但是这样一来就与建筑中的留白形成了强烈的冲突。

所以作者最终决定将所有的乔木统一压灰，让画面中的核心白留在建筑上，同时通过前景白对空间进行引导，这样一来画面就平稳了。

实例十一

本图中建筑拍摄视角合理，建筑本身造型一般，但是局部的加减法运用得十分合理，为其添彩不少。构图上缺少近景，为此作者添加了一棵乔木补充。

实例十二

图片中空间效果强烈，建筑主体细节丰富，光影漂亮，但处理时要注意左边街景的进深感，要画出往里走的感觉。还有一个问题，建筑物顶部的阴影是否要加。

作者的回答是：在采用线面结合的方式进行刻画的时候，如果图片中出现大面积且缺少变化的阴影时，任其留白，反而能为画面增添光感。

第5章 马克笔基础知识

5.1 什么是马克笔

1. 马克笔的由来

马克笔又叫麦克笔，是从国外流入到中国的，它的英文名为“marker”，是“记号”的意思。发明之初是做各种标记之用，当下主要用于快速表达设计构思以及设计效果图。

2. 笔头

最早的马克笔只有一个笔头，呈圆形或斜方形，而现在的马克笔可有二三个笔头。最粗的呈扁方形，中粗的呈圆形，细的如同针管笔。

3. 颜料

马克笔分为油性、水性与酒精性三种。油性马克笔耐水性强，具有一定的覆盖力和穿透力；水性马克笔则颜色亮丽有透明感，可溶于水；酒精性质的马克笔也具备一定的覆盖力，但它的挥发性很强。在画完一种颜色后，应该立即将笔帽盖好以免颜料挥发。

4. 艺术特点

马克笔作为快速表现最常用的工具之一，它在表现方面具有色彩亮丽、着色便捷、用笔爽快、笔触明显以及携带方便等特点。在画面上，它的每一笔痕迹均清晰地跃然纸上，通过笔触间的并置与叠加更能产生出丰富而生动的形色效果，具有其他绘画工具所不可替代的优势。

5. 常用品牌

FANDI凡迪，价格便宜，适合学生初学者拿来练手。

TOUCH的油性马克笔，颜色不错，性价比比较好，8元左右。

美国的三福油性马克笔，双头，可以改变笔头角度来画出不同笔触效果。

美国AD高端马克笔，价格昂贵，但效果最好，颜色近似于水彩的效果。一支在20元左右。

德国IMARK（酒精性、纤维型笔头）：双头或三面笔头，笔触硬朗，灰色系颜色较多，每支10~12元。

5.2 马克笔的重要性

手绘是一门重要的技能，而手绘中，马克笔技法又是一个重要的技能。克笔用得好的话，画出来的画色彩很鲜艳，加上马克笔的色彩本来又比较多，马克笔表现出来的画也就色彩很丰富，对手绘效果图很有帮助。

在建筑设计中，马克笔通常用来快速表达设计构思或最终表现效果，用于效果图上色。它能迅速地表达效果，是当前最主要的手绘上色工具之一。

马克笔之所以能被广泛应用于手绘上色，还因为它在上色的时侯有很多特点。

（1）它具有快速干燥、不需用水调和、上色简单、绘图速度快的特点。

（2）马克笔色彩丰富，色彩总数多达几十上百种，能够画出很多的渐变色，甚至很多细小的色彩变化也能很好地表现出来。相对于色彩数量较少的彩铅，这就是一个很大的优点。

（3）马克笔画的颜色可以叠加，从而形成丰富的色彩。

（4）马克笔具有艺术独立性。

手绘中，充分运用马克笔的各个优点，利用不同的笔触，可以对室内外手绘进行丰富的表现，渲染出出色的作品。

随着手绘人经验的不断积累，技法的日趋完善，马克笔已经从设计草图逐渐走向更高的艺术殿堂技法，在绘画领域已经逐渐占据了自己的一片天地。

马克笔画是新画种，那是因为它确实在工具材料、技法语言、视觉美感、艺术境界等方面已经拥有了一个新画种所应具备的基本特征。事实上马克笔潜藏着无比丰富的表现力，只是一般人由于惯性思维作祟，知之甚少而用之甚少，最终与成功擦肩而过。

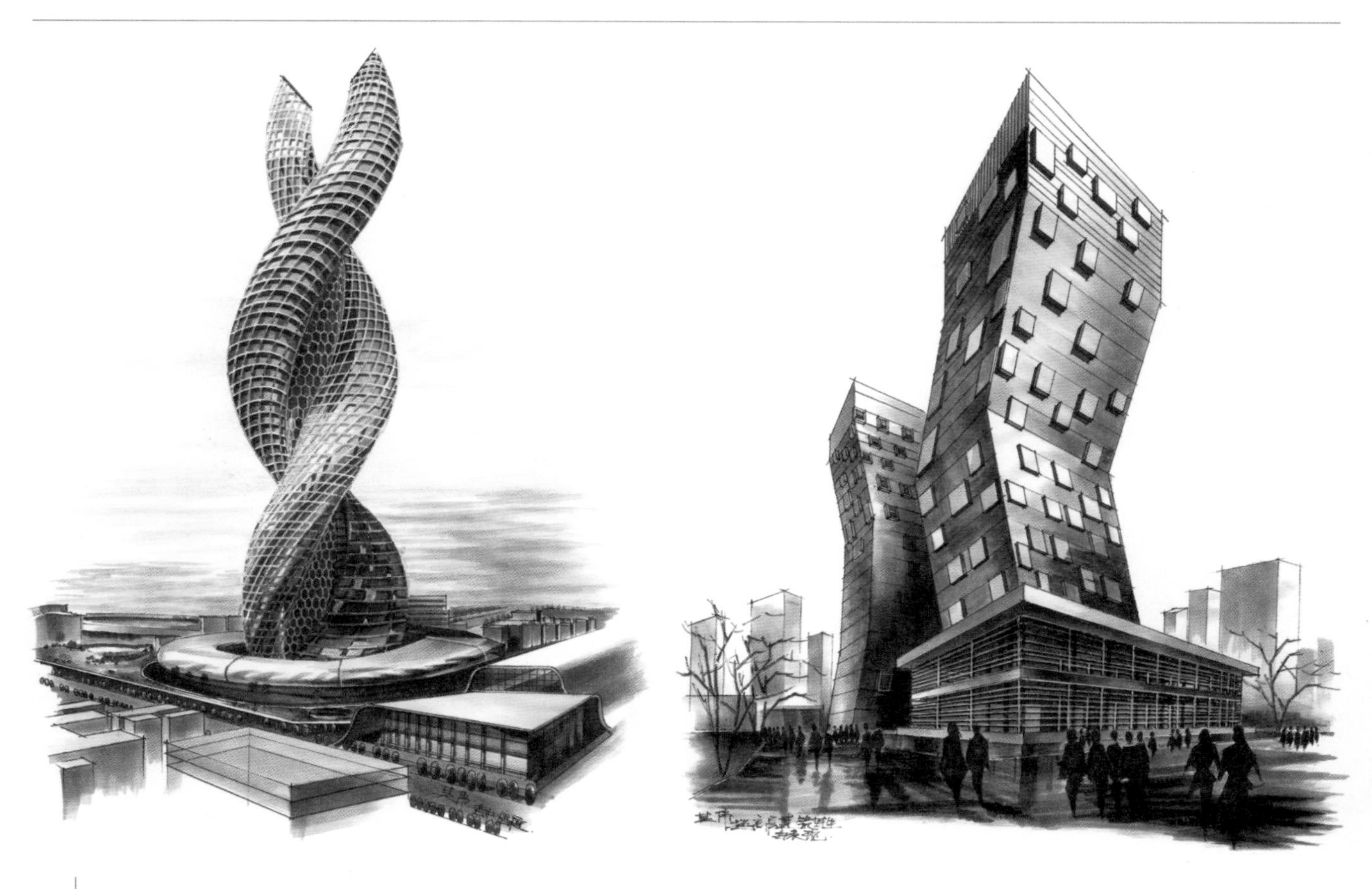

5.3 工具与材料

5.3.1 马克笔的品种

油性马克笔主要成分是甲苯和三甲苯，味道刺鼻，蒸发性强。使用完毕要及时盖好笔帽以减少马克笔填充剂的挥发，从而延长使用寿命。

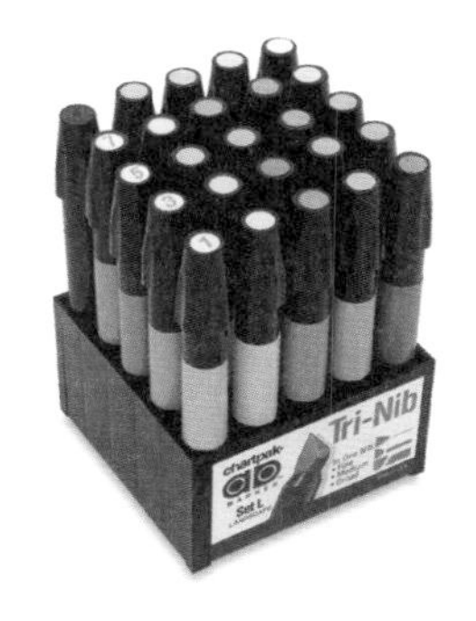

油性马克笔：AD

油性马克笔：TOUCH

酒精性马克笔：COPIC

酒精性马克笔：IMARK

水性马克笔颜色亮丽，透明度好，具有较强的表现力。作画步骤和水彩差不多，由浅入深，由远及近，颜色最好不要叠加太多，容易脏。和水彩不同的是水性马克笔一般由局部到整体。

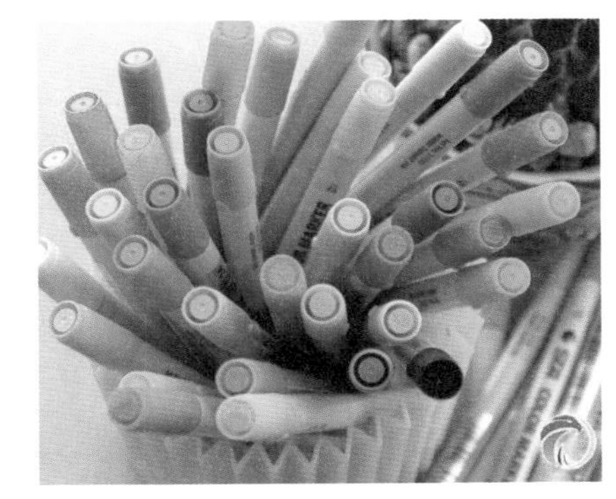
STA水性马克笔

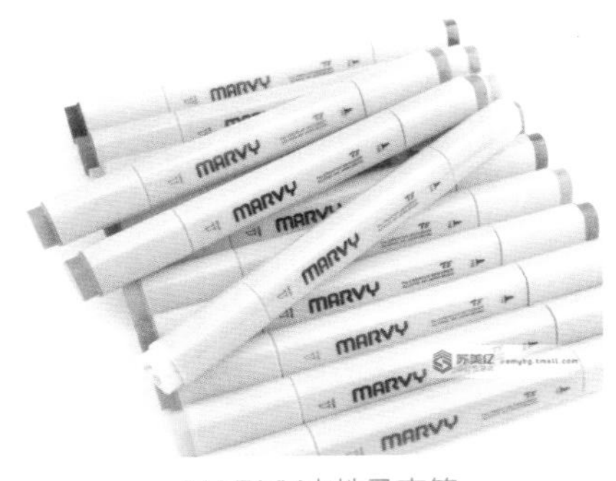

MARVY水性马克笔

目前国内外水性马克笔的使用者已经越来越少，国外很多厂家已经停止生产水性马克笔了。现在市面上常见的水性马克笔品牌也就国产的STA、日本的MARVY和SAKURA、德国的STABILO等。

5.3.2 纸张

纸张的重要性不亚于马克笔本身，它的种类和特性直接影响马克笔成图后的色度深浅、明暗程度、色相变化、笔触融合等。马克笔的长度常常和纸张的吸水性能有很大关系。受马克笔笔头的限制，画幅一般不宜过大，常用3号或3号以下，最多也不超过2号图纸。

常用纸张一般有马克纸、复印纸、速写本、硫酸纸等。

1. 马克笔专用纸

马克笔专用纸特点是双面光滑且都能上色，表面细腻，对马克笔的色彩影响较小，常用规格为120克，大小以A3或者A4为主。

雪山马克笔专用本

遵爵马克笔纸

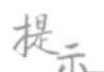
提示

马克笔专用纸吸水性强，纸张厚，能多次叠加且不伤纸。

Tips

绘制在马克笔专用纸上的效果

2. 复印纸

复印纸购买方便，价格便宜，纸面相对光滑，较薄，吸水性较差，纸面偏暗，不能反复叠加。常用规格有A3和A4。

达伯埃A3复印纸

提示

复印纸比较薄，容易起皱。在画之前最好先将纸平整地裱在桌面上，特别是用水性马克笔的时候。少叠加，容易把纸戳毛躁。

Tips

绘制在复印纸上的效果

5.3.3 速写本

速写本最大的优势就是装订成册，携带方便，用户可以根据自己的喜好选择不同大小的速写本。常用的有12开的、A3的和8开的。

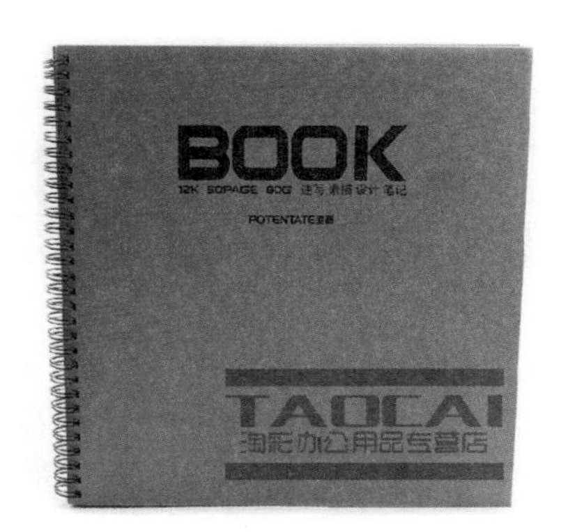

12开遵爵速写本

Gambol 渡边A3速写本

法国康颂8开速写本

绘制在速写本上的效果

5.3.4 彩铅

彩铅既能弥补马克笔因数量的不足而导致的色彩缺陷，又能够更加柔和地过渡马克笔色块与色块之间的色差。

用彩铅绘制的天空

5.4 马克笔的创作特点

同一支笔，反复叠加能创作出不同的层次。

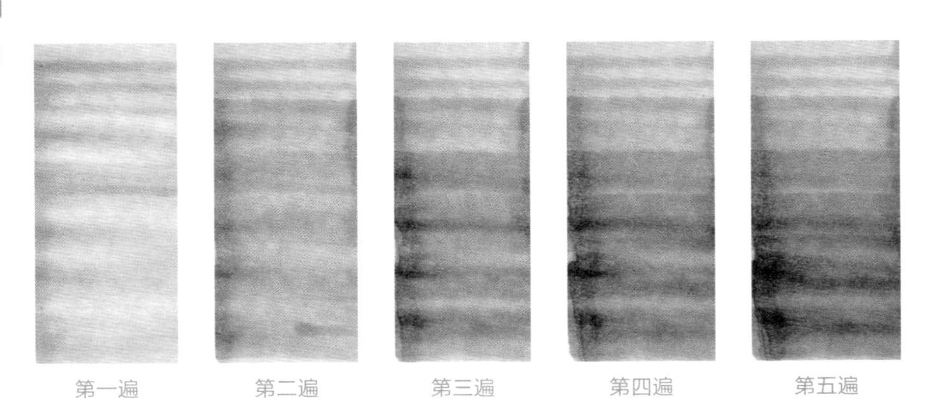

不同颜色的笔相互重叠时可以产生不同的色彩效果，丰富画面的层次和色彩变化，但是切记不能叠加太多次，否则容易腻且画面容易脏。

第一层

第二层

第三层

第四层

第五层

统一色系进行叠加可以创造出更加细腻、过渡更加合理的效果，叠加方法分干叠法和湿叠法两种。

干画法第一层

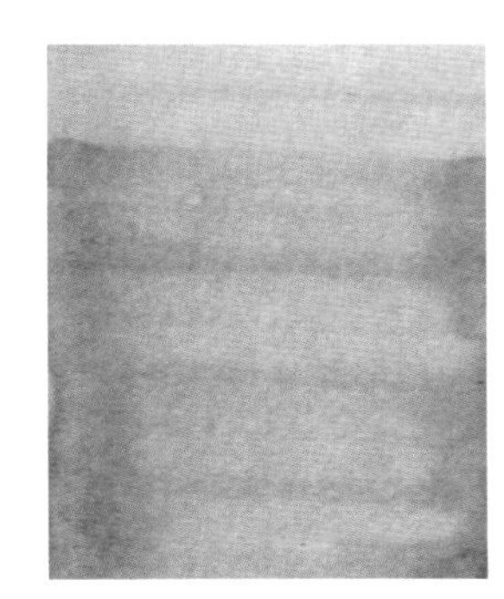

干画法第二层

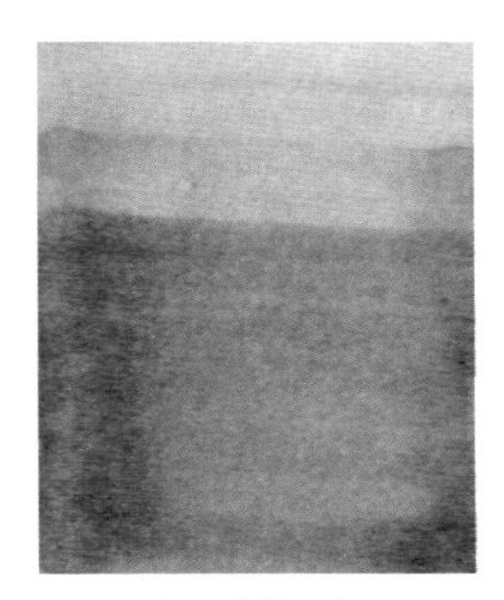

干画法第三层

干画法第四层

第6章 上色的基本原理

6.1 笔触与线条（点线面）

6.1.1 点线面的过渡

点线面的过渡是对于自然界客观规律的真实反映，是进行虚实表现的一种最有效的方式。在马克笔表现中，点线面的过渡技法是最常用的技法之一，前期练习时需打牢基础。

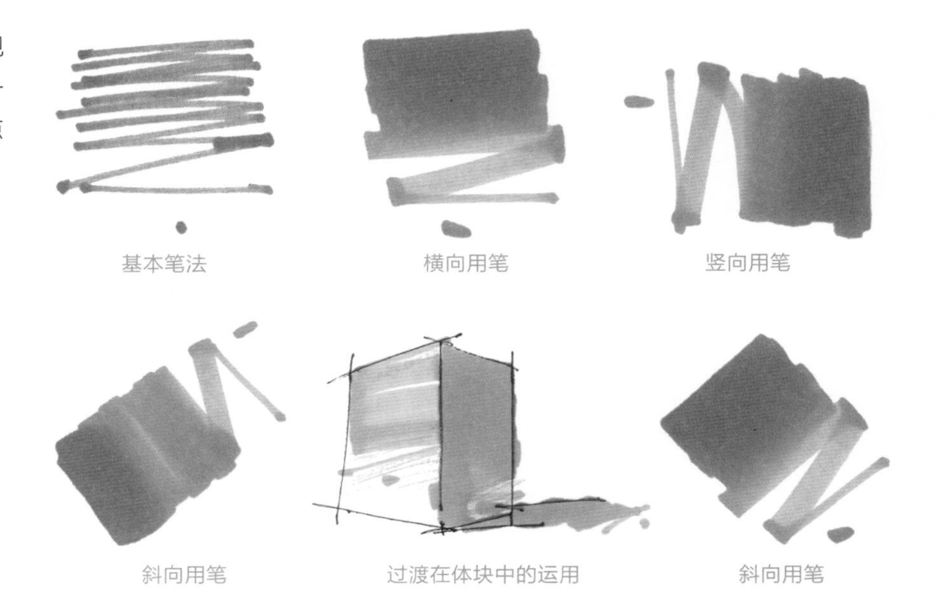

基本笔法　横向用笔　竖向用笔

斜向用笔　过渡在体块中的运用　斜向用笔

短笔触一般成排比出现，短而有力，常常用来刻画植物、石头等相关配景。

短笔触

点能够过渡画面，丰富马克笔表现力。

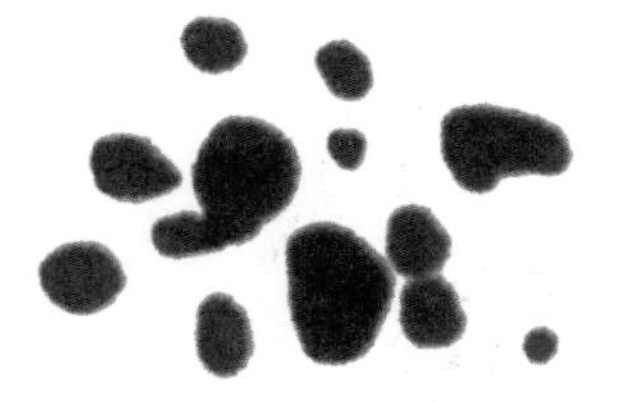

圆点

干净利索的线条能够增加画面的视觉张力，传达出清晰明朗的效果。

快速、自信的线条

短笔触在实际中的应用

起笔下压，收笔上提，由实到虚先重后轻。

虚实过渡明显的线条

6.1.2 横竖交叉笔触

横竖交叉笔触能够丰富画面的层次与变化。实际操作过程中采用干画法进行润色，湿画法笔触出不来，颜色会溶到一起。

在刻画道路时，常常采用将竖向笔触转换角度的方式来进行刻画，能表现出进深和光滑的效果

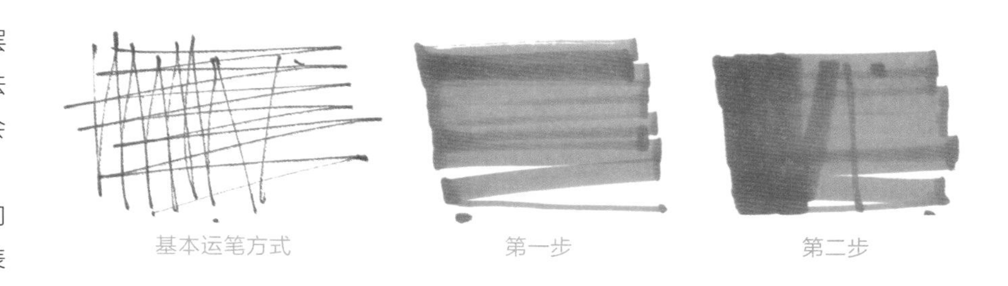
基本运笔方式　　第一步　　第二步

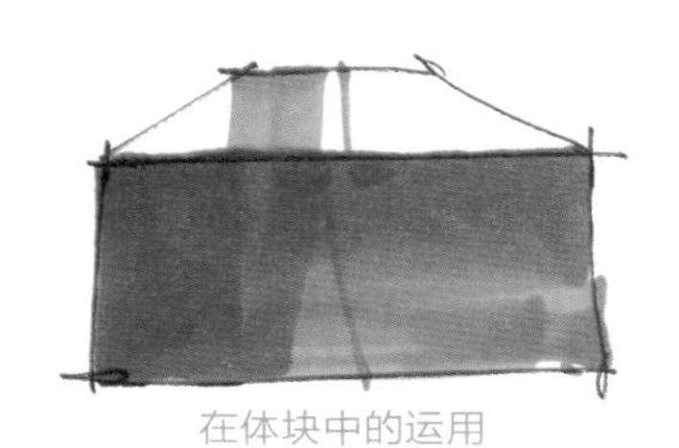
在体块中的运用

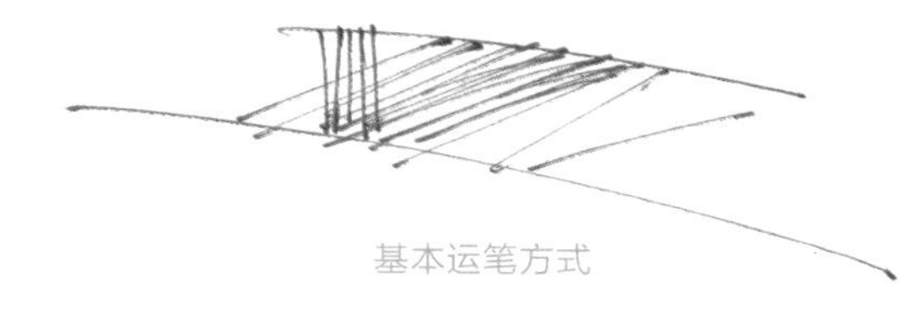
基本运笔方式

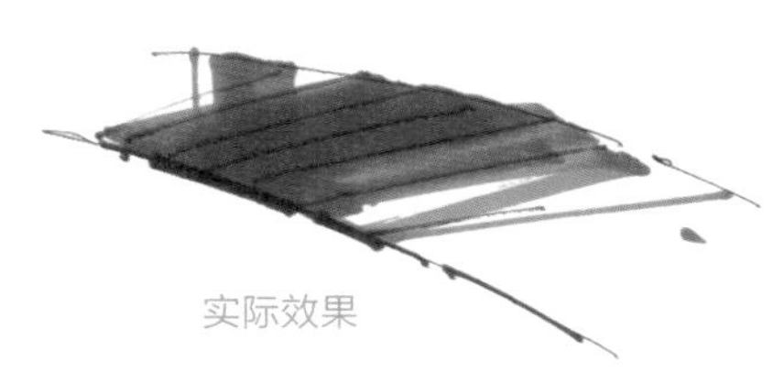
实际效果

6.2 体块光影关系练习

光影关系是马克笔表现的重要元素之一，而通过练习几何形体的光影关系可以更方便地理解黑白灰的渐变关系，对后期的空间塑造有很大的帮助。

同一面的光影变化

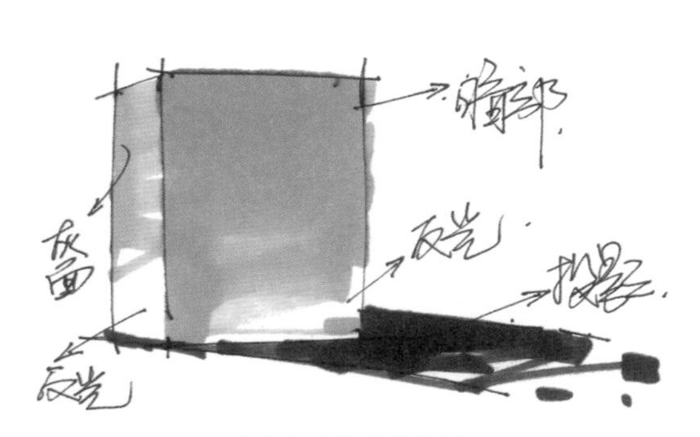

单个体块的光影规律

综合体块的光影规律

6.3 基本技法

6.3.1 湿画法

马克笔湿画法原理和水彩差不多，让纸张吃水尽量饱和，在纸张还未干透的情况下进行多次叠色。

湿画法的特点是相对柔和，笔触不明显，一般在刻画远处的景物时用得比较多，在色与色中间需多次润色以达到自然融合。

同色叠加

异色叠加

异色叠加

6.3.2 干画法

干画法笔触鲜明，刚劲有力，常用于表现亮部和画面较突出的物体，如视觉中心。实际操作中等一遍颜色完全干透之后才能上第二遍颜色。

干画法实际运用

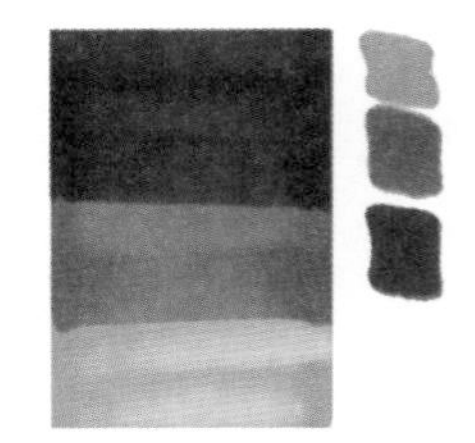

同色叠加

异色叠加

6.3.3 干湿结合

干湿结合综合了干画法和湿画法的双重技法，同时也融合了各自的优点。干画法用于表现亮部，湿画法用于表现暗部，画面跳跃而透明。

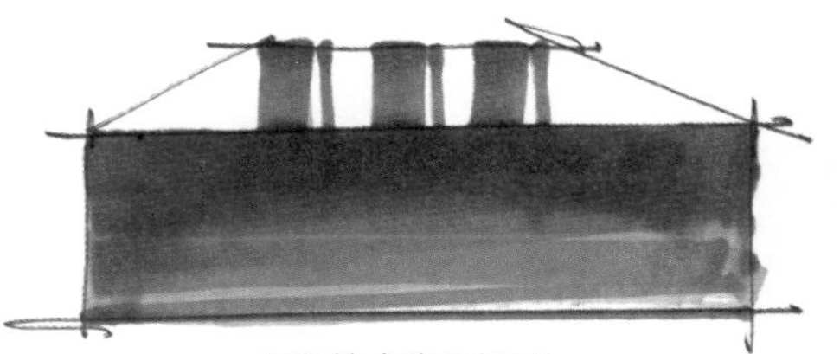

干湿结合实际运用

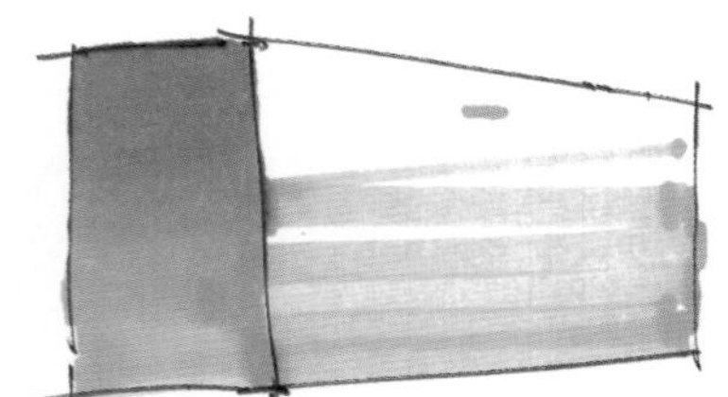

干湿结合实际运用

6.3.4 溶色法

溶色法来源水彩渲染，与水彩渲染的基本原理一样，特点是过渡完美，没有笔触，画面真实性较强，操作中叠色速度要快，纸面吃水要透。

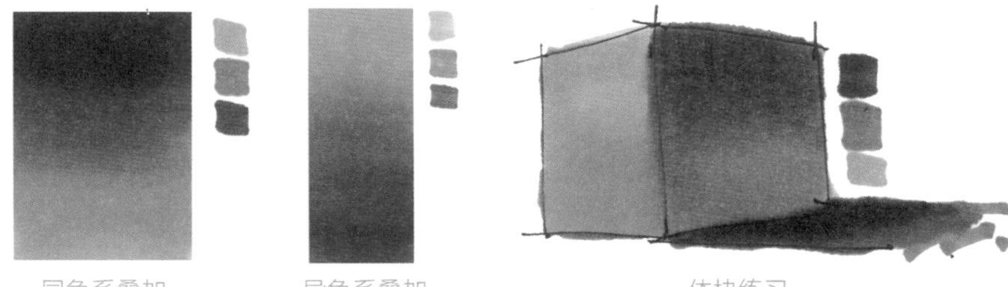

同色系叠加　　异色系叠加　　体块练习

6.3.5 洗色法

以浅色冲洗深色，在深色未干之际以浅色进行反复覆盖，所混合叠加出来的颜色效果变化微妙、虚幻，有十分强烈的肌理效果。

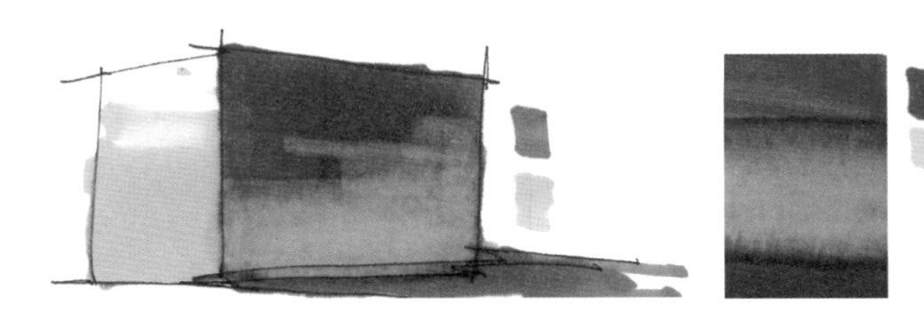

体块练习

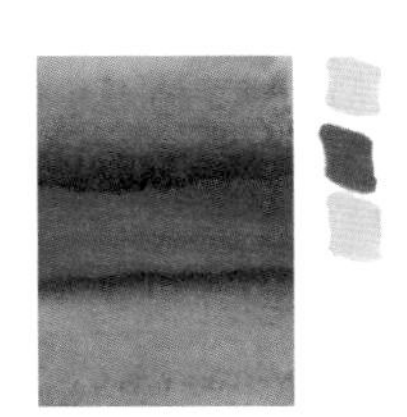

同色系冲洗　　异色系冲洗

6.4 色彩基本知识

6.4.1 色彩来源

物体由于内部物质的不同，受光线照射后，会产生光的分解现象。一些被吸收，其余的被反射或投射出来，成为我们所见的物体的色彩。所以，色彩和光有密切关系，同时与被光照射的物体有关，还与观察者有关。色彩是通过光被我们所感知的，而光实际上是一种按波长辐射的电磁能。从电磁波谱和可见光谱示意图可清楚地说明。

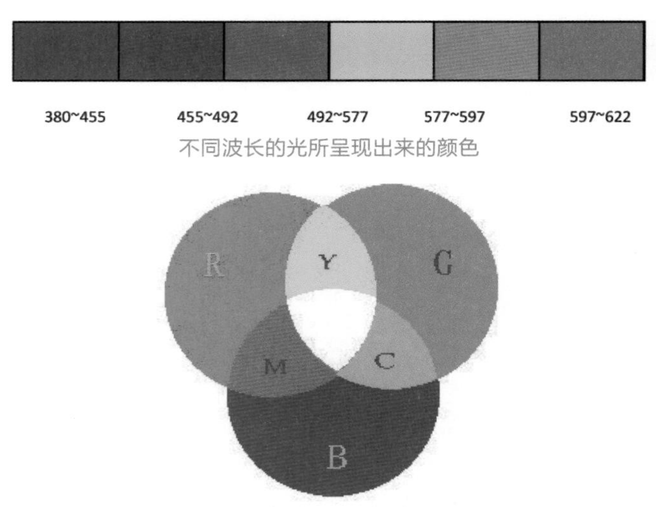

不同波长的光所呈现出来的颜色

基色或原色为红（R）、绿（G）、蓝（B）三色

6.4.2 色光混合

三原色以不同的比例相混合，可成为各种色光，但原色却不能由其他色光混合而成。色光的混合是光量的增加，这种调色方法叫作加法调色。所以三原色光相混合会成为白光。

6.4.3 颜料的三原色

原色包括magenta（洋红）、cran（青，习惯上叫蓝）以及yellow（黄）。利用红、蓝、黄三种颜料，虽也可调出其他不同的颜色，但两者的观念不同。两原色相调称为间色，两间色相调称为复色。

原色

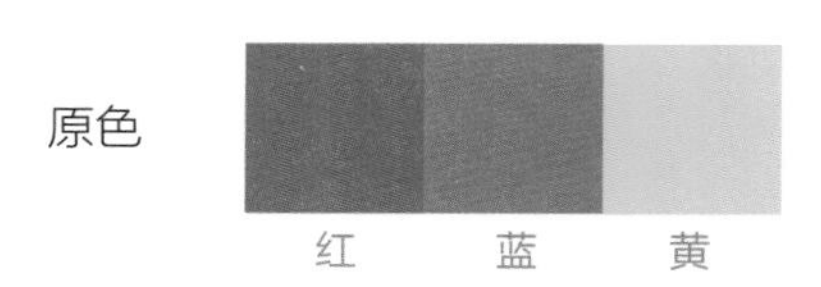

二次色

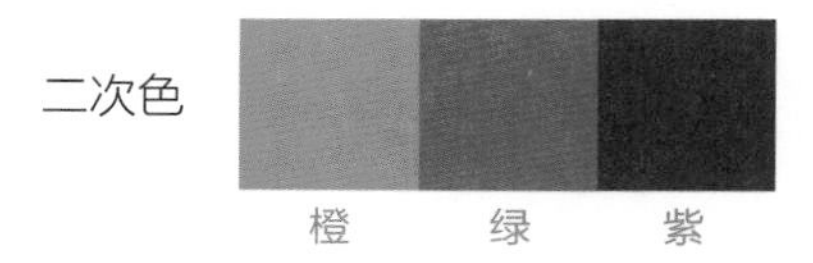

三次色

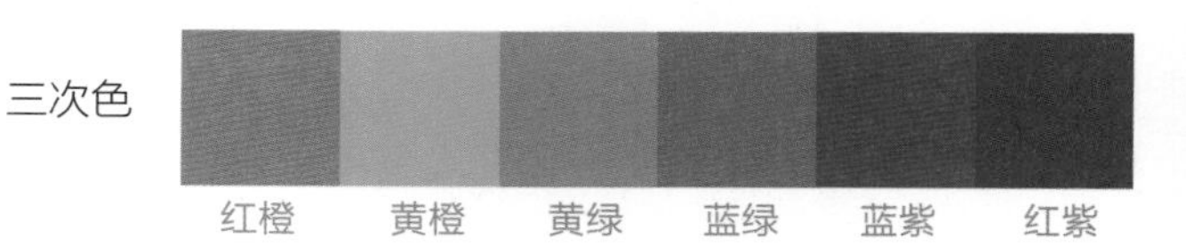

色相环是由原色、二次色和三次色组合而成。色相环中的三原色是红、蓝、黄，在环中形成一个等边三角形。二次色是橙、绿、紫，处在三原色之间，形成另一个等边三角形。三次色是由原色和二次色组合而成。

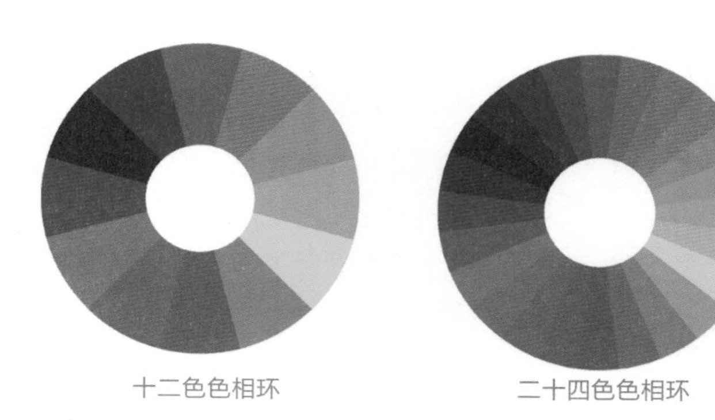

十二色色相环　　二十四色色相环

6.4.4 色相

色相是色彩的首要特征，是区别各种不同色彩的最准确的标准。事实上任何黑白灰以外的颜色都有色相的属性，而色相就是由原色、间色和复色构成的。色相，即色彩可呈现出来的本质面貌。

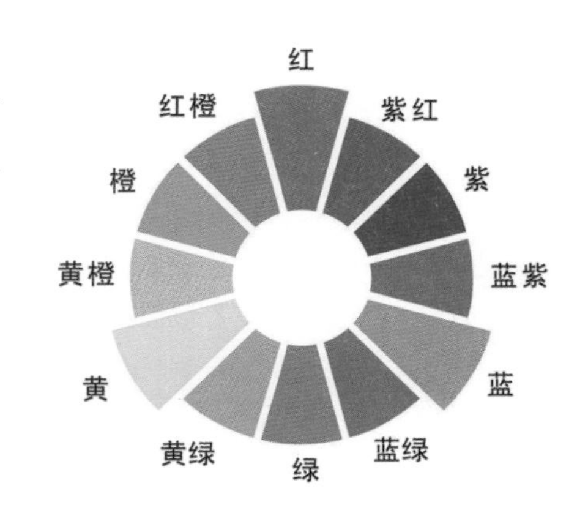

6.4.5 色彩冷暖

色彩的冷暖感觉是人们在长期生活实践中由联想而形成的。红、橙、黄色常使人联想起东方旭日和燃烧的火焰，有温暖的感觉，所以称为“暖色”；蓝色常使人联想起高空的蓝天、阴影处的冰雪，有寒冷的感觉，所以称为“冷色”；绿、紫等色给人的感觉是不冷不暖，故称为“中性色”。色彩的冷暖是相对的。

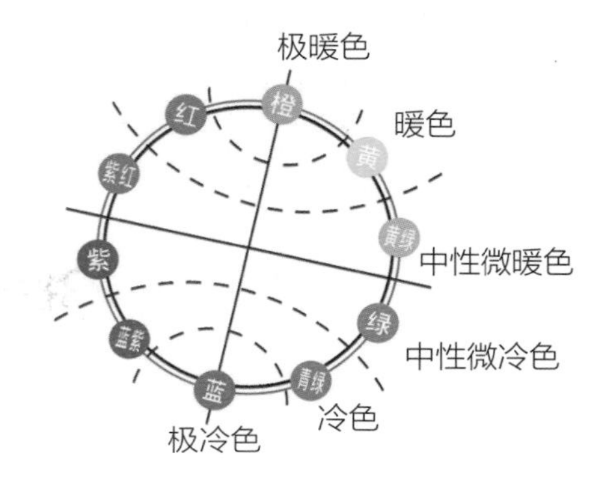

6.4.6 明度

色彩明度是指色彩的亮度或明度。颜色有深浅、明暗的变化，比如，深黄、中黄、淡黄、柠檬黄等黄颜色在明度上就不一样，紫红、深红、玫瑰红、大红、朱红、桔红等红颜色在亮度上也不尽相同。这些颜色在明暗、深浅上的不同变化，也就是色彩的又一重要特征——明度变化。

色彩的明度变化有许多种情况：一是不同色相之间的明度变化。如白比黄亮、黄比橙亮、橙比红亮、红比紫亮、紫比黑亮；二是在某种颜色中，加白色明度就会逐渐提高，加黑色明度就会变暗，但同时它们的纯度(颜色的饱和度)会降低；三是相同的颜色因光线照射的强弱不同也会产生不同的明暗变化。

马克笔进行明度刻画

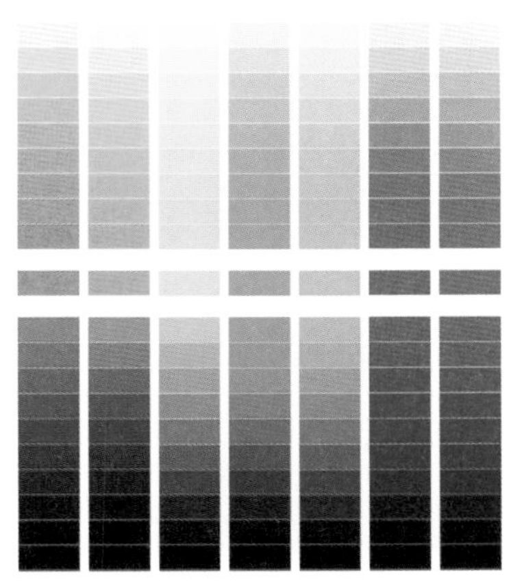

明度的变化

6.4.7 色彩的纯度

纯度用来表现色彩的鲜艳和深浅。纯度是深色、浅色等色彩鲜艳度的判断标准。纯度最高的色彩就是原色，随着纯度的降低，就会变化为暗淡的、没有色相的色彩。纯度降到最低时就会失去色相，变为无彩色。

同一色相的色彩，不掺杂白色或者黑色，则被称为纯色。在纯色中加入不同明度的无彩色，就会出现不同的纯度。以蓝色为例，向纯蓝色中加入一点白色，纯度下降而明度上升，变为淡蓝色。继续加入白色的量，颜色会越来越淡，纯度下降，而明度持续上升。加入黑色或灰色，则相应的纯度和明度同时下降。

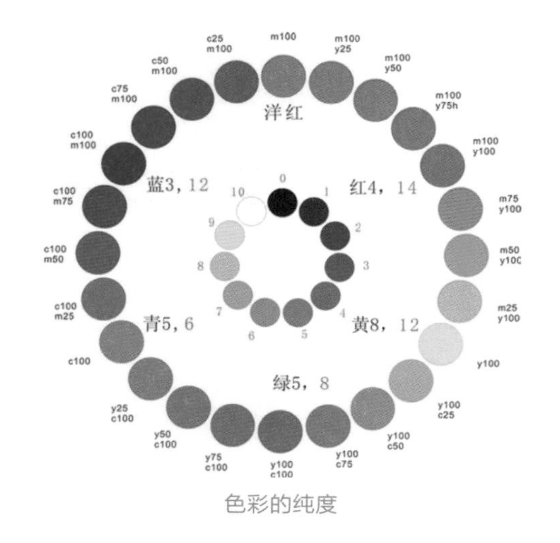

色彩的纯度

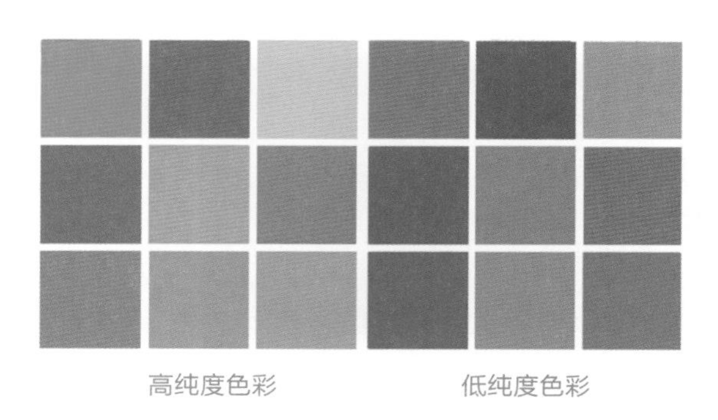

高纯度色彩　　低纯度色彩

6.4.8 色彩的对比

色彩的对比，主要指色彩的冷暖对比。从色调上划分，电视画面可分为冷调和暖调两大类。红、橙、黄为暖调；青、蓝、紫为冷调；绿为中间调，不冷也不暖。色彩对比的规律是：在暖调的环境中，冷调的主体醒目；在冷调的环境中，暖调主体最突出。色彩对比除了冷暖对比之外，还有色别对比、明度对比、饱和度对比等。

在手绘中，色彩对比有色相对比、明度对比、纯度对比、补色对比、冷暖对比、面积对比、黑白灰对比、同时对比、空间效果和空间混合对比等。

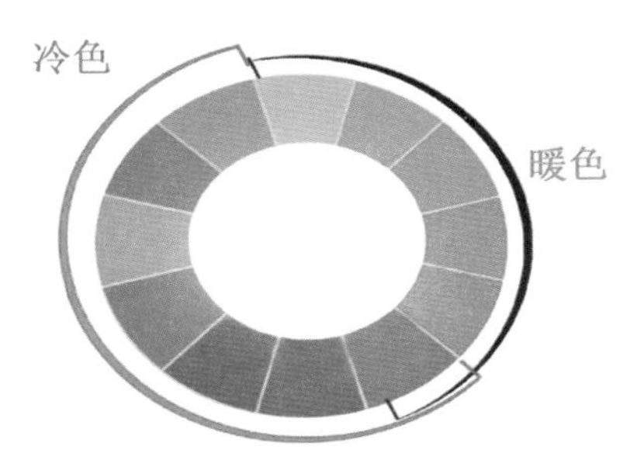

冷暖对比

明度对比

纯度对比

6.5 材质的分类表现

6.5.1 混凝土

混凝土是建筑中常见外墙材质，一般分为预制和现浇两种。刻画的时候一般采用冷灰色系或者暖灰色系进行刻画，不带色相，亮部常常带有明显笔触，暗部可采用平涂或者湿画法。预制混凝土时要注意四个角的螺栓。

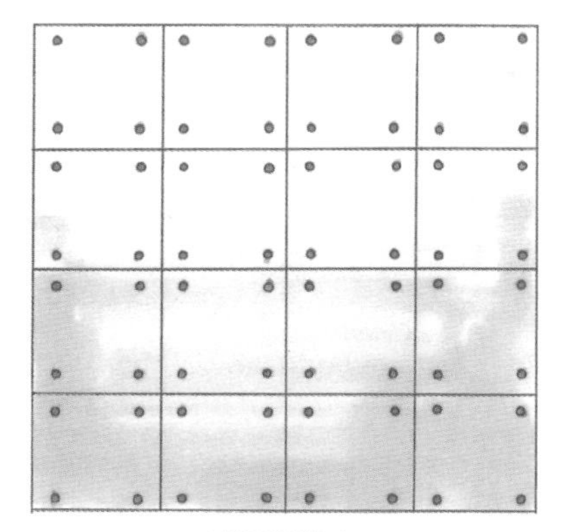

预制混凝土

现浇混凝土

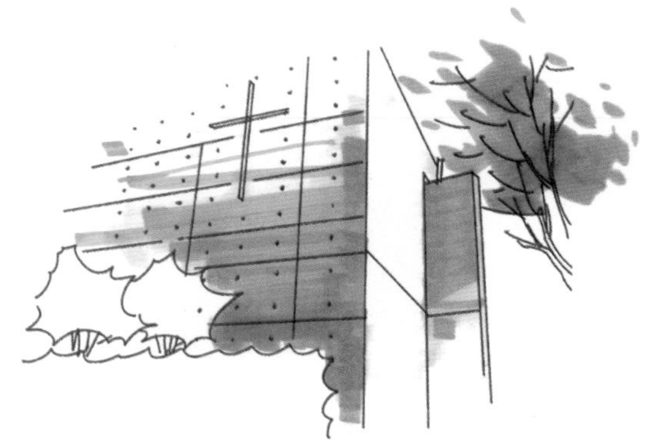

现浇混凝土

6.5.2 玻璃

玻璃的反射能力比较强，会产生镜面效果和高光，刻画时需抓住这两个主要特征。刻画玻璃时常常采用干画法，明暗对比明显。

玻璃窗

玻璃幕墙

落地玻璃窗

6.5.3 马赛克

在实际设计当中马赛克作为外墙材质运用非常广泛，用马克笔表现起来也十分简单易学。固定几种颜色，不同的格子放不同的颜色即可，颜色别太多。

马赛克拼花

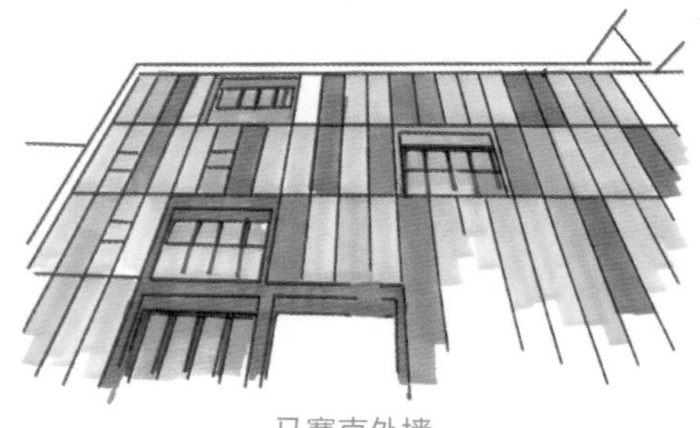

马赛克外墙

6.5.4 碎石拼花

这类材质一般运用于稍显有文化气息的建筑当中。刻画时注意石头与石头之间的接缝要压重，质感不用太过细腻，有感觉出来即可。

碎石拼花

碎石拼花

6.5.5 乱石挡土墙

乱石挡土墙运用在入口的情况比较多，在景观设计中应用得也比较广泛。刻画难点在于每个独立的石头都分成几个面，但没必要逐一刻画，简化成受光和背光两个面即可。

乱石挡土墙

6.5.6 砖墙

砖墙是建筑中最常见的外墙材料之一，砖与砖之间一般存在砌缝，刻画时把砌缝勾勒出来砖墙的感觉也就出来一半了。砖的颜色有很多种，但是同一面墙不宜太多。

砖砌外墙

红砖外墙

青砖外墙

6.5.7 木材

刻画木材的要点在于颜色的把握和纹理的勾勒，色彩层次一般为两到三个即可，纹理一定要准确，切开的木头能够看到年轮，即其特有的纹理。在实际使用中，木板与木板之间会有接缝，注意细节。

木材的年轮

木质外墙

木质外墙

6.5.8 毛石

毛石是不成形的石料，处于开采以后的自然状态。它是岩石经爆破后所得形状不规则的石块，形状不规则的称为乱毛石，有两个大致平行面的称为平毛石。毛石常用于砌筑基础、勒脚、墙身、堤坝、挡土墙等。

毛石的质感

毛石的质感

毛石的质感

6.5.9 瓦片

瓦片是最常见的屋顶材质之一。按其形状主要分为：平瓦、三曲瓦、双筒瓦、鱼鳞瓦、牛舌瓦、板瓦、筒瓦、滴水瓦、沟头瓦、J 形瓦、S形瓦和其他异形瓦。在实际刻画中一般不做重点，用色相对比较简单，给个固有色即可。

琉璃瓦

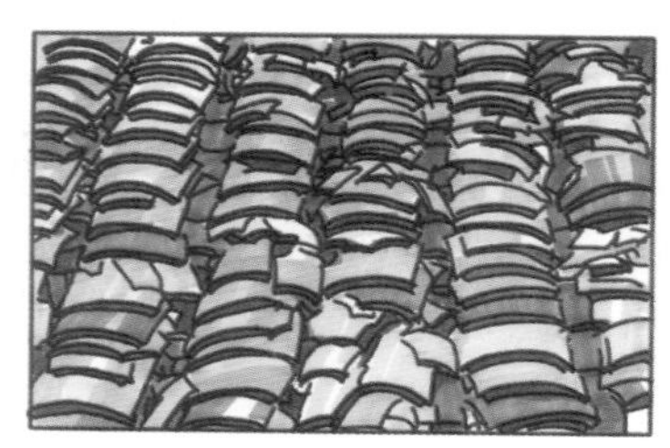
琉璃瓦

青瓦

6.6 配景练习

6.6.1 人物

人物主要用来烘托环境氛围和交代建筑尺度，在画面中不做重点。刻画时颜色尽量简单，两三支笔足矣。

刻画人物时要注意马克笔的一个重要特性，即同一种颜色的笔反复叠加，色彩的明度会一步步加深。这样一来同一支笔就能够刻画出不同明度的效果了，马克笔颜料盒的水彩颜料有类似的地方，使用时技法可以借鉴。

6.6.2 汽车

汽车在画面中起到增加画面氛围、形成与静态建筑的动静对比、丰富画面色彩的作用。与人物刻画相似，不用太多的颜色，采用同一支笔反复润色的技法将明暗层次刻画出来，特别是车窗。

汽车的透视关系和比例是最大的难点，一定要注意研究汽车的结构，形体出来之后稍稍配以颜色和笔触对其金属材质进行润色，体量感就出来了。

汽车在画面中不宜过大过多，否则容易抢掉主体。色彩也不宜太丰富，要不容易分散画面的注意力。注意近中远景的关系，画近景汽车的时候可以稍稍刻画下内部的结构，如座椅、方向盘、反光镜等，中景和远景就可以简化掉了。

在确定汽车整体比例时，可以通过车轮的比例来确定车身的长短高低。上色不必太过依照原图或看到的场景，可以根据建筑主体的色调来进行搭配。注意车身的反光效果要抠出来，采用大笔触进行概念化处理，车身上的细节要注意，如反光镜、散热口、车门缝，门把手、前后车灯、商标等。在表达车辆倒影的时候注意不要画闷了，带些笔触容易透气，不要死抠反光细节。

轮胎和地面尽量拉开下层次，相对车身来说，车的底座为次要部分，细节简化甚至可以不要，采用冷灰进行表达，一支笔即可。一般情况下路面冷暖灰都可以，但要注意明暗上有别于车胎。

注意车窗的表达方式，实际生活中透过车窗玻璃能看到很多的内部结构，但是在马克笔表现的时候如果太过拘泥于内部细节的刻画则容易丢掉玻璃材质的质感，费力不讨好。一支蓝笔，几个大笔触就能轻轻松松地出效果。

6.6.3 摩托车

摩托车在建筑配景中不常见，但是使用得当能够为画面增添十分强烈的场景感和现代气息。作为近景刻画的时候，要注意坐垫的材质和外壳的材质变化，细节上外壳面与内部面之间的转折关系不要丢掉，同一种材质用同一支笔。

摩托车车身较窄，刻画阴影的时候注意尺度要符合摩托车特质。在发动机的核心位置附近零部件十分复杂，在线稿阶段就要注意细节，上色的时候则可以笼统地以灰与黑两个层次进行体现，切忌死抠细节，主体感觉出来即可。

6.6.4 石头

石头可作为建筑配景，特别是在做别墅设计和景观建筑设计的时候运用得较多。石头的颜色多种多样，刻画的时候不用拘泥于常用的冷灰或者暖灰，可以大胆地尝试，例如石头上长满青苔时石头就是绿色。

刻画石头时注意棱角的变化，太硬或太软都不行。

上色时注意石头的色彩规律：暖中有冷，冷中有暖。受光面不要一味地用暖色，背光面也不要一味地用冷色。

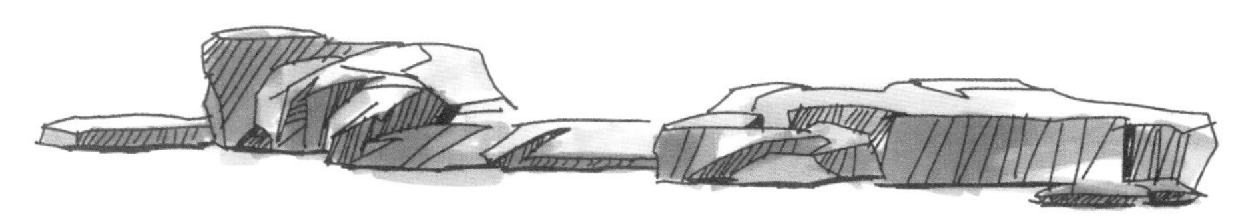

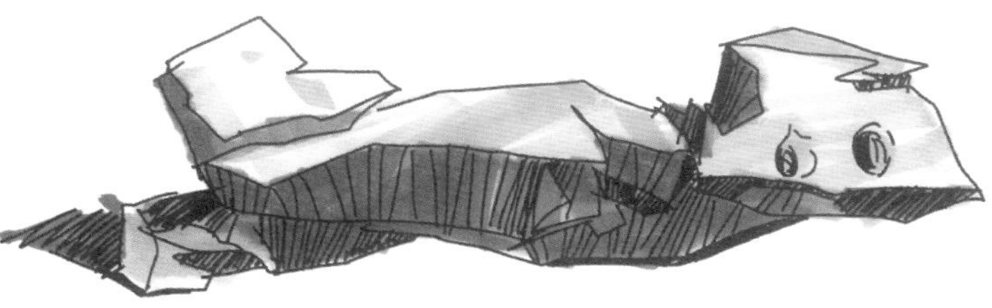

6.6.5 天空

天空是建筑绘画中不可或缺的配景，常用的表现方式分3种。

（1）纯马克笔画法。这种画法要求对马克笔特性非常熟悉，笔触不要太多，湿画法最合适。

（2）纯用彩铅表达。彩铅相对马克笔要柔和很多，容易掌控，画坏了还能够用橡皮擦掉，初学者比较容易上手。

（3）马克笔结合彩铅。先用马克笔进行整体的铺色，再在过渡不够柔和的地方辅助性地上些彩铅。

夜景的天空一般为深蓝色，刻画的时候注意外轮廓的收边。

在调子上要注意天空一般是上重下轻才符合空间规律。

有时候常常采用抽象提取的手法进行刻画，要注意提取出来的云的形状是否合理，在构图上是否适合画面颜色，是否能够衬托主体等。

天空作为衬托建筑的主要配景之一，在刻画时，注意要与主体建筑形成对比。建筑如果是重调子的地方云就要用轻调子，反之也是一样。在色彩上尽量不要用鲜艳的颜色，以免抢了主体的地位。

紫色的天空常常用来表达黄昏时候的场景，所以云不能脱离主体画面环境单独进行刻画，而是既要衬托建筑，又要融入画面。

在用彩铅刻画天空的时候注意排线要干净利落，画面才清爽，最常用的色彩是蓝色。

彩铅的刻画能力是十分强大的，能写意也能写实，在色与色之间能够不留痕迹地完全融合，下图就是很好的例子。

6.6.6 水面

水体在景观园林中应用得比较广泛。

水分为动水和静水。动水要注意把波光粼粼的感觉刻画出来，静水要注意建筑物的倒影。一般情况下水是蓝色的，受环境光的影响就可能什么颜色都有了。如岸边灯光的颜色，黄昏时候天空的颜色，晚霞照射到建筑物上面再投影到水中的颜色等。

水本身是无形的，要想表达出水面的形状就得根据周围的环境来定。画水要注意留白，特别是画动水的时候。

从技法上来讲，水面应该尽量采用湿画法，笔触不要太明显，尽量选择水量充足的笔进行上色。笔头干枯容易把水画硬，这会丢掉水的无棱无角无形的特质。

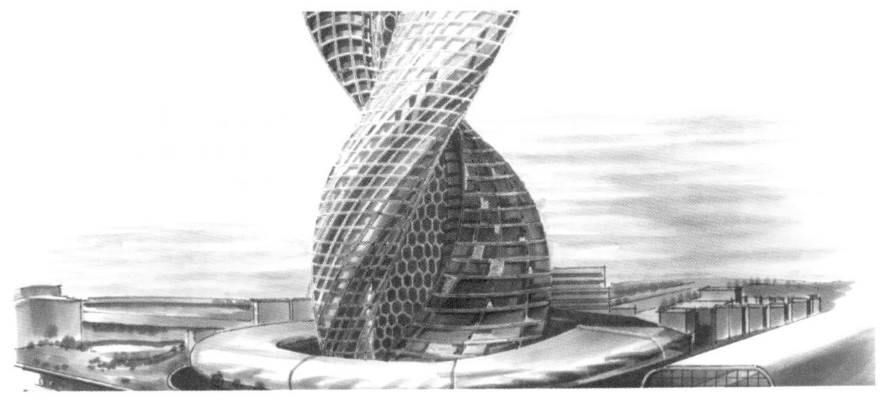

6.6.7 乔木

1. 槐树

在前期打基础的时候，切记作画规律是由浅颜色画到深颜色，亮部一笔到位。只要亮部不画暗，画面就不会画毁。在本案例中蓝色代表天空的颜色，旨在模仿透过树缝看到蓝天的效果。

原始图片

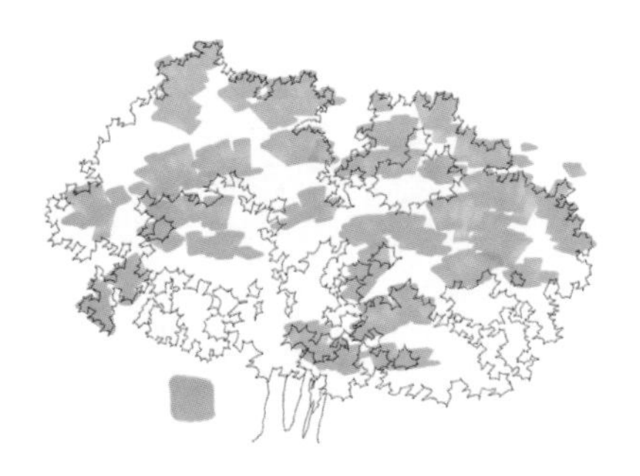

步骤1 由亮部入手，注意不要平涂。

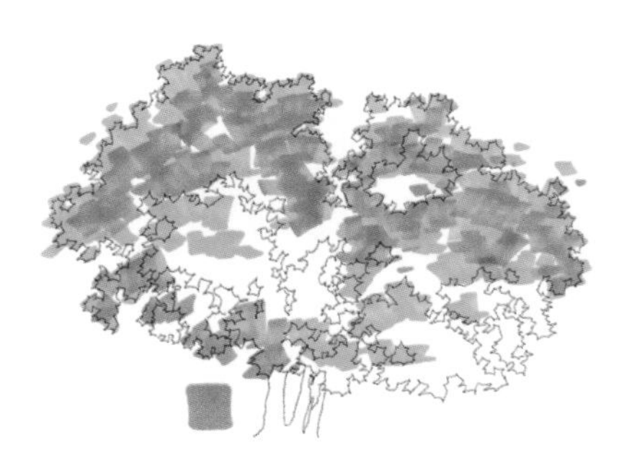

步骤2 刻画亮灰层次，运笔时要注意别把亮部蹭灰了。

步骤3 刻画暗灰和暗部以及天空漏光。

步骤4 刻画树干，注意局部采用了洗色法。

大图参考

2. 胡杨

马克笔的特性和水彩十分类似，同一种颜色叠加的次数越多色彩的明度越低。初学者在作画的时候往往会因为同一种颜色的不同明度而手忙脚乱地找笔，其实通过多次叠加就能刻画出不同明度的色彩。本案例中的步骤8和9就是如此。

原始图片

步骤1 起笔注意笔触与留白，尽量从浅层次开始。

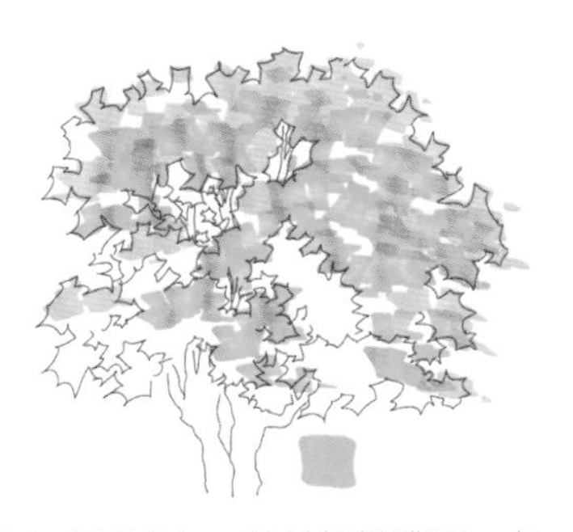

步骤2 刻画亮灰，笔触轻松跳跃一点。

步骤3 集中刻画暗灰，颜色可以稍微丰富一点。

步骤4 对暗灰层次进行细微的调整。

步骤5 进一步丰富画面细节，注意查漏补缺。

步骤6 最后进行调整，稍稍带过树干。

大图参考

提示

杨树的刻画选色基本采用暖色和木色。笔触很重要，摆笔的时候要时刻注意画面中层次的走势。

Tips

3. 合欢

在画植物的时候，特别是乔木，一般绿色用得比较多。初学者常会因不太理解色彩的黑白灰关系而一味地模仿眼前所见到的颜色从而导致大量购买甚至使用不同颜色的马克笔。

其实建议大家常备几种绿色马克笔即可，如亮部一种，暗部一种，浅灰一种，深灰一种。

如果想要画面的层次关系更加丰富，那么可以通过同一支笔反复叠加来实现。切记盲目使用大量的颜色，特别是做快题的时候，找笔是一件十分浪费时间的事情。

原始图片

步骤1 刻画亮部和亮灰，注意层次。

步骤2 刻画暗灰，下笔要注意细节。

步骤3 调整暗灰，刻画暗部。

步骤4 刻画树干，整体调整，查漏补缺。

大图参考

提示

在面对一处缺少光感的场景时要学会主观提升画面的明度以增强画面的光感。选择马克笔的时候明度和纯度要有所提高。
本案例中作者其实还可以把明暗对比再拉开一点，强化对比关系可能会使画面的感染力更加强烈。

Tips

4. 桂花树

画面中的白要尽量留出来，高光笔尽量少用。画面尽量画透明，不同颜色之间叠加次数不要太多，不然容易腻。

原始图片

步骤1 刻画亮部和亮灰，注意留白和笔触。

步骤2 刻画暗灰，切忌留出亮部和亮灰。

步骤3 刻画暗部和调整暗灰。

步骤4 刻画树干，注意洗色法。

大图参考

5. 柏树

实例一

建筑手绘离不开植物配景。植物可以加强建筑物与大自然的联系，柔滑视觉上建筑带来的生硬、冰冷感。

在使用植物配景时要充分考虑其与建筑主体的关系，是遮挡还是被遮挡，是近景还是中景或远景，不同位置、不同距离，处理的方式不一样。植物外形是比较丰富多姿的，也可以说是无形的，刻画时要避免太过呆板。

原始图片

步骤1　选择一个光感强烈的颜色刻画亮部。

步骤2　刻画主体暗部和暗灰层次，注意透气。

步骤3　刻画远处墙面，注意颜色的黑白灰关系。

步骤4　刻画近处草地和灌木，注意对比要减弱。

大图参考

提示

光感的体现需要主体与环境共同来完成，初学者往往在把握画面光感的时候容易顾此失彼。

本案例中作者在选色的过程中有意识地选择了较深的黄色来作为亮部的配色，目的就是为了强化植物本身的光感，然后降低周围配景的明暗对比来突出主体。

Tips

实例二

植物的生长是无规律的，很少出现固定的几何形态。虽然外形无规则，但是在刻画的时候一定要大胆地概括，以求得画面的整体感。在实际运用过程中，无需强调植物是什么品种，有时候随性即可。

在远近关系上要区分对待，近景的植物层次可以丰富点，中景适当减弱，两到三个即可，远景一到两个的样子。

在细节刻画上注意树干与树冠的穿插关系。

原始图片

提示

在刻画一个场景的时候，注意颜色的主次和黑白灰的对比关系。尽量把对比最强的地方集中在主体上，然后主观去减弱周围配景的层次关系。

本案例中树干和树冠其实都很有特点，都是如果都细致地刻画出来画面的主次就没了，所以作者减弱了树干的细节。

Tips

步骤1 刻画亮部和暗灰。

步骤2 刻画主体亮灰。

步骤3 刻画暗部和暗灰。

步骤4 刻画暗部，注意笔触。

步骤5 调整暗灰和亮灰。

步骤6 刻画树干和前景地面。

大图参考

6. 枫树

当画面中存在一个场景时，就要注意主次了，记住，有场景即有主次。本案例中作者从原始图片中提取了三个要素：枫树、围栏、石头。画面中枫树为主，其余为辅。对于枫树，作者竭尽所能地丰富其层次、色彩关系、树枝与树冠的穿插关系，而围栏和石头作者只是稍稍带过。

当画面中局部地方太闷的时候，可以借助高光笔对其进行提亮点缀，本案例中树干就是采用了这种手法。

原始图片

步骤1 刻画亮部与暗部。

步骤2 刻画暗灰，注意选色。

步骤3 整体调整画面主体。

步骤4 刻画围栏与石头。

大图参考

7. 梅花树

在遇到类似于梅花树、桃树这类植物时，注意树干的刻画是关键，往往树干的丰富程度要强于树冠。

原始图片

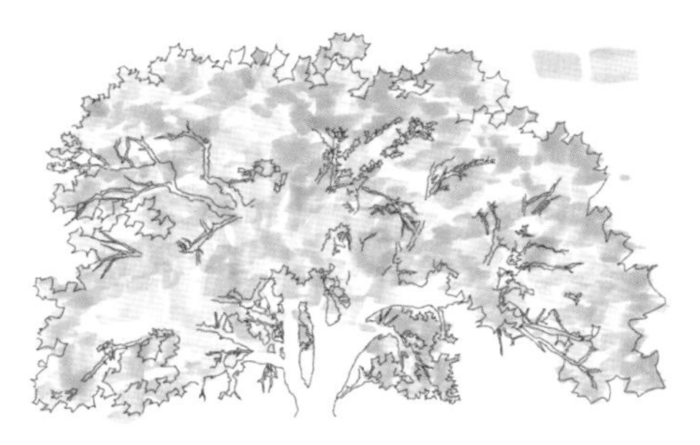

步骤1 刻画亮部与亮灰。

步骤2 暗灰注意颜色的选择。

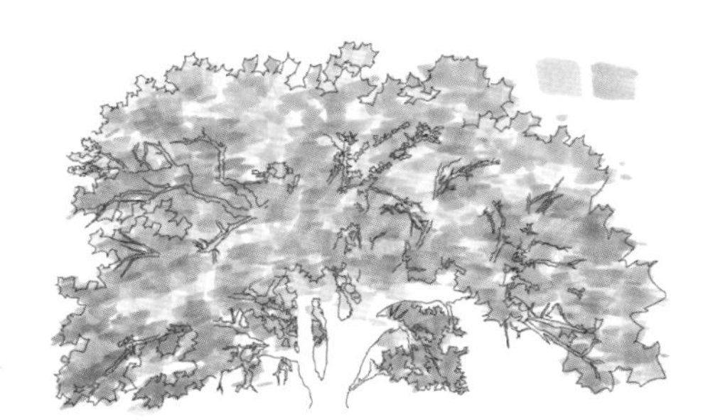

步骤3 调整画面层次。

步骤4 刻画树干，整体收拾。

大图参考

8. 柳树

柳树的树形很特别，在树团的形状上是竖向长、横向短。

在运笔的时候主要要舒展，由上到下一气呵成，切不可中间犹犹豫豫。

步骤1 亮部注意笔触的走势。

步骤2 刻画亮灰与暗灰。

原始图片

提示

柳树特点十分鲜明，在运笔的时候不能像刻画其他植物一样运用碎笔，尽量用由上至下、头重脚轻的连贯笔触进行刻画。

特点的体现主要集中在笔触上，其实色彩本身没有太大的不同。

Tips

步骤3 刻画暗部，调整画面。

步骤4 刻画树干，减弱对比。

大图参考

9. 桃树

马克笔的颜色是有限的，大自然中的颜色是无限的。当你发现你所面对的场景中很多种颜色是马克笔袋子里面所没有的时候就要采用色彩替换的方式来进行处理。

用色相相同、明度相近的颜色对眼前事物进行刻画。当然，这得建立在对色彩足够认识的情况下，包括色相、纯度、明度、虚实等。

原始图片

步骤1 刻画亮部和亮灰，注意留白和笔触。

步骤2 刻画画面的暗部和暗灰，尽量不要涉及亮部位置。

步骤3 刻画树干，轻轻带过即可，注意减弱对比。

步骤4 整体调整画面，注意弥补画面细节。

大图参考

10. 香樟树

本案例中，香樟树茂盛富有张力，虽然树形稍稍有点奇怪，但不影响其表现力的散发。

当然，图片本身光感就十分强烈了，无需再作过多主观处理。

原始图片

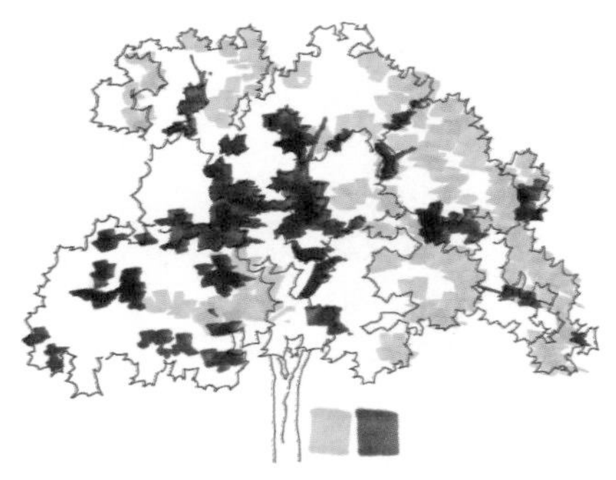

步骤1　刻画亮部与暗部，注意留白与透气。

步骤2　刻画亮灰，面积较大，切忌不要平涂。

步骤3　刻画画面的暗部和暗灰，把握好细节。

步骤4 刻画树干，整体调整画面。

大图参考

11. 杨树

刻画繁琐的细节时，注意用色块提炼画面，切不可死抠细节，观察事物时有时候可以尝试眯着眼睛看。

本案例中，杨树基本采用速写的画法，层次不多，但大体的明暗关系已经交代清楚，树干与树冠的前后关系也做了清晰的刻画。

画面的重点是光感，亮部就上一层色彩，浅灰的地方最多叠加一次。

原始图片

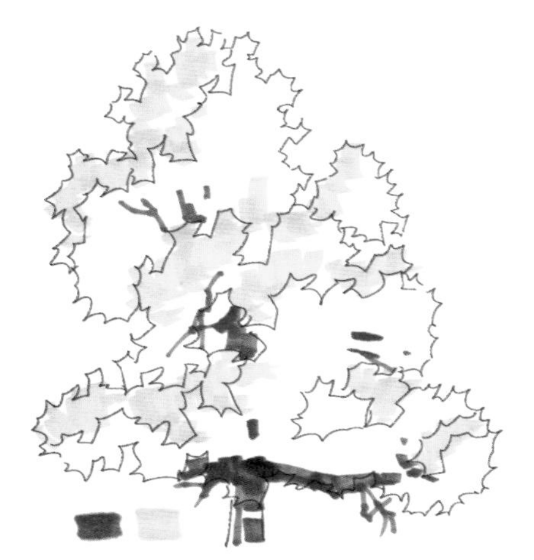

步骤1 刻画亮部和树干暗部。

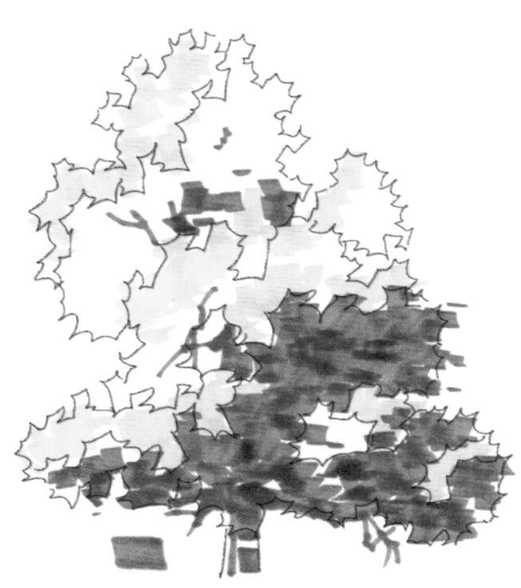

步骤2 刻画画面的暗部，注意透气。

步骤3 刻画画面的亮灰，颜色可以稍微丰富一点。

步骤4 整体调整画面，对细节地方进行查漏补缺，丰富画面色彩关系。

大图参考

12. 银杏树

在刻画树冠不够茂密的乔木时，画面的重点应该放在树干与树冠的穿插关系上，而树干与树冠在画面中的地位相当，都次于二者穿插的形式。树冠既然不茂密，刻画树冠的时候就要注意留白透光，切不可涂色太满。树干不要太过连贯。

原始图片

步骤1 刻画亮部，注意树冠不茂密的树种如何刻画。

步骤2 刻画暗灰层次，注意摆笔和留白。

提示

在遇到树冠十分稀疏的树种时，重点不在于如何刻画树冠本身的光影关系，而是树冠与树干的穿插关系。穿插关系能够放映树冠的前后关系，也是这类树的主要表现力。

Tips

步骤3 刻画树干，注意受光处的留白。

步骤4 整体调整树冠，丰富画面层次关系。

大图参考

13. 枣树

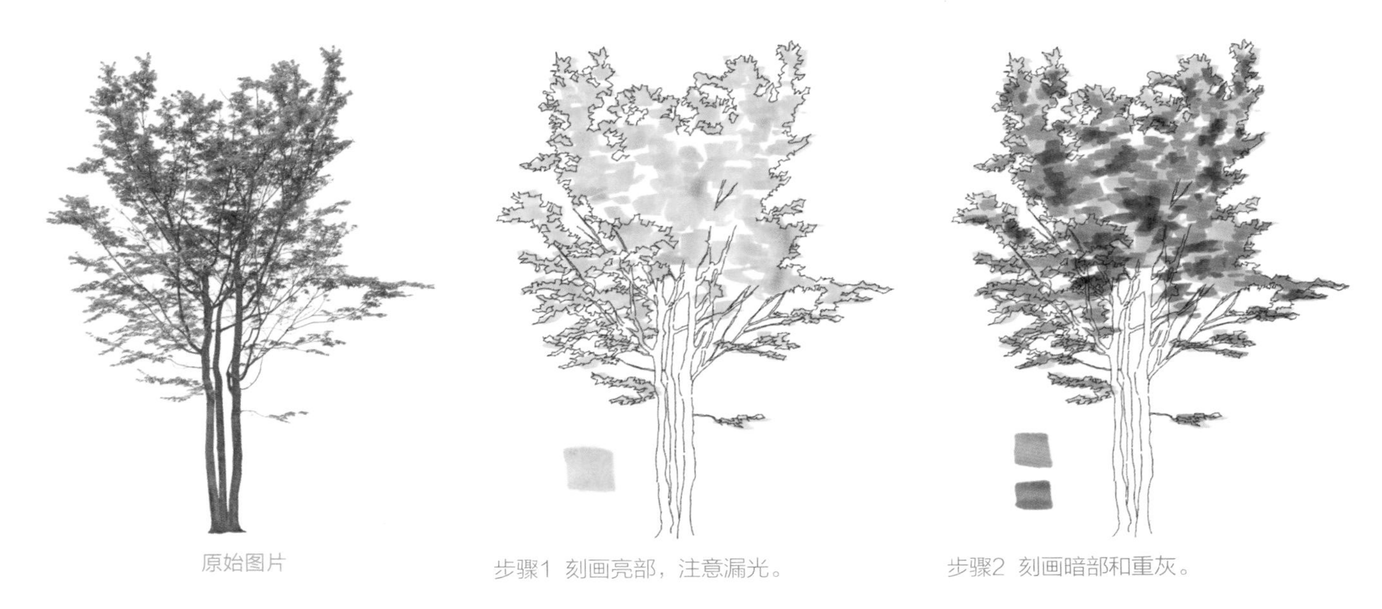

原始图片　　步骤1 刻画亮部，注意漏光。　　步骤2 刻画暗部和重灰。

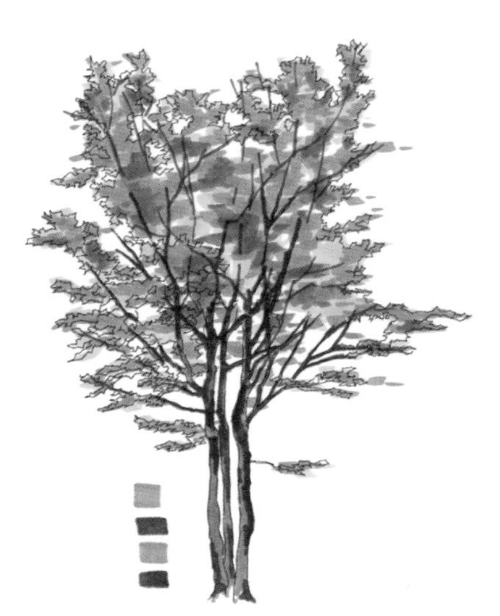

步骤3 刻画树干，注意其与树冠的穿插关系，整体调整树冠。

大图参考

14. 棕榈树

在马克笔练习时要时刻注意不要照搬图片，特别是在前期做单体训练的时候，要注意取舍。色彩上要注意灵活转换，先分析，后下笔，根据自己对画面的理解和实际画面的需要相应地改变客观事物的构图、色彩搭配、主色基调等，使得画面更加合理和完美，原创性更加浓郁。

原始图片

步骤1 刻画植物固有色，注意留白透气。

步骤2 刻画受光处，注意天空的漏光。

步骤3 刻画树干，注意圆柱体的刻画方式。

步骤4 整体调整画面，对细节进行查漏补缺。

大图参考

15. 油松

原图存在着光感不强、树干与树冠的穿插关系不明确等问题，在着手处理时这些问题都要思考清楚。

原始图片

步骤1 刻画植物亮部。

步骤2 刻画亮灰，注意摆笔。

提示

在遇到场景中事物关系模糊不清时，主观上可以强化其明暗两个极端的层次以拉大对比。树干也是可以主观增减的，关键是要看起来合理，不漏破绽。

Tips

步骤3 刻画暗部和暗灰。

步骤4 刻画树干，注意穿插。

大图参考

6.6.8 灌木

原始图片

实例一

在基础练习时切忌心浮气躁，在面对细节较多的事物时按部就班，由浅入深。重颜色要格外小心使用，画面画暗了要提亮是十分困难的，但是亮了压重十分简单。

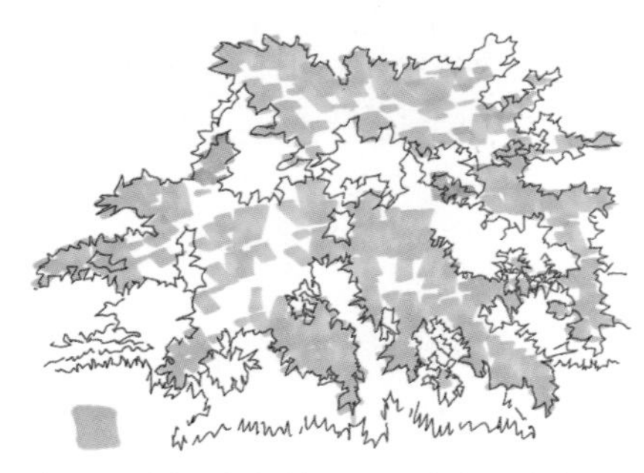

步骤1 刻画亮部第一层，注意留白与笔触。

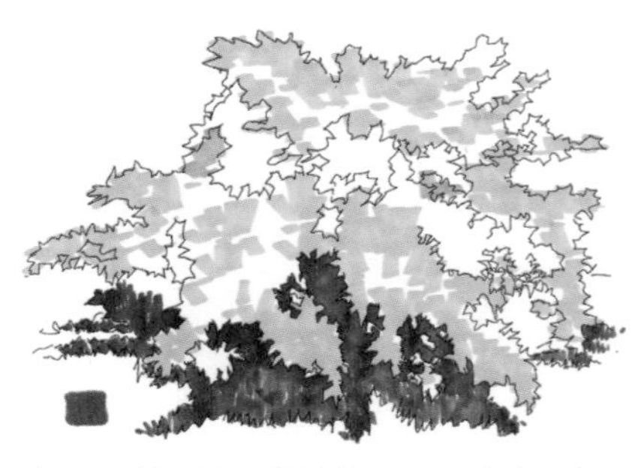

步骤2 刻画地面草地的阴影，注意透气。

步骤3 刻画暗灰，画面要轻松自然。

步骤4 深入画面细节，千万要注意整体。

大图参考

实例二

图片中植物颜色较深，但是光感不够强烈，在刻画的时候就要主观地强化其光照效果。

暗部的细节较多，刻画时不可囫囵吞枣。

原始图片

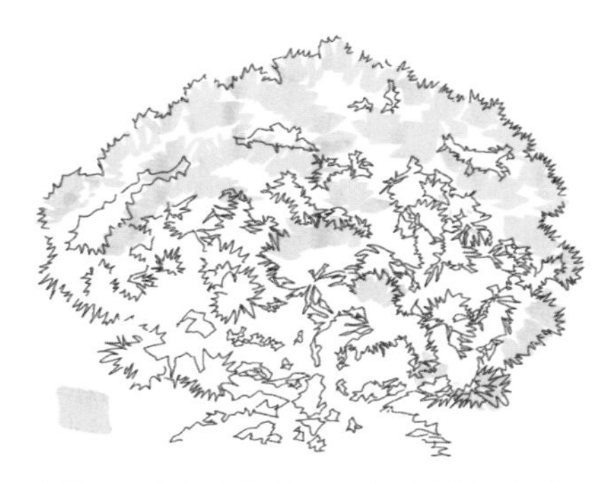

步骤1　填充亮部颜色，适当选择光感强烈的色彩。

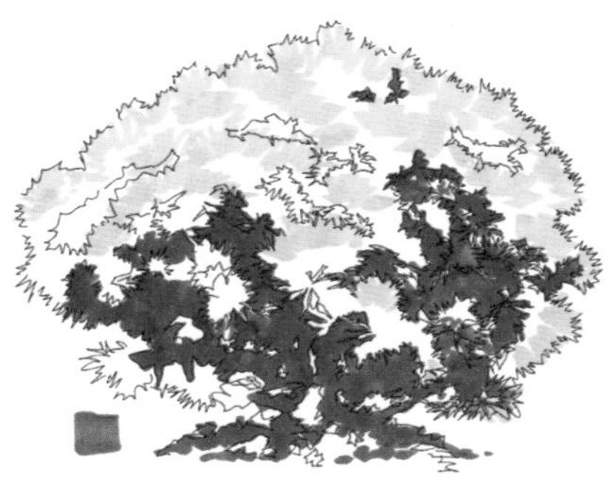

步骤2　填充暗部，注意细节，强化明暗对比。

步骤3　填充亮灰，颜色可以稍微深一点，强化光感。

步骤4　调整暗灰，调整整体画面，查漏补缺。

大图参考

6.6.9 树林

实例一

在刻画树林的时候，往往因为不会处理一堆密密麻麻的树冠和树干而导致无从下笔。

原始图片

步骤1 刻画画面中的受光部分，注意画面要干净透明。

步骤2 刻画远处植物以及近处水面的环境倒影色。

步骤3 刻画树干暗部、水面固有色以及部分暗灰层次。

步骤4 刻画植物以及水面倒影的暗部色彩，注意摆笔。

步骤5 进一步深入水面倒影的刻画以及石头暗灰层次。

步骤6 深入刻画画面细节，丰富画面色彩关系。

步骤7 着重刻画岸边和石头上树影婆娑的效果。

步骤8 整体调整，对画面进行最后的检查。

大图参考

实例二

原图是一张光影关系非常强烈的图，但是因其暗部过多而使整体显得有点闷，处理时要着重注意这点。

原始图片

步骤1 刻画草地以及远处树林的浅色层次。

步骤2 刻画草地的暗部，注意把漏光的效果留出来。

步骤3 刻画近景的松树以及画面中的部分暗部。

步骤4 刻画画面左侧的树干以及远处的部分亮灰层次。

步骤5 进一步深入画面，强化画面细节。

步骤6 调整画面，使画面更加整体，注意亮部始终要留出来。

步骤7 整体调整画面，查漏补缺，丰富细节。

步骤8 稍稍刻画下远处植物的层次关系，但不要太强。

大图参考

第 7 章

功能图表现技法详解

7.1 总平面图表现

总平面图主要表示整个建筑基地的总体布局，具体表达新建房屋的位置、朝向以及周围环境（原有建筑、交通道路、绿化、地形）基本情况的图样。

总平面图是建筑设计图当中非常重要的部分，在项目评审中，专家通过研究总平面来找出新建建筑与周边环境间的各种关系。建筑师的功底最直观的体现就是总图设计。

在总图表现中最大的难点就是配景的润色，如何协调好各个配景间的色彩关系与黑白灰层次是最重要的一个环节。总图的配景主要包括乔灌木以及道路铺装、水池、地被。配景的选取无需在意其品种搭配，实际景观设计有专业人士进行操作，建筑总图中掺杂植物元素无非是让图纸更加漂亮而已。

总图主要是为了突出设计，细节不需要画得太过精致，否则会耗时太多，而且会削弱图面的整体效果。良好的设计配合恰如其分的表现，是十分容易赢得甲方认同的。

7.1.1 总图植物配景

下面提供几组配景图示。

配景图例（一）

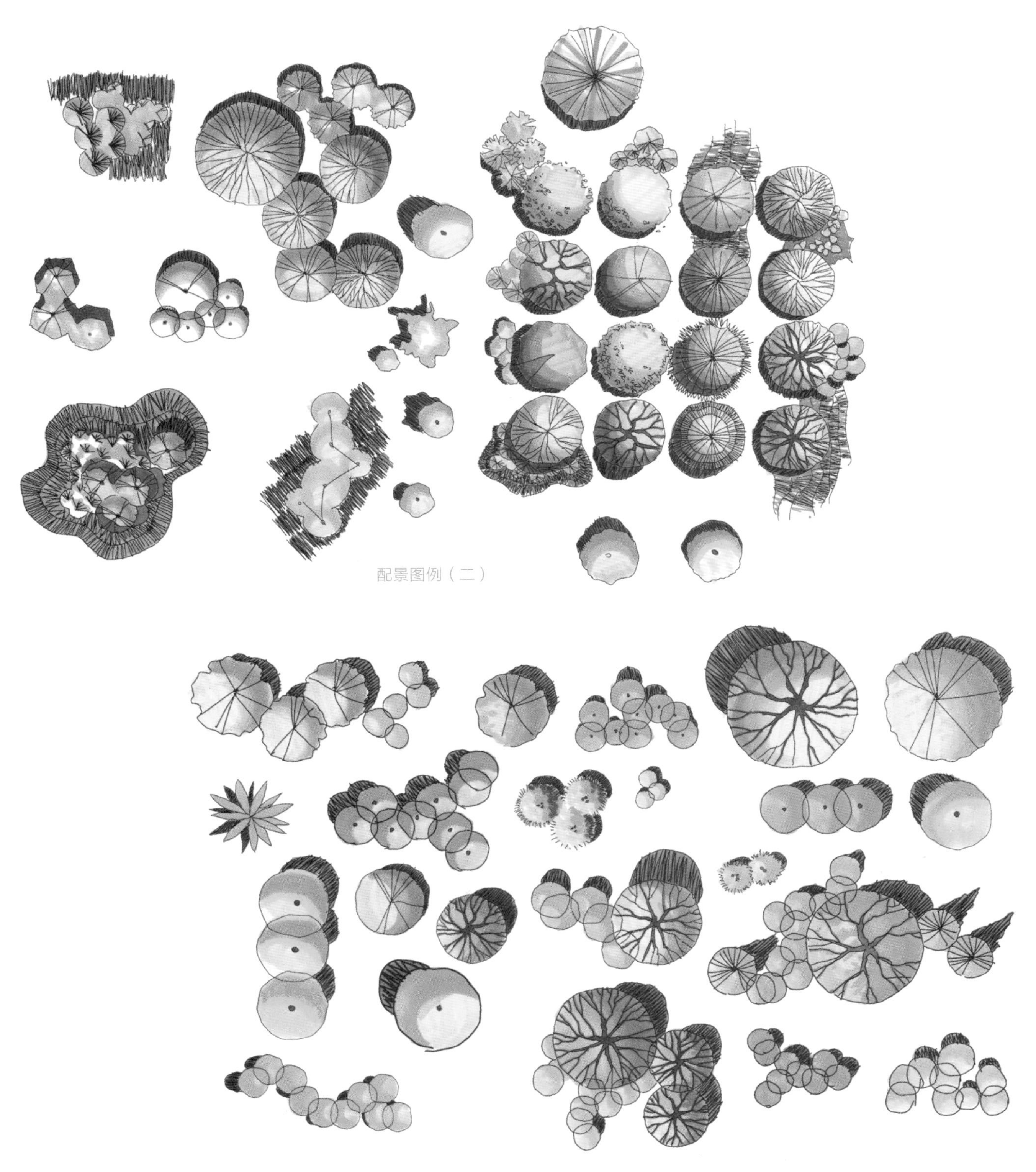

配景图例（二）

配景图例（三）

7.1.2 各类总图画法分析

1. 会所

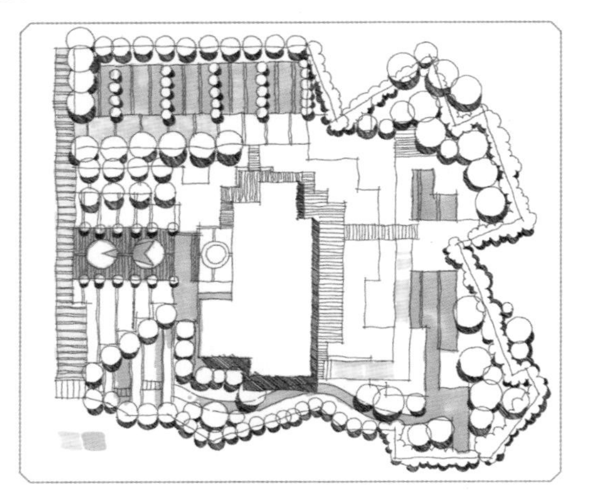

步骤1 平涂铺砖第一层颜色，浅色调可以放开用笔。

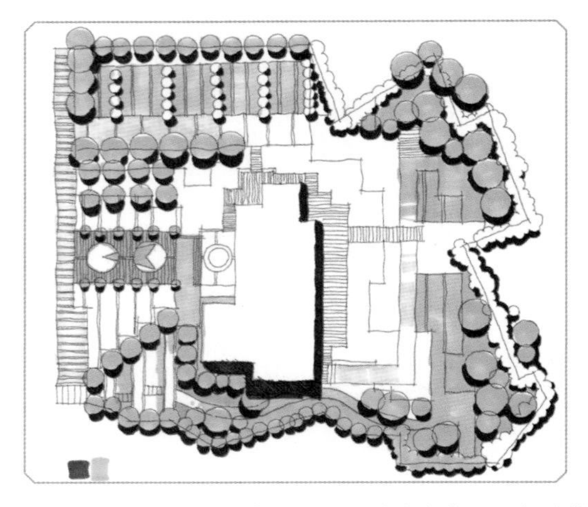

步骤2 平涂乔木固有色和阴影，注意润色不要超出线框。

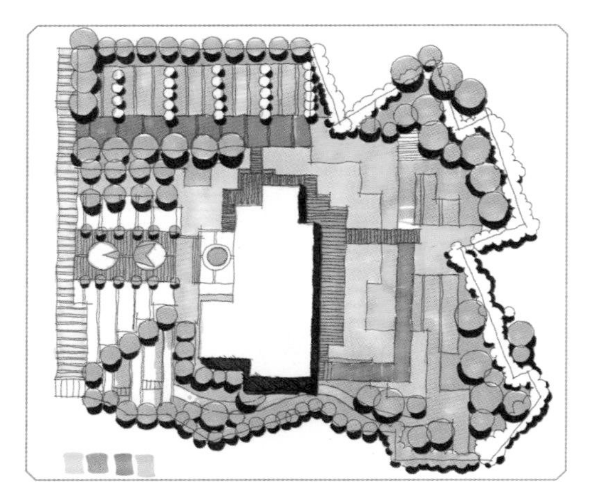

步骤3 平涂草地、水池、木桥以及局部铺砖。

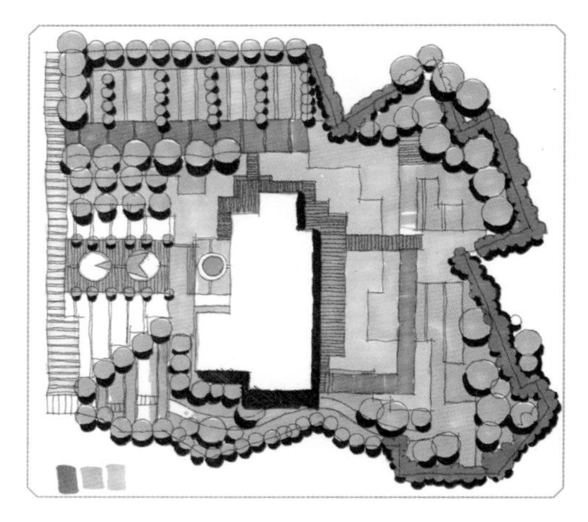

步骤4 平涂灌木以及补充草地固有色和局部地被。

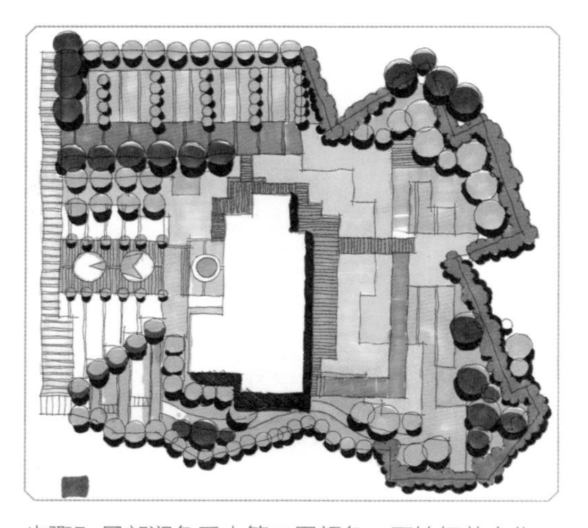

步骤5 局部润色乔木第二层颜色，开始细节变化。

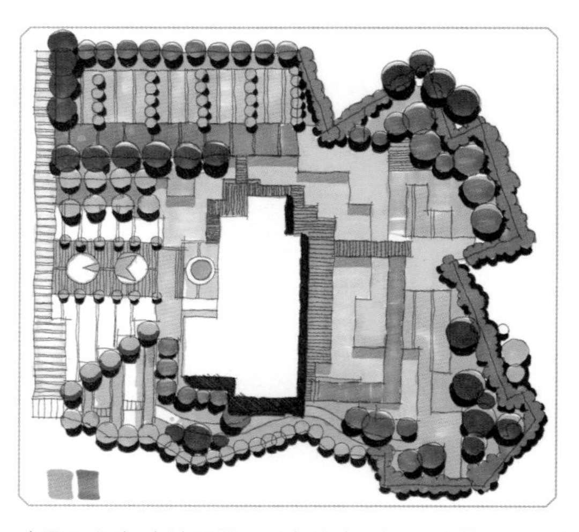

步骤6 添加水池阴影，局部润色剩下乔木第二层颜色。

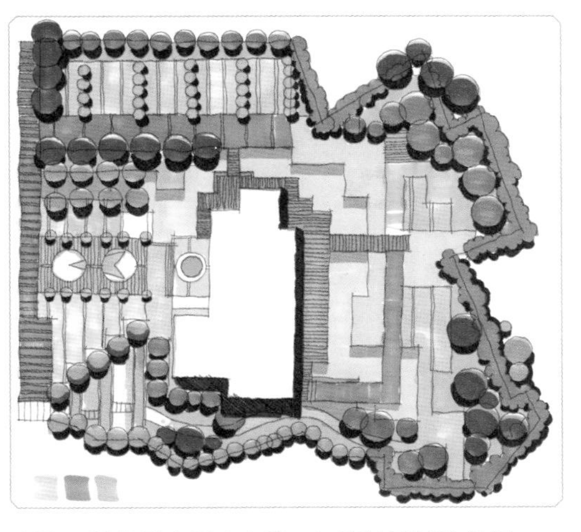

步骤7 强化剩余乔木光影，加重外层铺砖色调。

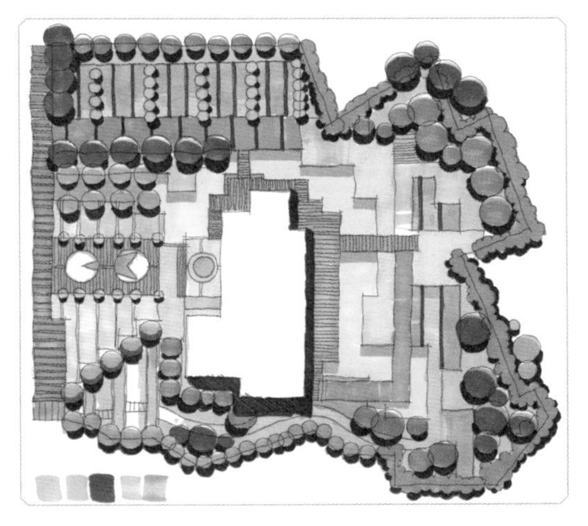

步骤8 整体调整，丰富画面细节，检查没有润色的地方。

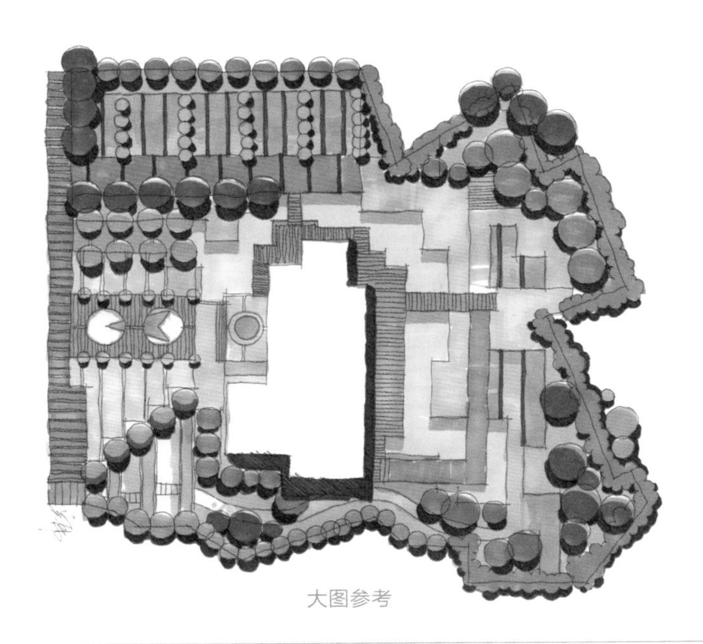

大图参考

2. 别墅

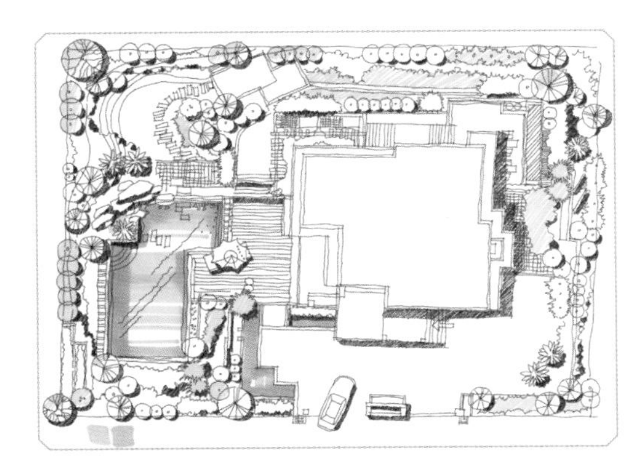

步骤1 润色部分植被亮部以及水池明暗两个层次。

步骤2 润色部分灌木，注意明暗互衬的基本润色规律。

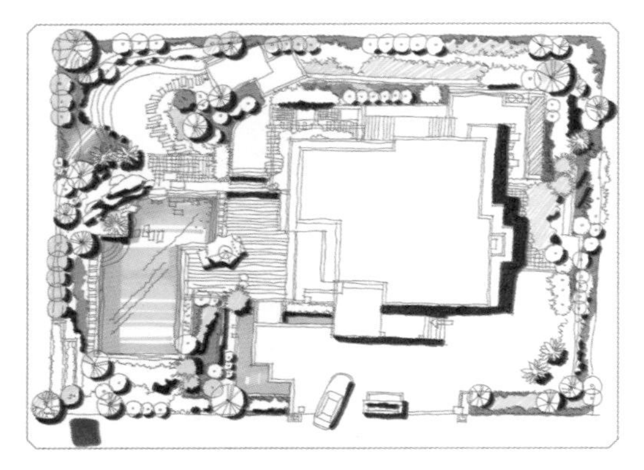

步骤3　刻画整个画面阴影。这里用的是TOUCH牌的CG9号色。

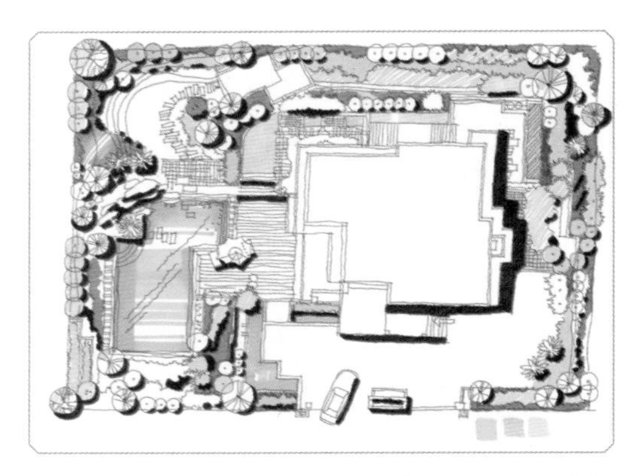

步骤4　选择几种明度和纯度较高的颜色刻画部分乔灌木。

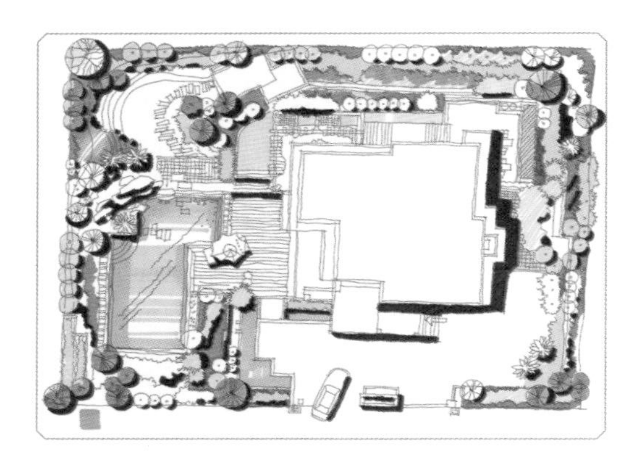

步骤5　选取色彩较为偏灰、调子偏重的绿色刻画配景的中间层次。

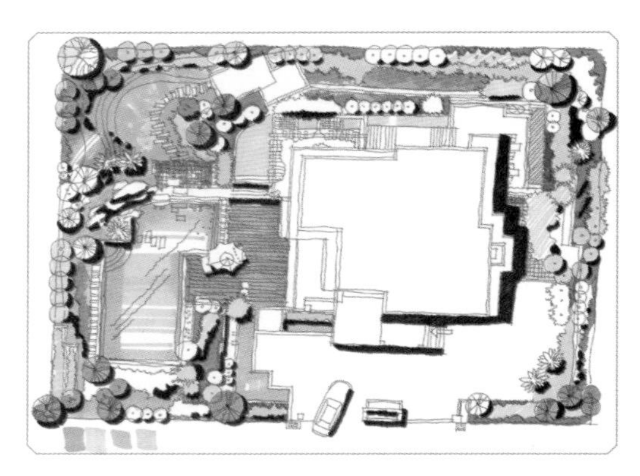

步骤6　润色草地以及部分铺砖，草地色彩调子偏轻。

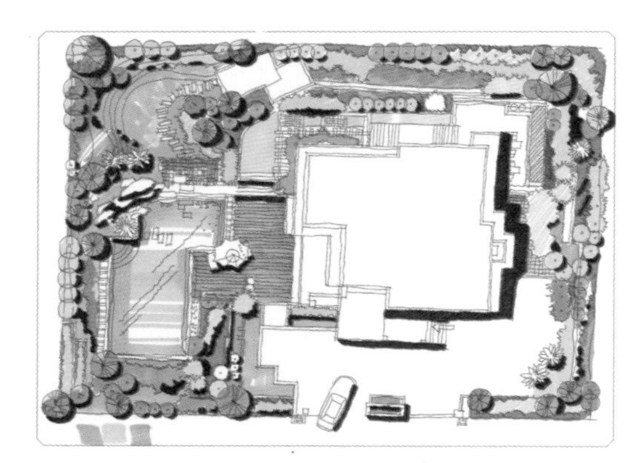

步骤7　选择偏冷的几种色彩润色剩余乔灌木，与先前暖色形成对比。

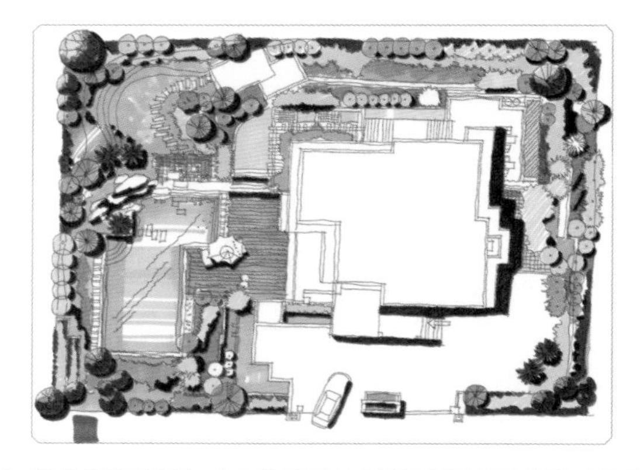

步骤8　强化画面光影，加重画面的暗部调子使画面更加厚重。

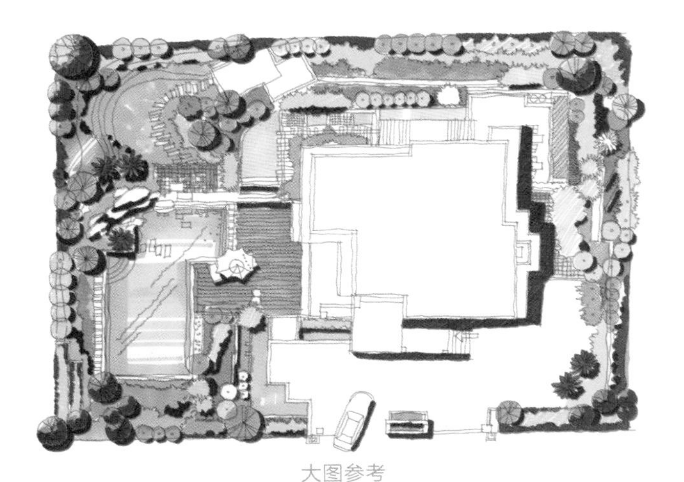

大图参考

提示

在局部单个植株上进行光影变化其实很费时，但是作为前期基础训练，耐下性子完成每一步。采用的技法一般是通过整体色彩的明度差来体现层次和光感，单株只需用一个色通过排线的组织来反映光感即可。

Tips

3. 茶室

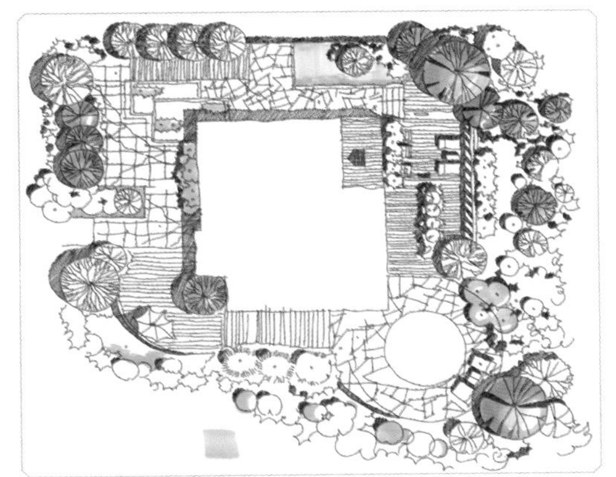

步骤1 润色部分乔灌木的固有绿色，注意亮部与暗部的轻重。

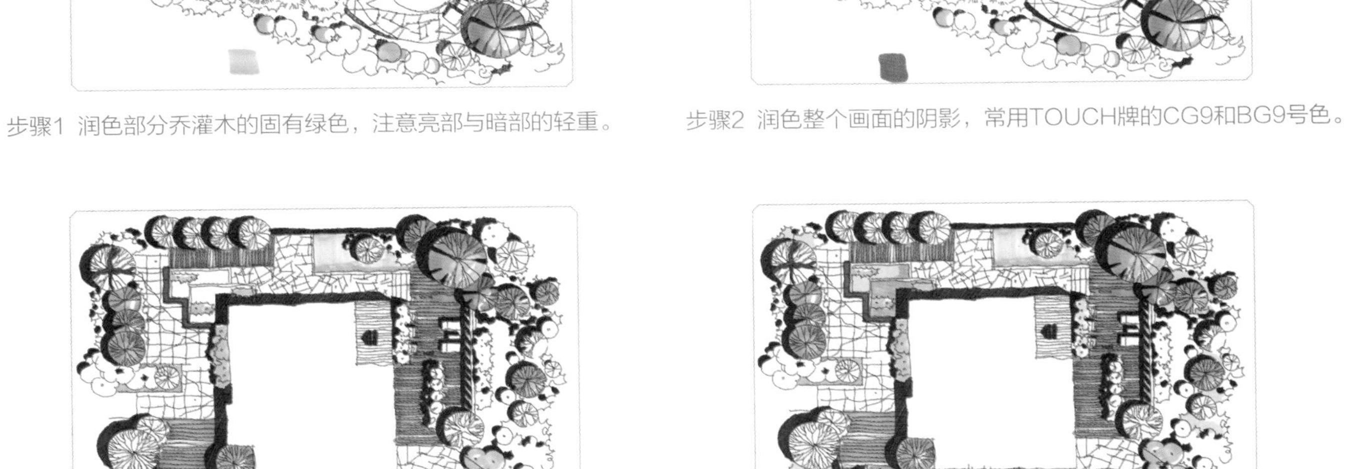

步骤2 润色整个画面的阴影，常用TOUCH牌的CG9和BG9号色。

步骤3 刻画木质地板铺砖，曝光强的地方注意留白。

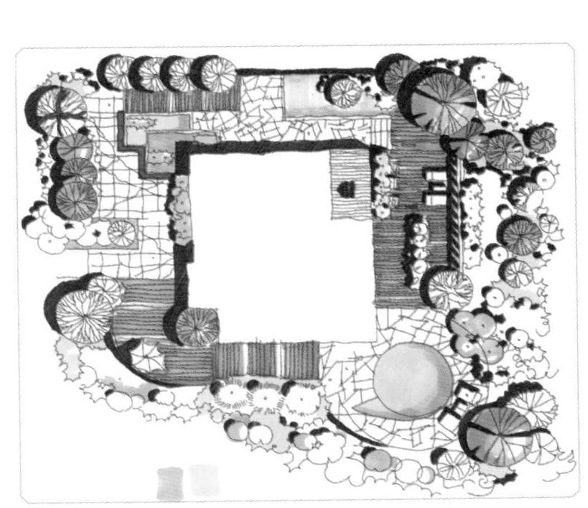

步骤4 准备两支蓝色的笔刻画画面中的水池，用浅蓝适当刻画部分灌木。

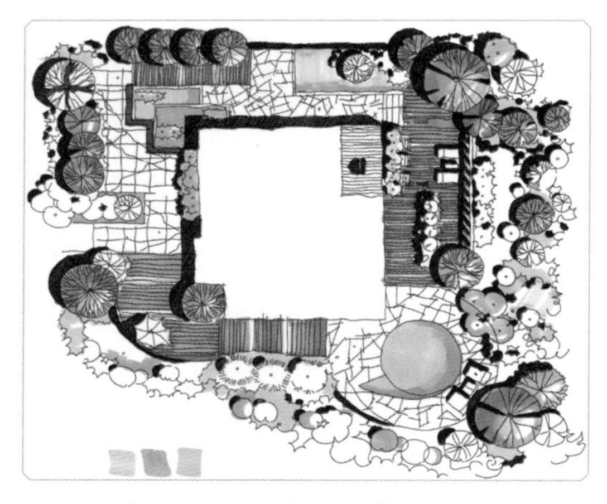

步骤5　采用暖色系刻画剩下部分乔灌木，与冷色系水池形成对比。

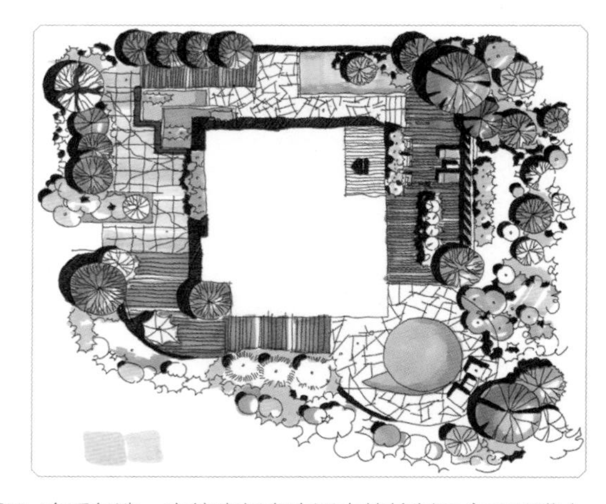

步骤6　冷暖各选一支纯度低密度适中的笔刻画余下乔灌木。

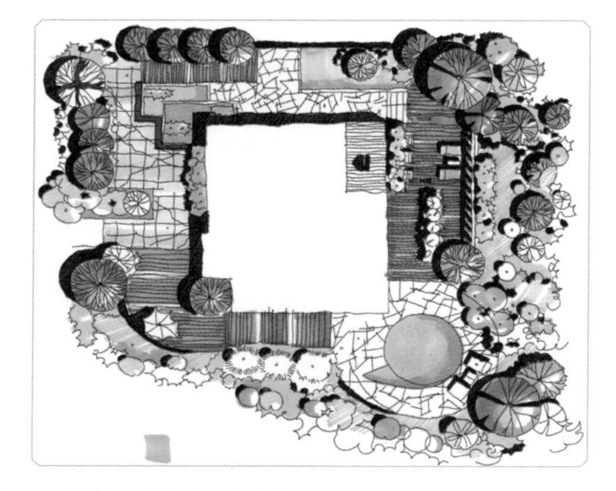

步骤7　用草地固有绿色对其进行铺色，注意这里不是平铺。

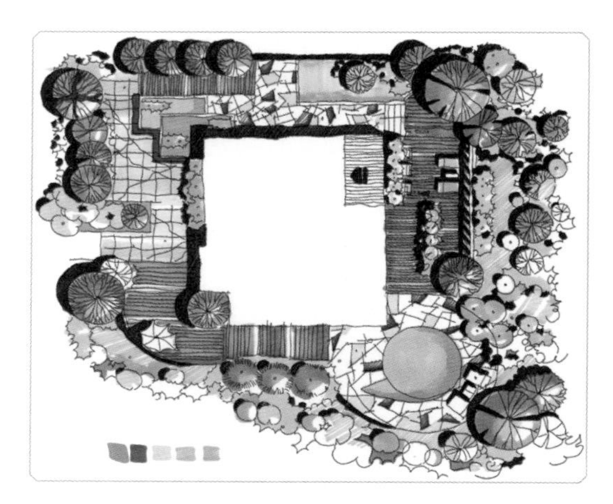

步骤8　刻画余下道路铺装，整体调整画面，强化细节。

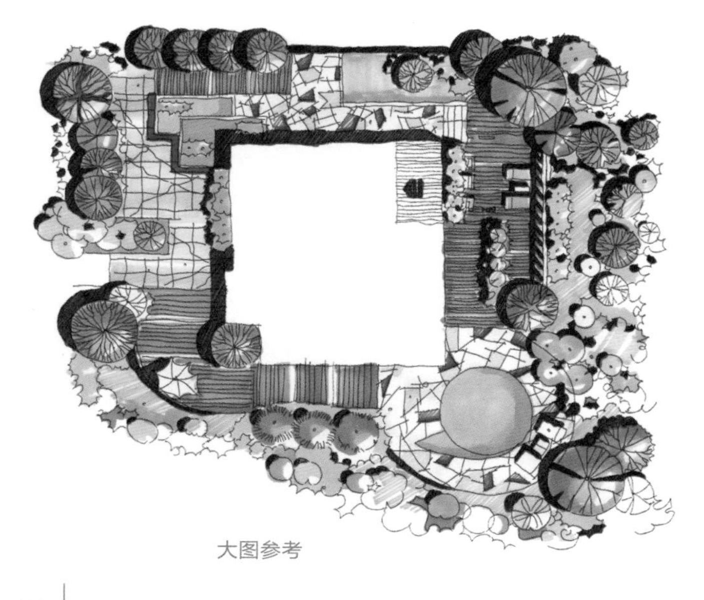

大图参考

提示

本案例采用了常规画法，单株植物基本用一支笔解决，不多余，不拖拉，亮部留白，暗部平涂，灰部带笔触。

Tips

4. 小区局部细节

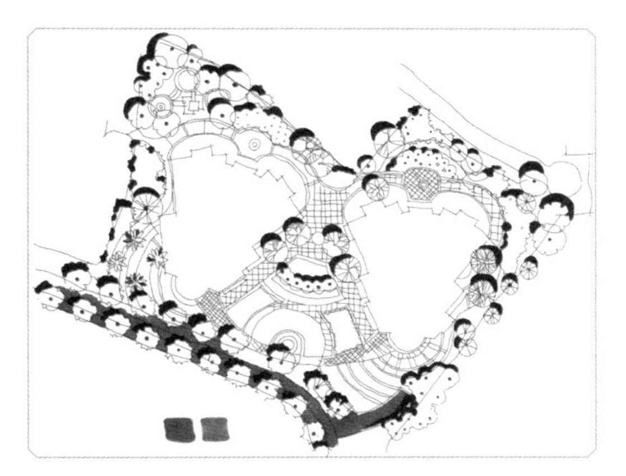

步骤1 用TOUCH牌CG7号色刻画道路，用CG9号色刻画整张画面阴影。

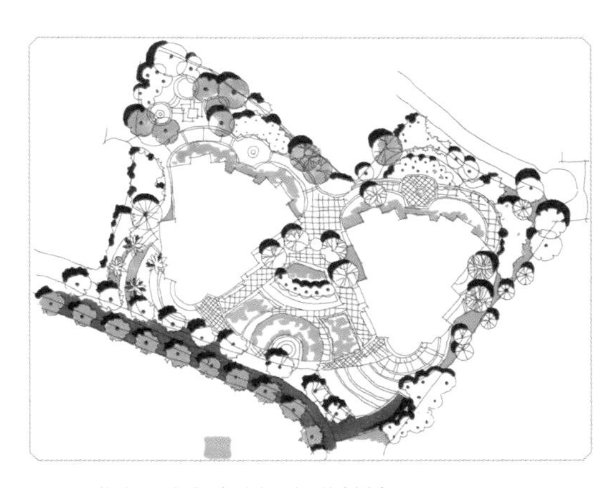

步骤2 用乔灌木固有绿色刻画部分植被。

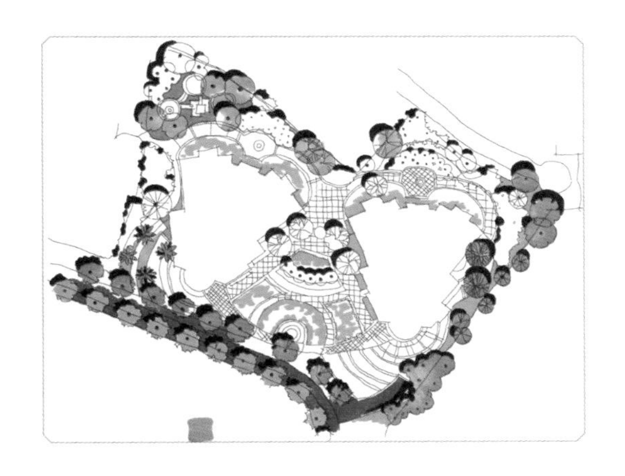

步骤3 用调子偏重的绿色刻画剩下的乔灌木。

步骤4 用TOUCH牌43号色刻画部分乔灌木，形成对比。

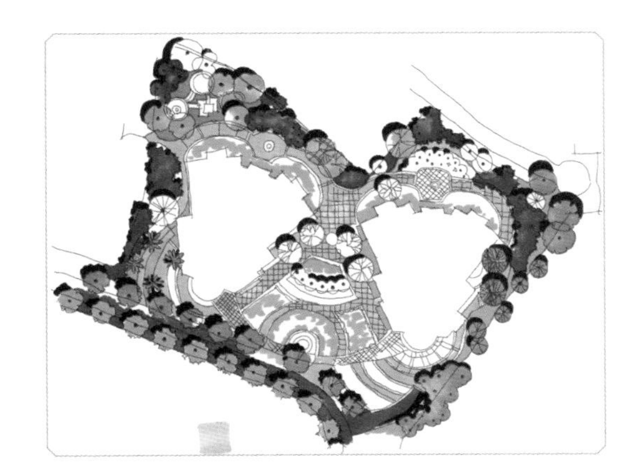

步骤5 用地面铺砖的固有黄色对其进行润色。

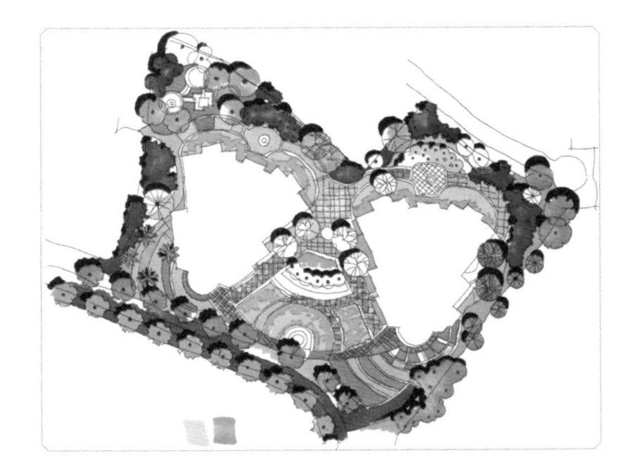

步骤6 用亮紫色对部分乔灌木进行润色，用重调子黄色刻画铺砖。

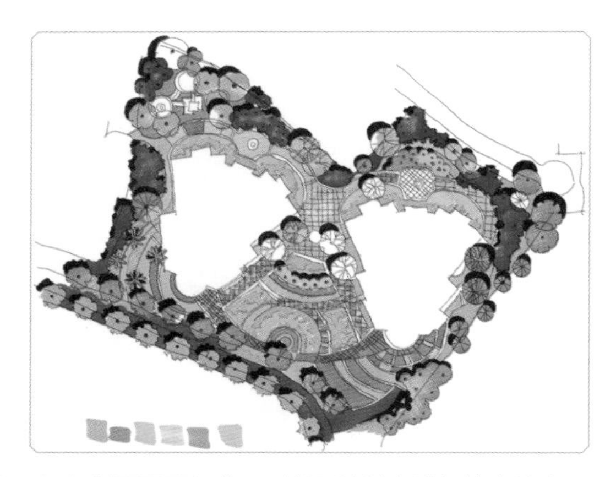

步骤7 深入刻画画面细节，对前面的铺色进行检查补充。

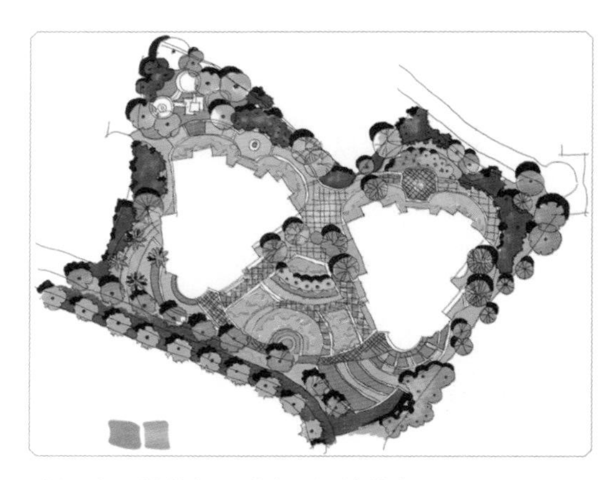

步骤8 刻画余下铺装与乔灌木，调整整个画面。

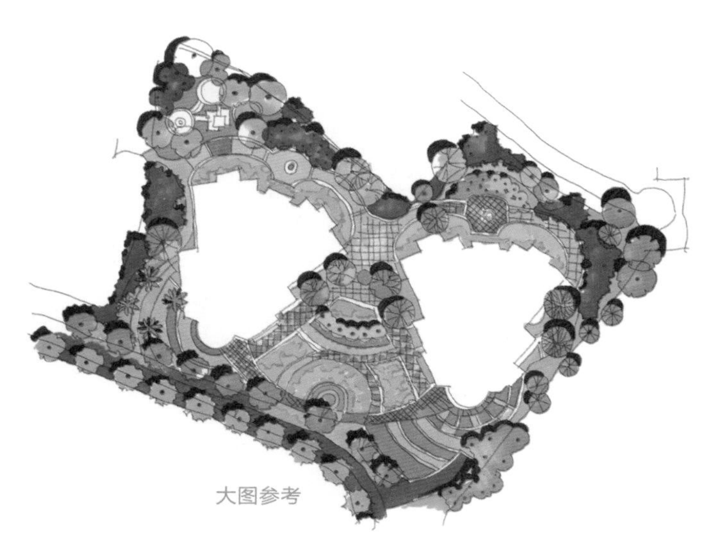

大图参考

提示

总图的绘制其实重点就在于配景的润色，在实际操作中最简单出效果的方式就是将色彩的黑白灰分成几个层次，同一种配景就给一个固有色，通过整体的黑白灰关系进行衬托，不在局部浪费时间。

Tips

5. 小区

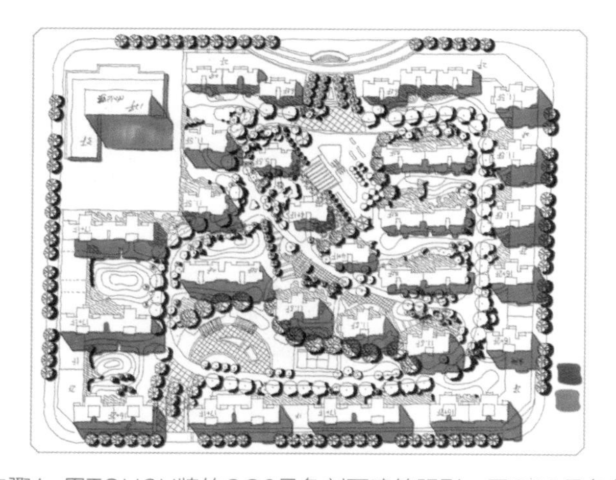

步骤1 用TOUCH牌的CG6号色刻画建筑阴影，用CG9号色刻画植被阴影。

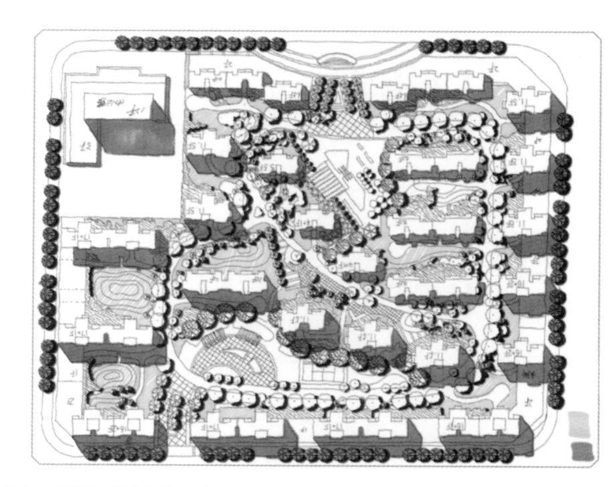

步骤2 润色草地亮部颜色以及小区外围乔木。

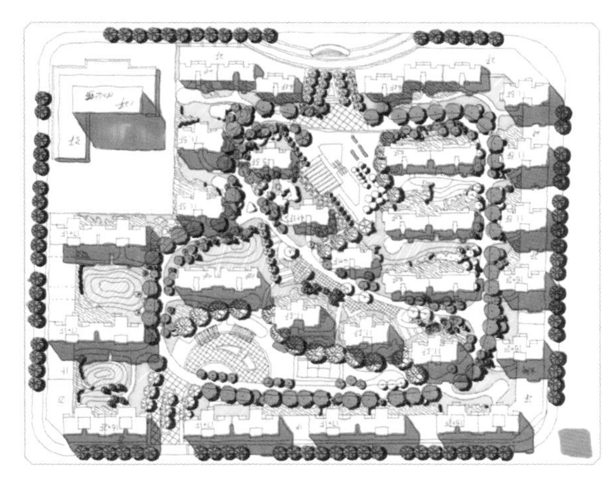

步骤3 润色小区内部主要道路两旁的乔木，平涂即可。

步骤4 平涂小区外围人行道固有色以及内部灌木。

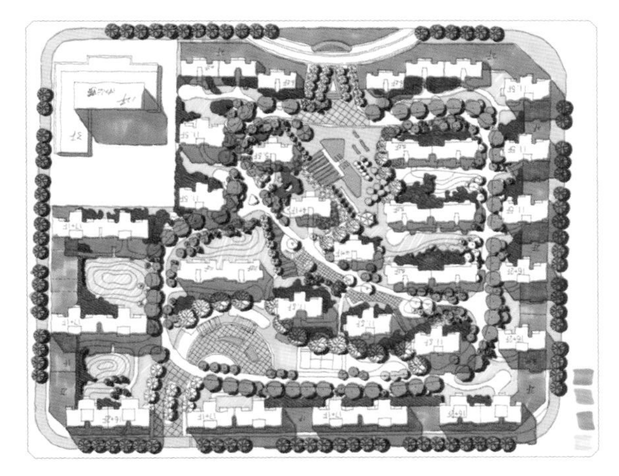

步骤5 对小区内部铺砖进行集中润色，细节不用强调。

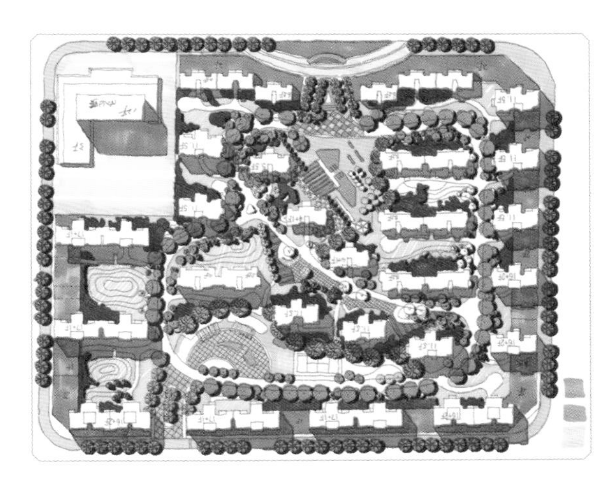

步骤6 补充润色部分铺装，以及内部景观组团中的乔木。

步骤7 强化色彩细节，丰富画面色彩关系。

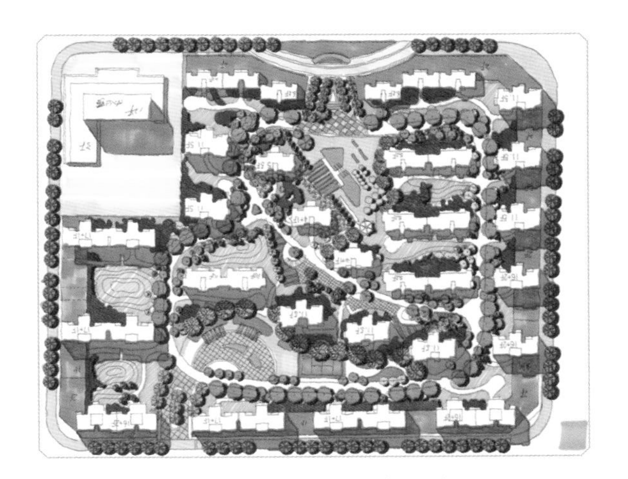

步骤8 对草地色彩进行调整，和谐画面色彩关系。

大图参考

7.2 立面图表现

7.2.1 点线面的过渡

在与建筑物立面平行的铅垂投影面上所做的投影图称为建筑立面图，本书中简称为立面图。

立面图中反映主要出入口或比较显著地反映出房屋外貌特征的那一面立面图，称为正立面图。其余的立面图则相应地称为背立面图或侧立面图。通常也可按房屋朝向来命名，如南北立面图、东西立面图。建筑立面图分别为东、西、南、北四个立面，若建筑各立面的结构有丝毫差异，都应绘出对应立面的立面图来诠释所设计的建筑。

在草图绘制过程中不用强调其线型，但是相对比例一定要正确。润色不用过多强调光影变化，以简洁为主。基本规律是一个固有色外加一个阴影色即可。在配景的搭配上主要有乔灌木以及附近建筑。配景颜色不要太多，固有色即可，亮部适当留白。

7.2.2 各类立面画法分析

1. 商业办公建筑

提示

建筑外墙玻璃幕润色时尽量做到干净清爽，不要用色太多。笔触的走势类似于工业转型设计中的技法，斜向大笔触来回两到三次，高光处留白即可。

Tips

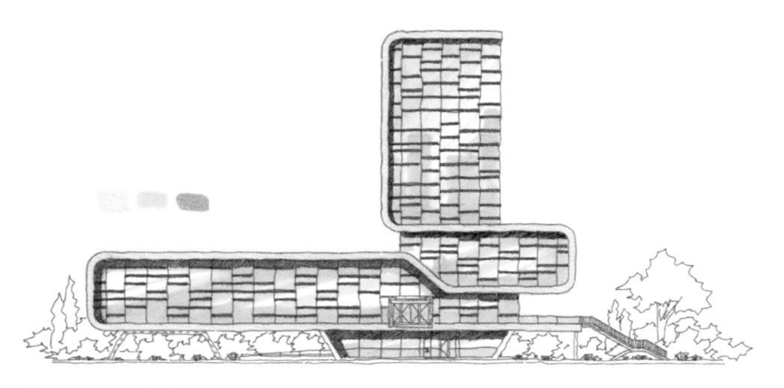

步骤1 对建筑进行整体润色，注意玻璃幕墙高光处的留白。

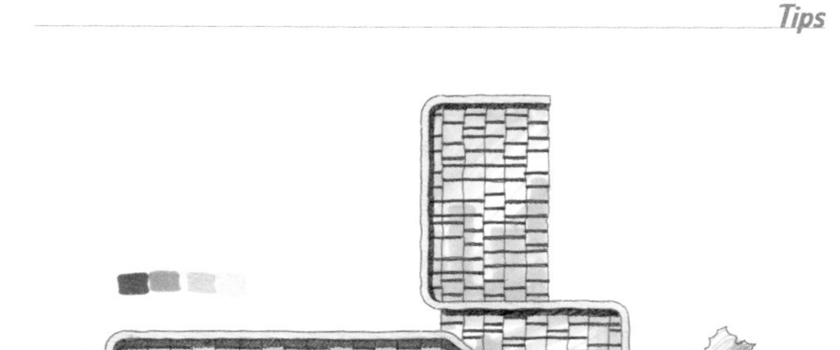

步骤2 用排调子的方式对配景进行润色，注意亮部的留白。

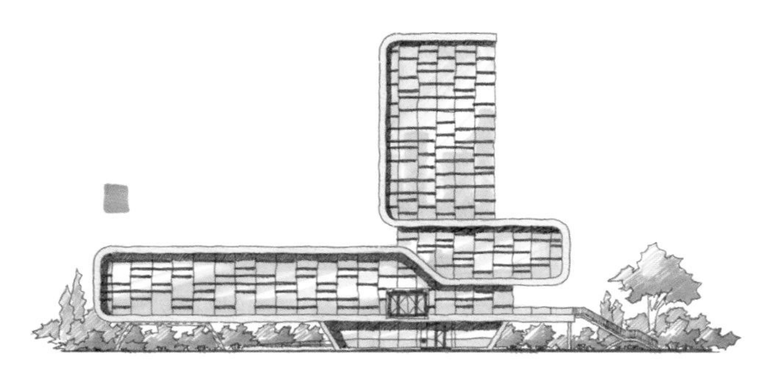

步骤3 用乔灌木固有绿色对剩下的乔灌木进行润色。

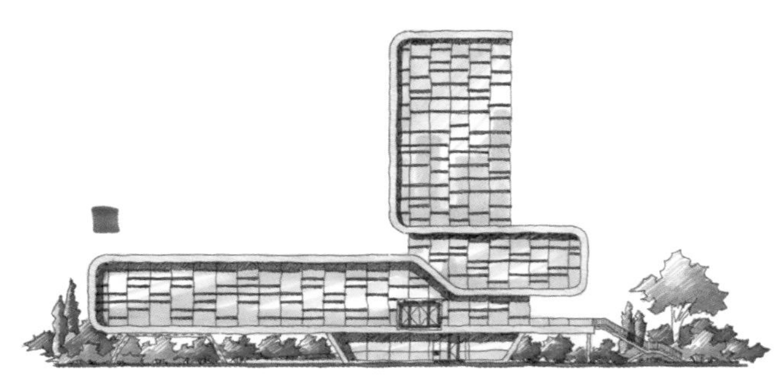

步骤4 整体调整配景的黑白灰关系，增加画面厚重感。

2. 会所

步骤1 集中润色建筑固有色，玻璃幕分两个层次。

步骤2 建筑暗部采用CG9号色和CG5号色，注意笔触与透气性。

步骤3 初步润色配景乔灌木，注意笔触与黑白灰关系。

步骤4 增加配景层次关系，丰富画面。

3. 图书馆

步骤1 集中润色建筑，玻璃幕分明暗两个层次。

步骤2 配景进行第一次润色，给其亮部固有色进行概括。

步骤3 对乔灌木进行第二次润色，给其暗部和深灰进行概括。

步骤4 整体收拾剩余乔灌木，注意笔触间的透气。

4. 小型餐馆

步骤1 主要刻画建筑，对玻璃和外墙进行明暗两个层次的刻画。

步骤2 对配景进行第一次润色，注意前后关系的衬托。

步骤3 通过纯度稍低的红色对画面进行调剂。

步骤4 整体调整树冠后，对树干进行描画，注意树与树之间的漏光用蓝色。

提示

在绘制建筑立面草图时，配景单体层次基本不用刻画，给个固有色通过排线的疏密进行光影的变化即可，整体色彩上通过明暗互衬的方式来体现前后关系。

Tips

5. 展览建筑

步骤1 将建筑的玻璃以及金属质感刻画出来，注意金属质感的笔触。

提示

草地的画法有很多种，最为简单出效果的方式就是本图中的排线方式，无需注意色彩关系，一种颜色就能将意思表达清楚，画面干净清爽，光感强烈，草地味道浓郁。

Tips

步骤2 对草地以及部分乔灌木进行润色，注意草地的排线方式。

步骤3 丰富配景层次，色相以绿色为主，适当穿插少量其他颜色。

步骤4 对远景的树冠以及漏光进行润色，稍稍点缀下树干。

6. 独立住宅

步骤1 将建筑部分材质进行润色，注意玻璃除了出现固有色——蓝色外，还有可能出现其他环境色，如夕阳的黄色、植物的绿色等。

步骤2 对建筑阴影、水池以及其余材质进行刻画，阴影用冷灰。

步骤3 润色部分配件的颜色，注意笔触与光影的变化。

步骤4 对画面进行收尾以及最终调整，注意异色相的穿插调节画面。

提示

有时候为了更好地表达建筑内部详细情况会用到剖立面图。剖立面图既有被剖切线剖到的墙体结构，同时也有被看到的建筑外墙材质，其表现力和重要性都不输于立面与剖面。

Tips

本类配景的画法借鉴了景观手绘表现中的技法，单株植物经常采用一个颜色通过排线疏密进行变化，整体颜色和空间关系通过色彩明度进行前后关系的表达，高低明度互相衬托就有了空间与层次。

7.3 剖面图表现

用一个或多个垂直于外墙轴线的铅垂剖切面将房屋剖开，所得的投影图称为建筑剖面图，本书中简称剖面图。

剖面图用以表示房屋内部的结构或构造形式、分层情况和各部位的联系、材料及其高度等，是与平、立面图相互配合的不可缺少的重要图样之一。

剖切面一般横向，即平行于侧面，必要时也可纵向，即平行于正面。其位置应选择在能反映出房屋内部构造比较复杂与典型的部位，并应通过门窗洞的位置。若为多层房屋，应选择在楼梯间或层高不同、层数不同的部位。但是做快题的时候恰恰相反，由于时间的关系，尽量选取较为简单的地方进行剖切为佳，以免费力不讨好。

剖面图中的断面，其材料图例、粉刷面层以及楼、地面面层线的表示原则及方法，与平面图的处理相同。

7.3.1 商业办公建筑剖面表现

实例一

步骤1 在剖面图的草图绘制过程中，建筑尽量不要用带色彩倾向的颜色进行表达。作者常用TOUCH牌的CG系列进行描绘，剖到的结构一般用CG9号色。

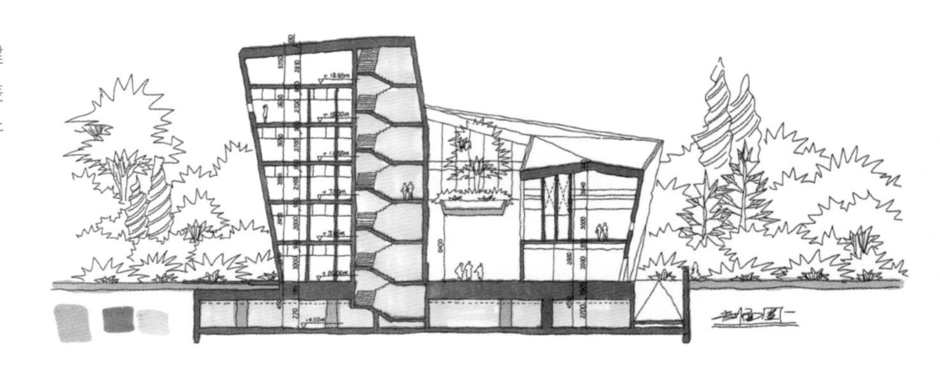

步骤2 选择一支浅灰或中灰的绿色对前面的配景进行润色，下笔之前一定要想好画面画完之后的效果，做到心中有数。

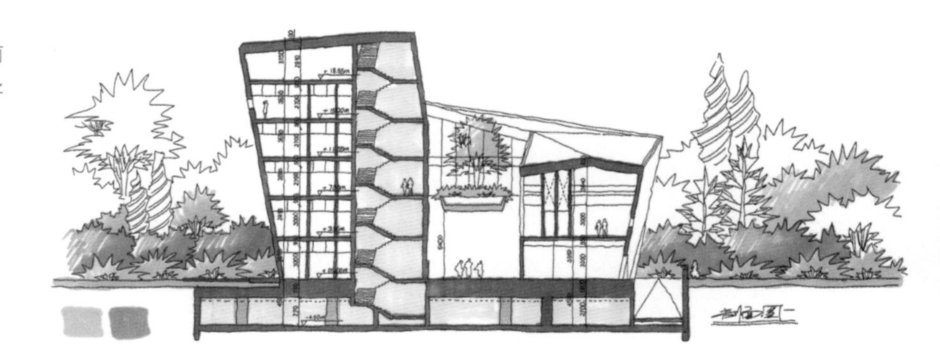

建筑剖面图中，剖到的结构一般压黑，没有剖到的部分可以根据功能适当给予颜色，切记润色要适当。剖面图不像立面图那样建筑材质需要有所交代，剖面图更多的是交代内部结构。

步骤3　对配景进行第二步润色，注意色彩搭配，深浅互衬，层次拉开，切不可将画面画闷了。

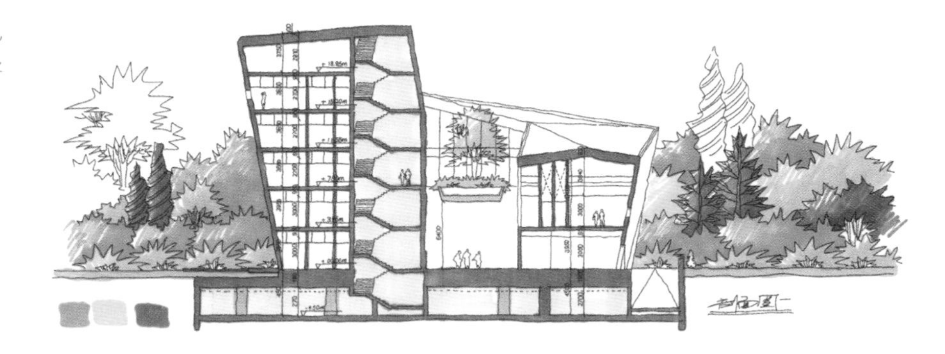

步骤4　最后对剩余的乔木进行润色，注意选色要与周围配景色调拉开层次，否则就会粘到一起。

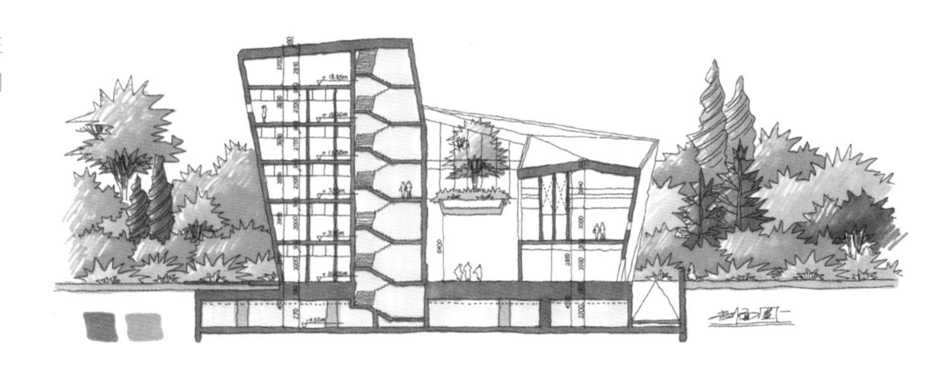

实例二

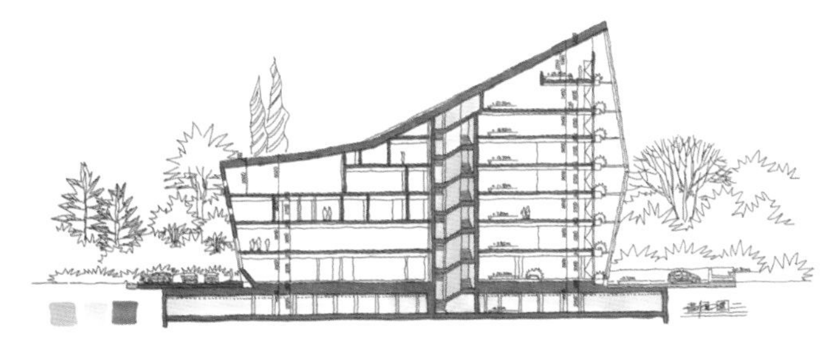

步骤1　用CG系列润色建筑各部分结构，剖到的梁柱板用CG9号色。

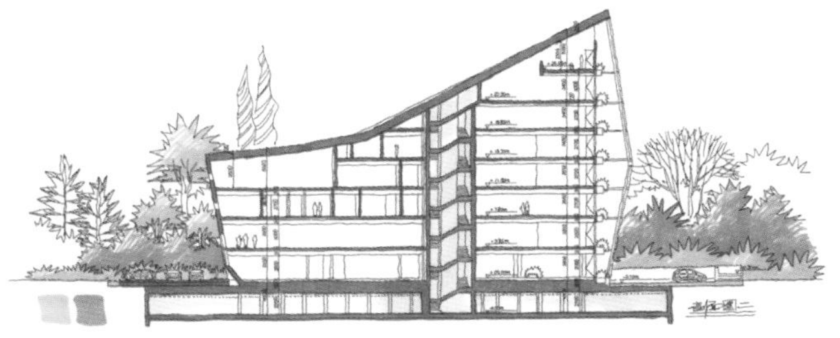

步骤2　润色第一层乔灌木，注意深浅搭配，层次拉开。

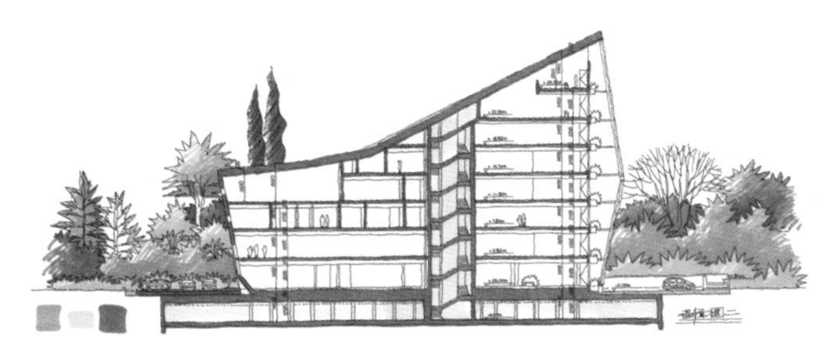

步骤3　润色第二层乔灌木，选色注意纯度不要太高，不要太生硬。

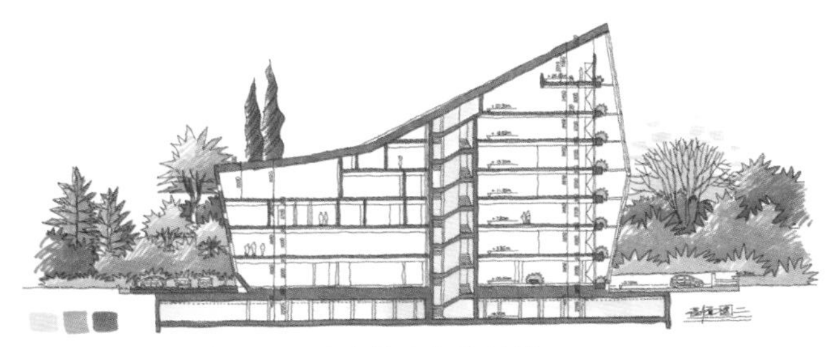

步骤4　收尾整个画面，注意趣味色的使用。

7.3.2 会所剖面表现

步骤1 完成建筑构筑物的描画以及第一层配景的润色。

提示

本书中所演示的立面以及剖面配景的润色相对简单，难点在于线稿的用笔，必须对树木有充分的理解和抽象提取能力。大家要反复练习，做到熟能生巧。

Tips

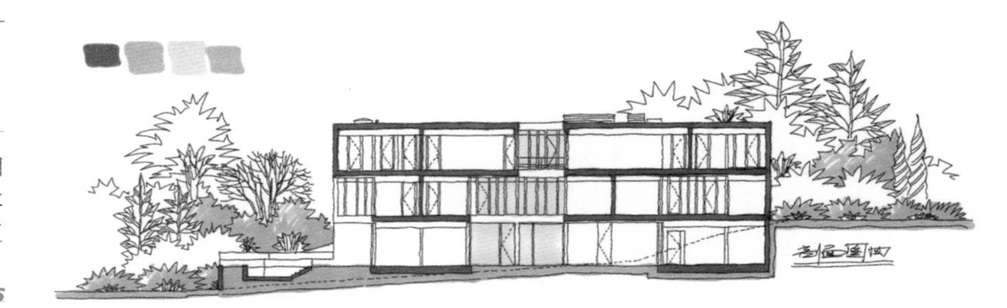

步骤2 完成配景第二层润色，注意笔触以及选色。

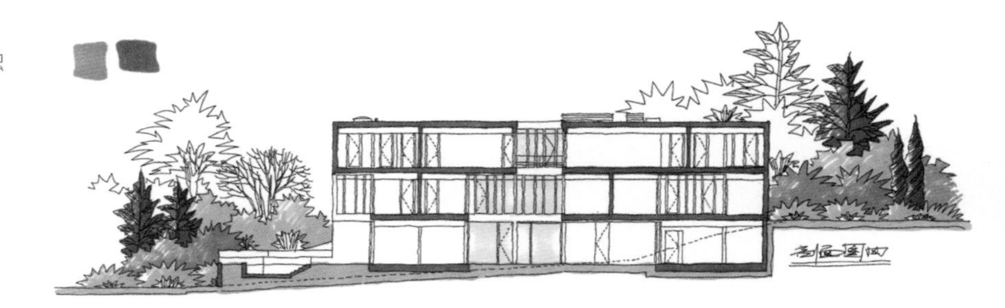

步骤3 继续刻画配景，冷绿色用于刻画较远处的乔木。

步骤4 收拾这个画面，树干上部稍稍润色，下部留白，以表示光影。

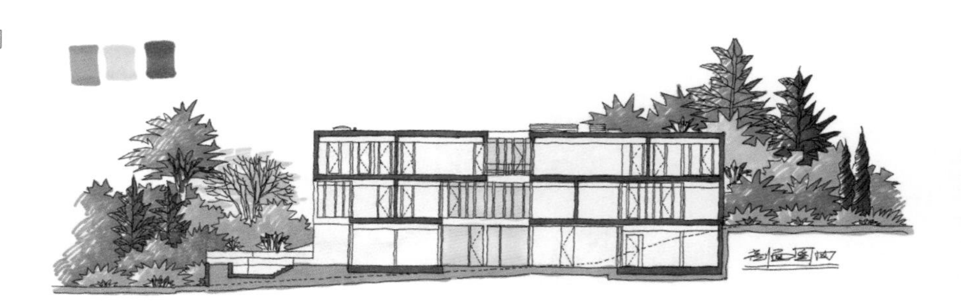

7.3.3 教堂剖面表现

步骤1 润色建筑的相关构筑物以及看到的部分立面材质。

提示

本案例中顶部的浅灰斜向物件其实是物体遮挡后的投影，并不是实际构筑物。本图以剖面为主，稍稍带了些局部立面，如景观墙就是其中之一，注意色彩的控制。

Tips

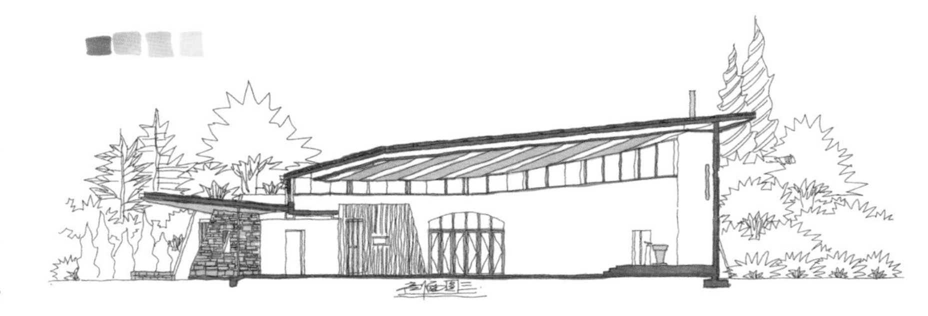

步骤2 润色第一层重调子乔灌木，衬托建筑内部的大量留白。

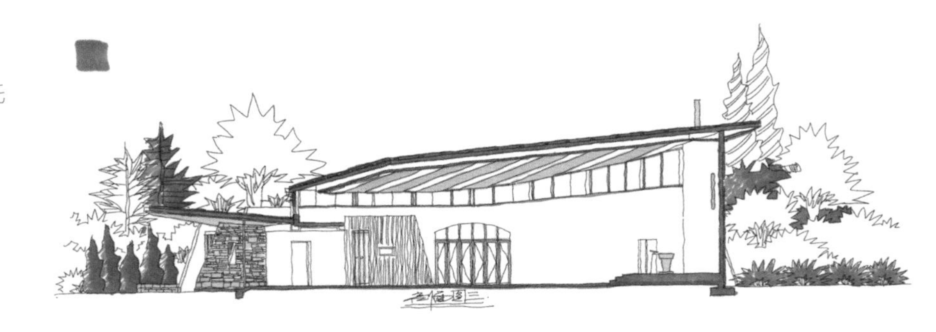

步骤3 继续刻画配景，选取浅灰和中灰两个层次的绿色。

步骤4 收拾整个画面，完成剩余部分配景的润色，补充细节。

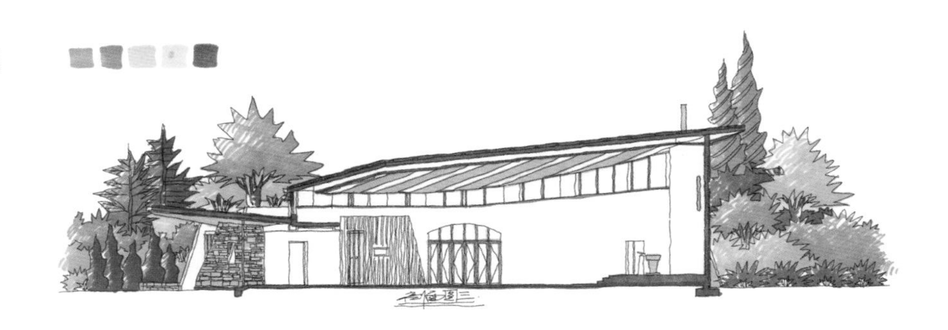

7.4 平面图表现

建筑平面图，又可简称平面图，是将新建建筑物或构筑物的墙、门窗、楼梯、地面以及内部功能布局等建筑情况，以水平投影的方法和相应的图例所组成的图纸。

建筑平面图是建筑施工图的基本样图，它是假想用一水平的剖切面沿门窗洞位置将房屋剖切后，对剖切面以下部分所作的水平投影图。它反映了房屋的平面形状、大小和布置；墙、柱的位置、尺寸和材料；门窗的类型和位置等。

建筑平面图作为建筑设计、施工图纸中的重要组成部分，它反映建筑物的功能需要、平面布局及其平面的构成关系，是决定建筑立面和内部结构的关键环节。其主要反映建筑的平面形状、大小、内部布局、地面、门窗的具体位置和占地面积等情况。所以说，建筑平面图是新建建筑物的施工以及施工现场布置的重要依据，也是设计与规划排水、强弱电、暖通设备等专业工程平面图和绘制管线综合图的依据。

在草图绘制中平面图重点在于色彩选取，因为平面图内部家具繁多，铺装各异，很容易就把图纸画花了，当然，最省事的就是不画家具，但是这样会显得很不专业。

7.4.1 餐厅平面图表现

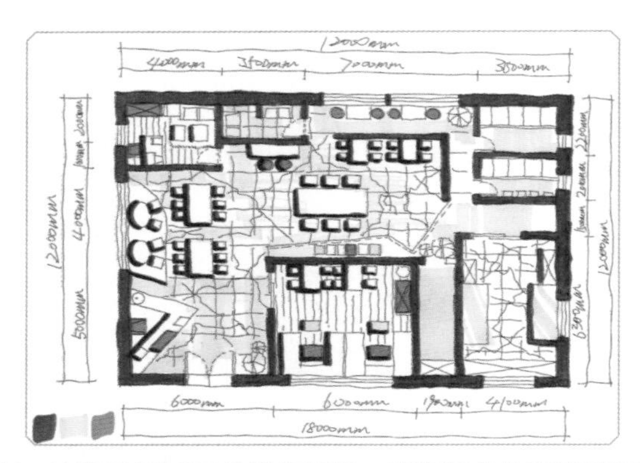

步骤1 外墙用CG9号色进行压黑，润色部分地面铺砖和家具。

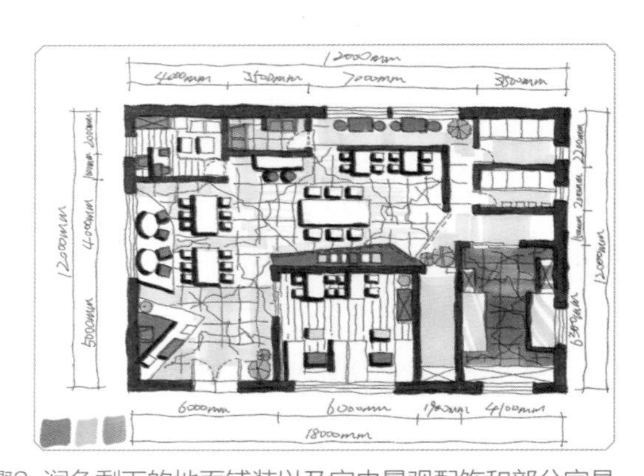

步骤2 润色剩下的地面铺装以及室内景观配饰和部分家具。

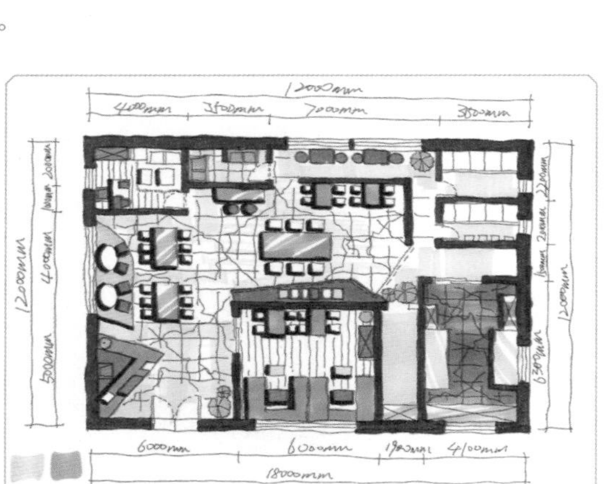

步骤3 刻画剩下的部分家具，注意用笔触的表达来体现光感。

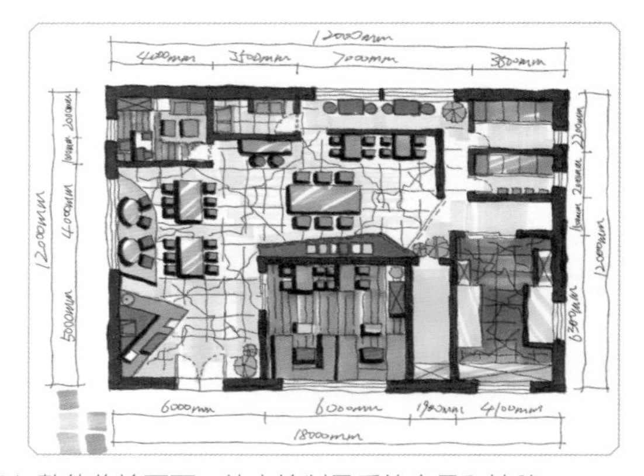

步骤4 整体收拾画面，补充绘制最后的家具和地毯。

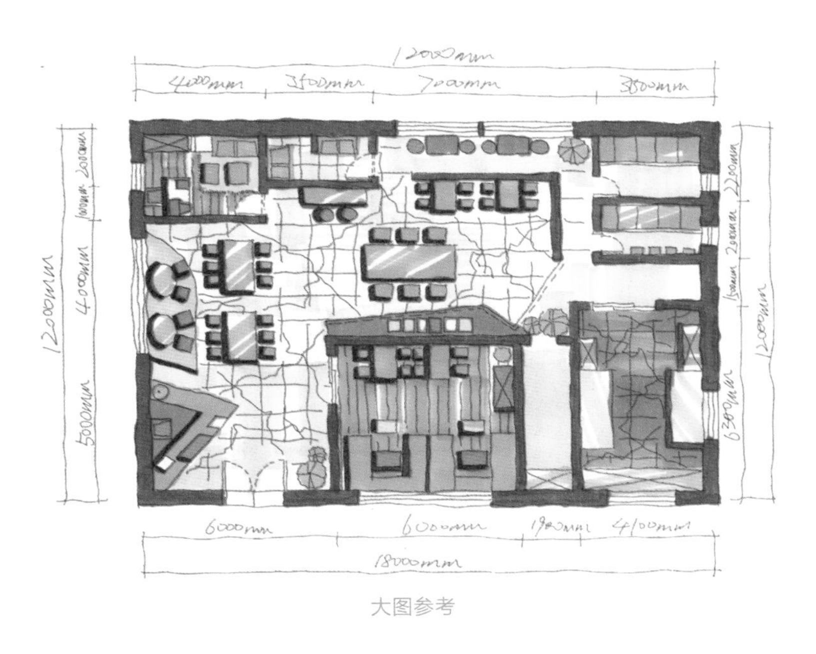

大图参考

7.4.2 茶室平面图表现

步骤1 润色外墙、部分地面的木地板铺砖以及所有室内绿植。

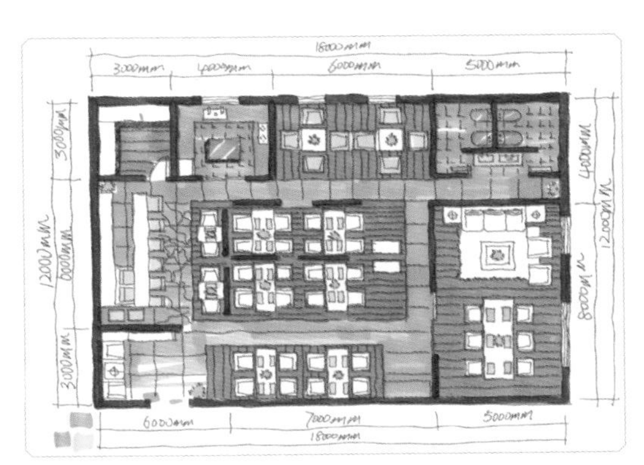

步骤2 刻画剩下的部分地板砖以及部分家具，色彩注意冷暖搭配。

步骤3 刻画内部家具阴影和部分家具，注意光感。

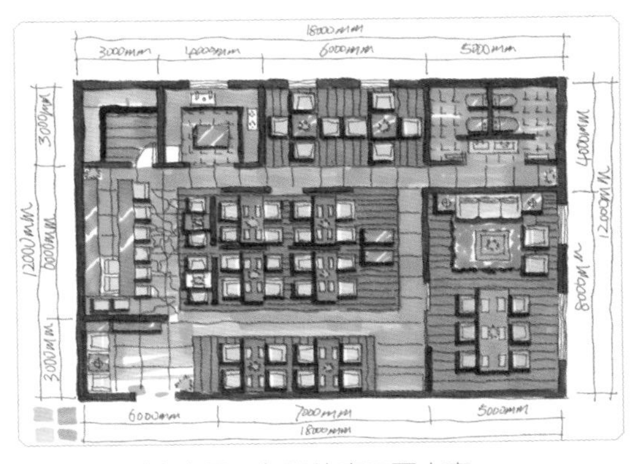

步骤4 润色最后剩余家具，色彩纯度不要太高。

提示

平面图的光感主要通过家具、地面的留白以及色彩的选取来表现。根据功能的不同，室内的整体色调会有很大的差别，家具的布置和材质的选取也会差别很大。在整体色调偏重的情况下，留白尤为重要。

Tips

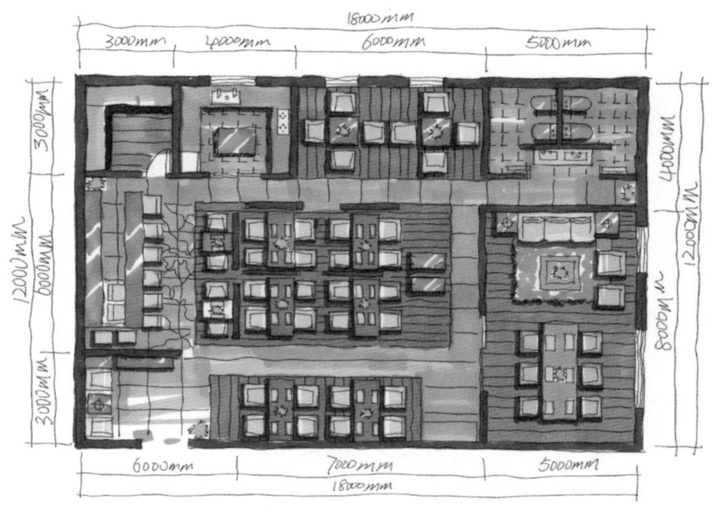

大图参考

7.5 室内立面图表现

室内立面图主要是对平面图的一个补充，在建筑设计中使用频率不是很高，一般室内设计用得比较多，特别是在别墅设计以及办公建筑设计时使用到的几率会比较大。作为基本技巧的一种，大家也要努力掌握好。

7.5.1 茶室立面图表现

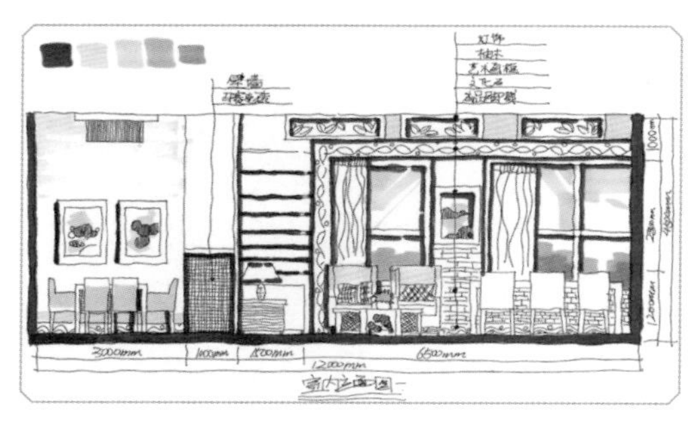

步骤1 刻画玻璃、墙面以及部分家具固有色，玻璃注意留白。

步骤2 润色部分家具和剩余墙面的颜色，注意光影与笔触。

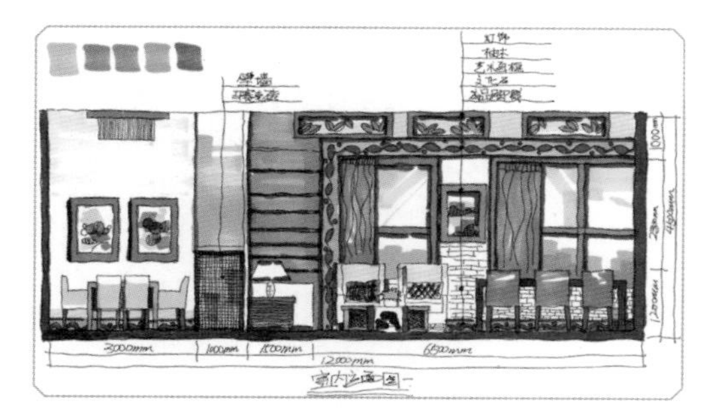

步骤3 选取暖灰色系对剩余墙面和地脚线进行刻画。

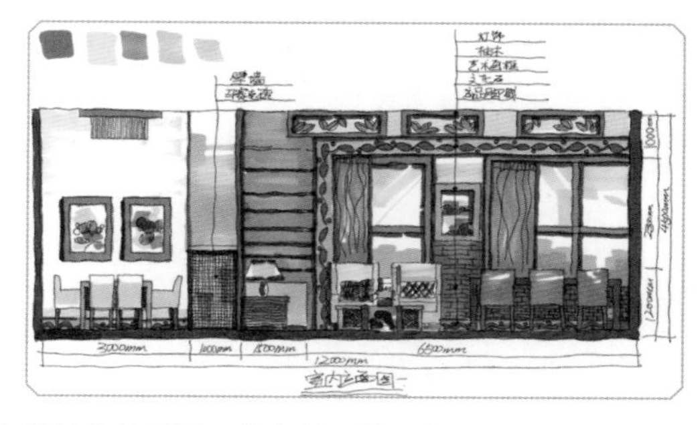

步骤4 整体收拾画面，补充刻画剩下家具。

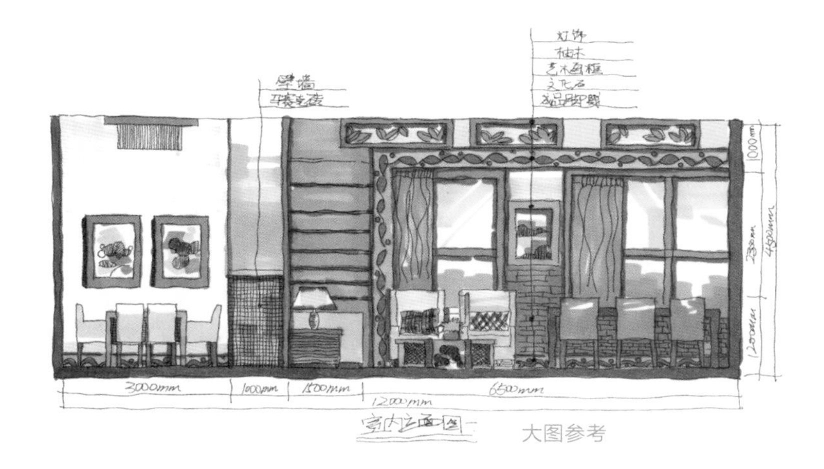

大图参考

7.5.2 酒吧立面图表现

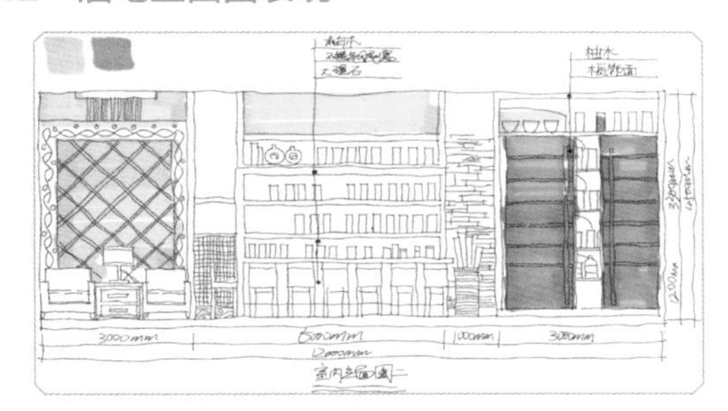

步骤1 刻画部分墙面材质和里面的家具，笔触要大胆。

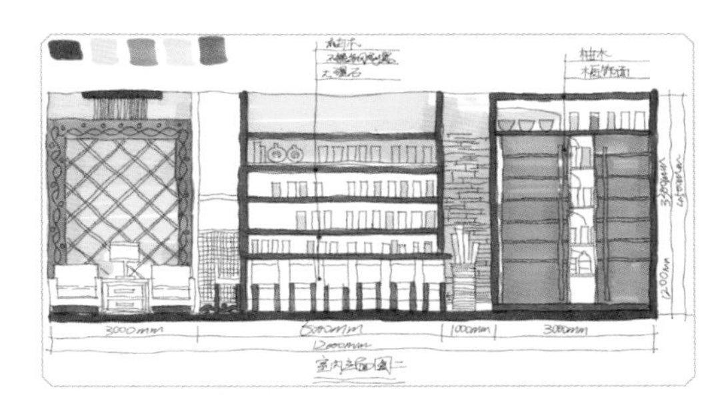

步骤2 润色少量陈设和墙面质感，不用死抠细节。

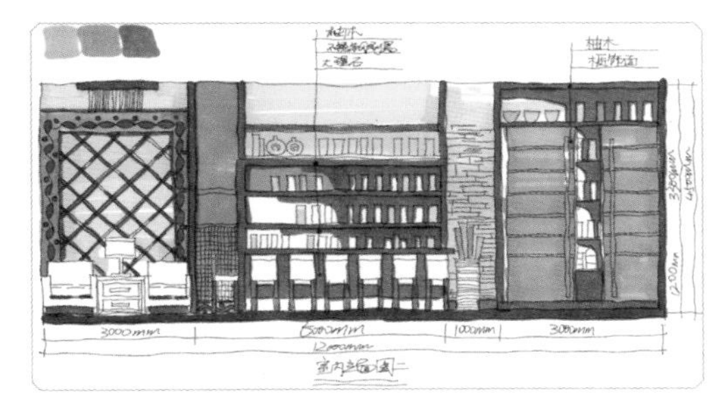

步骤3 采用CG系列色刻画立面柜内的光影效果。

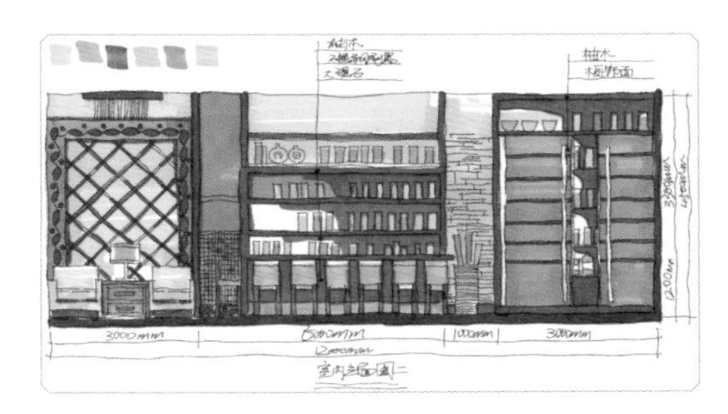

步骤4 选取纯度稍高的色彩对余下家具进行刻画，注意留白。

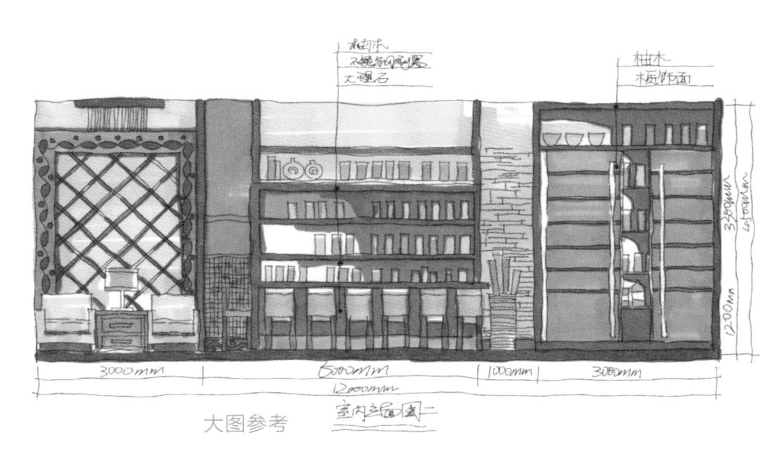

大图参考

第8章 各类风格分类解析

建筑的马克笔表现方式有很多种，大致可分为快速草图法、概念效果图法和写实效果图法。三大类虽然特征明显，但是也没有绝对的界限。不同的风格有不同的作用，都有着各自非常重要的角色。归根结底，它们的艺术本源是一样的，在设计师眼里作用也是一样的。

8.1 草图表现

快速草图法是设计过程中使用最为常见、最为普及的一种，其上手容易、门槛低、交流方便、快速。不用刻意追求画面的完整性和细节，随意性较大，常用于构思推敲、方案修改和素材收集。如果设计师在与客户交流过程中能够熟练地运用草图，那么他是非常容易获取客户信任的。

在实际操作中，不用刻意拘泥于光影和细节，把握好画面的节奏即可。要熟练掌握色彩的黑白灰关系，突出重点，切忌面面俱到浪费时间。色彩不用太多，追求整体效果即可。

8.1.1 交通建筑表现

本案例是一个雪景的场景，图片色彩对比较为鲜明，暖色的主体建筑和冷色的天空形成强烈对比，灰色的路面和白色的雪可以协调画面的效果，主观上不用对画面做什么改动。

原始图片

步骤1 两支笔刻画建筑主体颜色，运笔时注意笔触。

步骤2 将玻璃和乱石挡土墙刻画下，不用死抠细节。

步骤3 冷暖各拿一支四号灰色，注意留白以体现雪的存在。

步骤4 大笔触刻画天空，一支笔即可，注意笔触与留白。

大图参考

8.1.2 多层办公楼表现

图片中建筑造型有趣，重点突出，明暗对比有待加强，左右两棵树稍稍有点对称，前景较为空洞，刻画时可以尝试着多加些笔触。

原始图片

步骤1 冷暖各选一支二号色对建筑外墙进行刻画，注意笔触方向。

步骤2 刻画外墙玻璃，适当留白以体现高光。

步骤3 刻画第一层配景，注意前后黑白灰的对比关系。

步骤4 刻画第二层配景，注意亮色的使用以体现光的存在。

步骤5 对远景进行扫尾，对天空进行刻画，留意作者的笔触。

步骤6 调整建筑本身，强化明暗对比关系。

步骤7 调整前景草坪，突出空间关系。

步骤8 调整收边轮廓，完善画面构图。

大图参考

8.1.3 商业会所表现

实例一

图片中细节较为丰富，空间较为强烈，远景较为繁琐，主体不够突出，在刻画时需要对其进行大量修改以体现草图的韵味。

原始图片

步骤1 刻画第一层外墙材质，注意留白和笔触的体现。

步骤2 刻画第二层外墙和一层玻璃幕。

步骤3 调整建筑主体，刻画天空，注意技法的使用。

步骤4 刻画周围配景，注意前后对比关系。

步骤5 继续完成配景刻画，调整建筑细节。

步骤6 压重前景地面，突出空间关系。

大图参考

实例二

画面建筑设计特点突出，光影效果强烈，但配景匮乏，重点就在于如何丰富画面构图和空间，这也是本图的难点。

原始图片

步骤1 刻画硬质外墙，注意笔触之间的留白。

步骤2 刻画外墙玻璃，时刻把握光的感觉。

步骤3 完成前景配景的刻画，颜色不要太深。

步骤4 刻画远处配景和前景地面。

步骤5 调整前景植物的明暗关系以及道路的层次。

步骤6 刻画天空，注意颜色的搭配。

大图参考

8.1.4 商业卖场表现

本图片中，建筑主体占据了大面积篇幅，配景相对较少，画面重点突出。在实际操作中配景与图片中所占篇幅差不多就足够了，有时甚至可以不画。

原始图片

步骤1 对外墙玻璃质感进行刻画，注意作者在这里就用一支笔。

步骤2 对外墙其他材质进行概括，需要注意笔触。

步骤3 对植物配景和前景道路进行粗略刻画。

步骤4 整体调整画面色彩关系，前景压重，强调空间。

提示

在手绘中，很多初学者对用色存在着一个误区。一张画面不是马克笔色彩越丰富就越好，相反，颜色太多画面容易花掉，关键是把握好色彩的黑白灰关系，以最简练的颜色画出最好的效果。

Tips

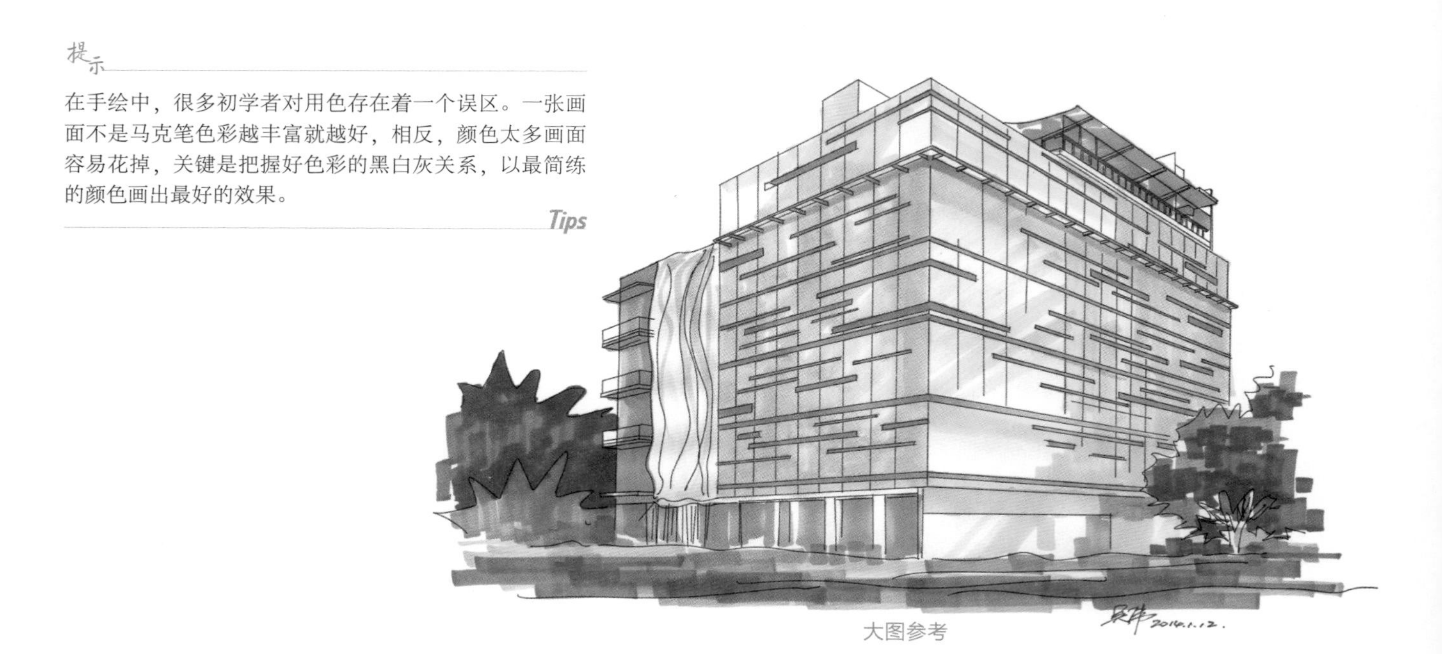

大图参考

8.2 概念效果图表现

与前者草图想比，概念效果图相对更加细腻一些，画面关系更加丰富一些，但还是以快为主，可以说这是一个草图深化阶段，设计者对各个关系越明确，就越接近于最终的设计效果。

概念效果图着重追求建筑的体量和空间，其中线条和大笔触是最为鲜明的特点。线条紧凑，笔触大胆、多变，素描关系相对强烈，色彩相对更加丰富，画面更加完整。

使用本类手法时常会用到排线，这和素描有很多相同点，大家在练习的时候注意线条排列的疏密关系。

8.2.1 微型别墅表现

本图片中除了建筑本身以外，其余的软质配景几乎为零，在刻画的时候就需要对其进行主观添加，但不可太多。

原始图片

步骤1 刻画建筑主体，注意明暗的光影关系。

步骤2 刻画天空，注意颜色的搭配和过渡。

在概念图中，建筑还是按照一般的手法进行处理，但是细节要相对更加丰富。配景的刻画可以大量采用排线的手法，本案例中特点就非常鲜明。

Tips

步骤3 刻画软质配景，注意前后颜色的黑白灰层次。

步骤4 刻画水池，整体收拾画面。

大图参考

8.2.2　商业办公楼夜景表现

本图是一个夜景，图片中明暗关系较弱，空间层次不明显，色彩关系也不够明朗，这种情况就比较棘手，刻画需要丰富经验。

原始图片

步骤1　刻画建筑主体，注意留白透气。

步骤3　刻画第二层软质配景，注意把握好光的走向。

步骤2　刻画软质配景第一层颜色，注意排线过渡。

步骤4　刻画硬质配景，注意颜色始终围绕着灰调子。

步骤5 继续完善画面配景，强化层次关系。

步骤6 整体调整，强化空间关系。

大图参考

8.2.3 会所表现

在本图片中，画面光影关系强烈，建筑色彩跳跃，主体突出，美中不足之处在于近景稍稍单调了点，不过在后期处理时不用太过在意。

原始图片

步骤1 刻画建筑主体，注意颜色的选择和笔触间的透气。

步骤2 刻画前景石子路面，注意光影关系。

步骤3 刻画软质配景第一层，注意受光处的留白。

步骤4 继续完成软质配景的刻画，注意排线疏密。

步骤5 调整软质配景，保持画面的清爽。

步骤6 调整建筑主体和石子路面的光影。

大图参考

8.2.4 餐馆表现

本图又是一张夜景，图片色彩关系极其不明朗，光感也不够强烈。在处理图片时要弥补画面构图以及色彩上的不足。

原始图片

步骤1 刻画建筑主体中受室内光部分的门窗以及外墙。

步骤2 刻画建筑主体中外墙材质，注意透气性。

步骤3 刻画天空，注意云的形状和云层之间的留白。

步骤4 主观添加软质配景，不用死抠细节，满足构图即可。

步骤5 刻画前景地面，第一层不用上得太重。

步骤6 刻画前景地面，第二层压重，突出空间。

大图参考

8.2.5 商业中心表现

本图是一个商业气息非常浓厚的夜景商业建筑，画面中前景地面所占面积太大，色彩关系也不够强烈，但是图片本身构图很美。

原始图片

步骤1 刻画建筑主体，注意远处的塔楼不要细节。

步骤3 进一步丰富画面层次和光影关系。

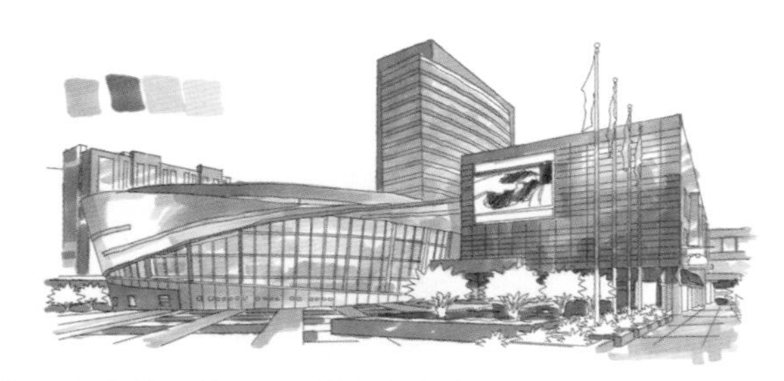

步骤2 深化前景地面和建筑内部光感。

步骤4 整体收拾画面，对细节进行查漏补缺。

大图参考

8.2.6　图书馆表现

　　图片中建筑几乎占据了整张图片，虽然建筑造型新颖，但是就图片本身来说不算美，处理的时候要丰富画面构图和层次关系。

原始图片

步骤1　刻画建筑室内光感，注意细节的对比。

步骤2　处理建筑外墙材质第一层颜色。

步骤3　刻画建筑外墙材质第二层颜色，注意透气。

步骤4　刻画建筑前景地面以及远景的建筑和植物。

步骤5 深化细节，拉开空间关系。

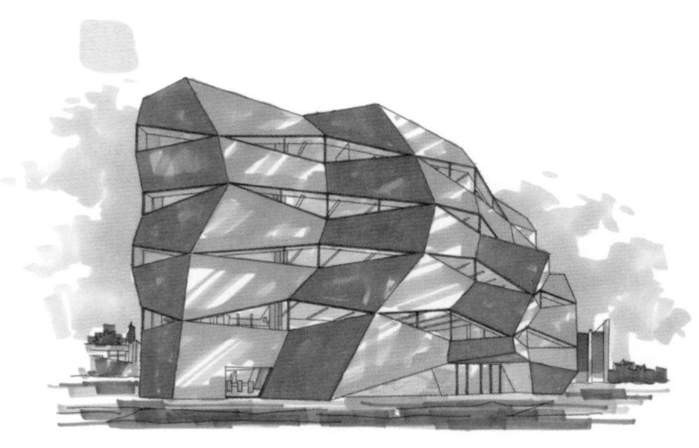

步骤6 刻画背景天空，注意笔触的细节。

大图参考

8.2.7　办公类建筑表现

实例一

图片本身选取的拍摄角度完美，建筑雄伟，空间强烈，建筑外墙材质独特，但是从色彩关系上来说主体建筑相对远景建筑较为暗淡。

原始图片

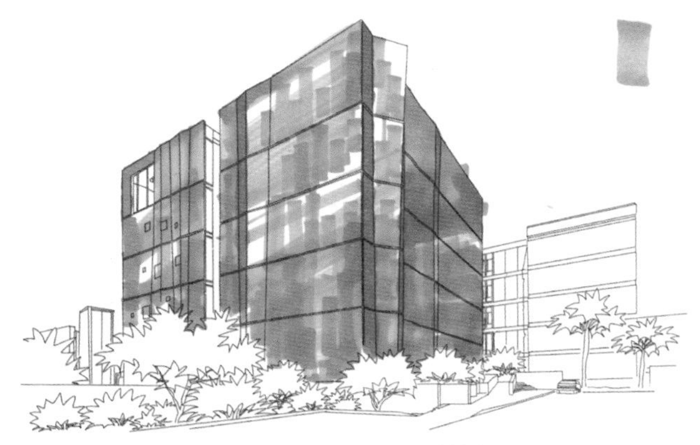

步骤1 对调中远景建筑外墙颜色，注意笔触。

步骤2 刻画远处建筑，降低色彩纯度。

步骤3 刻画周围环境，注意软质配景的刻画细节。

步骤4 刻画天空，注意构图和收边。

大图参考

实例二

本张图片所处的时间为黄昏或者黎明时分，光照不强，周围环境的固有颜色也看不清，各个方面都需要在后期进行主观处理。

原始图片

步骤1 刻画建筑硬质外墙，注意明暗面色彩的黑白灰差异。

步骤4 刻画天空，注意冷暖色彩过渡。

步骤2 刻画建筑软质外墙以及周围软质配景。

步骤3 进一步深化周围软质配景的刻画。

大图参考

实例三

本图片中建筑造型一般，但是在外墙材质的运用上却独具一格，采用的是马赛克基本元素的提炼。图片本身缺少软质配景的修饰。

原始图片

步骤1 刻画建筑主体，注意部分材质的留白。

步骤2 刻画照片中原有的配景材质。

步骤4 主观添加画面配景，注意构图。

提示

建筑配景不用太复杂，在画面中只是起到一个构图和衬托的作用，太细腻容易抢掉建筑主体的风采。天空的刻画作者一般采用TOUCH的185号色。

Tips

步骤3 刻画天空，注意保持原有构图的“势”。

大图参考

实例四

本图建筑体块的穿插以及外墙材质的运用无疑是最大的亮点。天空的颜色也十分丰富，但是可以适当减弱。

原始图片

步骤1 刻画建筑主体，注意玻璃质感的表达。

步骤3 刻画周围配景，注意层次和笔触。

步骤2 刻画外层护栏和硬质外墙。

步骤4 刻画天空，牢牢把握住收边的技巧。

大图参考

8.3 写实效果图表现

在没有Photoshop之前，效果图都是通过设计师一笔一划画出来的，时至今日，这项最基本的技能也不能丢掉。

写实效果图就是以最逼真的方式来表现建筑最终的效果。它在努力体现其艺术性的同时也在理性地展现其合理性以及科学性，对建筑本身的细节更是做到详尽入微的地步。

写实效果图需要十分深厚的绘画功底，它对细节的要求、对光影的把握远不是快速草图和概念效果图所能比拟的。

8.3.1 超高层商业写字楼表现

本图是一张非常完美的效果图，无论从构图到空间还是色彩都无可挑剔，难点就在于其形态的复杂性以及黑白灰的过渡。如果能够把线稿画准确，那么本案例就成功一半了。

原始图片

步骤1 TOUCH185号色刻画建筑固有色。

步骤2 TOUCH的CG2号色和CG6号色刻画建筑背光色和环境投影。

步骤3 刻画裙房和道路固有色，基本平涂即可。

步骤4 刻画前景草地以及所有软质配景。

步骤5 深化画面细节，丰富画面空间层次和色彩关系。

大图参考

8.3.2　高层商业中心表现

本图建筑造型奇特突出，空间层次丰富，光影变化细腻到位，材质属性非常清晰。但是刻画时有三个难点：一是形体的把握，二是材质的刻画，三是空间的体现。

原始图片

步骤1　优先刻画软质配景，注意画面层次。

步骤2　刻画建筑主体材质，注意使用高光笔提亮。

步骤3 进一步深入建筑材质，刻画裙房内部光感。

步骤4 进一步深入建筑细节，刻画硬质配景。

步骤5 深入配景细节，注意层次的对比关系。

步骤6 收拾整体画面，对画面细节进行查漏补缺。

大图参考

8.3.3 高层酒店表现

图片本身建筑造型独特，画面空间层次丰富，光影强烈。最大的难点就是细节太多。马克笔需要正反两面同时运用，以便把细节刻画到位。天空不用刻画，这样可以体现出画面构图以及收边。

提示

写实效果图的线稿十分重要。相对草图和概念效果图来说，写实效果图要细腻很多。对于抓形能力来说，它要求更是不能与前两者相比。写实效果图用色不能太过花哨，以沉着的颜色为主，纯度不要太高。此外，对细节的描述方式也与其他两者不一样。

Tips

原始图片

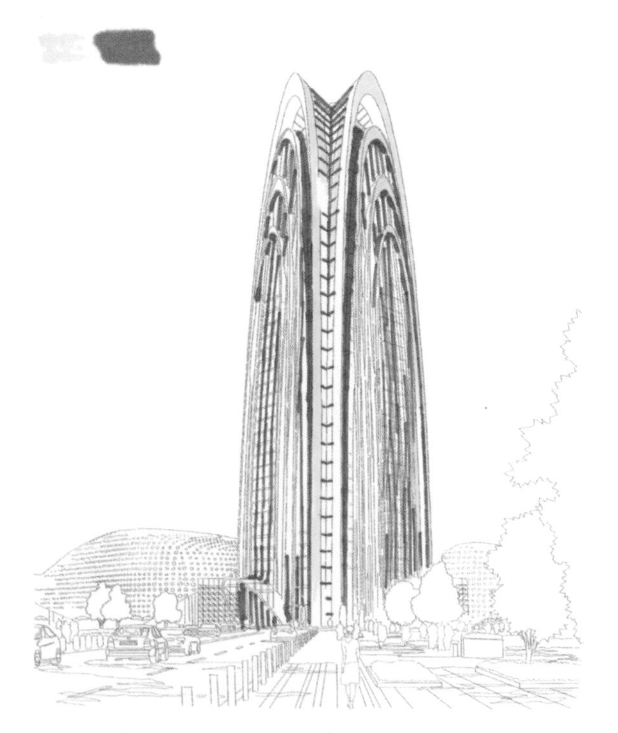

步骤1 优先刻画软质配景，注意画面层次。

步骤2 刻画建筑主体材质，注意使用高光笔提亮。

步骤3 刻画前景路面材质的颜色和阴影，以及路边的景观装饰柱。

步骤4 进一步深入刻画，注意细节的色彩变化。

提示

高光笔的运用在写实效果图中是十分常见的，特别是在高层和超高层刻画时对于其外墙的肋板和楼层线的提亮中运用得非常多。

线稿画细之后上色是十分轻松的，效果图风格的练习是非常有必要的。它不但强化了抓形的能力，而且可以培养建筑师细腻沉着的心性。

Tips

原始图片

第9章 马克笔训练三阶段

手绘训练是一个非常漫长而艰辛的过程，作为设计师，更是基础必修课，良好的训练方法能够在枯燥的训练中起到事半功倍的效果。

按部就班从临摹开始，一步一个脚印，从量变到质变，当你发现临摹能够和原稿几乎画的一模一样的时候你的第一个阶段就算完成了。

第二个阶段是图片处理，从临摹跳到图片写生，开始时是很痛苦的，但千万不要放弃。这个阶段大概需要一个月，图片写生阶段需要反复参考前面临摹的大师的作品，边学习前辈的手法边创造自己的作品。第二个阶段没有一个固定的衡量标准，当你能够随心所欲地画出任意一张你所喜欢的图片时也就差不多了。

第三个阶段是实地写生，这个阶段是最痛苦的阶段，也是成长最快的阶段。当你发现面对一个真实的场景时还有那么多东西不会画，但是这些东西又是在前两个阶段能够画出来的，这就是磨合期。其实并不是你不会画，而是你还没有适应。大概画了三十张作品时基本就走上正轨了。

实例讲解

9.1 临摹

临摹阶段要养成良好的习惯，如坐姿、运笔、纸张摆放的位置等。万事开头难，初学者一定要耐下性子，画不下去的时候可以停下笔来听听歌做点其他事情后再继续画。切记，一定要把作品完整地画完，不要半途而废，每一张纸面上都是半成品就不行，前面画得再丑也要坚持画完。谁都是这样一步步过来的，大师之所以成为大师并不是他一开始就画的有多好，而是坚持度过了一个个难受期而从没有放弃过。

实例一

本图是邓蒲兵老师的一张景观建筑作品，画面清新、自然、整体，留白恰到好处，光影关系和空间都十分完美。

原稿

步骤1 刻画水面、玻璃材质以及第一层乔木。

步骤2 进一步深入软质配景，注意运笔不要太啰嗦。

步骤3 收尾软质配景，作者对远景在原稿的基础上做了改动。

步骤4 主体调整，对细节进行查漏补缺。

大图参考

实例二

原稿画面轻松，草图的味道非常强烈，适合于外出写生进行快速作业，配景的刻画手法也是建筑类手绘中非常可取的一种手法。

原稿

步骤1 刻画软质配景亮部和灰部颜色，笔触大胆。

步骤2 收尾软质配景，刻画建筑暗部和路面。

步骤3 刻画建筑外墙、玻璃窗以及阴影。

步骤4 对画面进行收尾，作者对前景的人物做了部分改动。

大图参考

9.2 图片处理

图片处理阶段需要穿插着进行临摹训练，在遇到不会画的东西时多参考前辈们的处理手法。自己独立处理几张图片再临摹几张大师作品，边练习边思考。切忌闷头搞，不去学习。首先要做到眼高于手，才能把手头功夫提上去，如何提高自己的眼界就需要平时多看大师作品了。

这个阶段尽量多挑一些临摹时训练过的熟悉的场景以便于自己参考和学习。

实例一

原始图片色彩十分梦幻，场景的时间应该是早晨或者傍晚，建筑本身体块的穿插关系较为繁琐，构筑物比较多，刻画时要化繁为简。

原始图片

步骤1 刻画建筑主体硬质外墙，注意笔触。

步骤2 刻画建筑软质外墙，尽量忽略环境色带来的影响。

步骤3 刻画近景软质配景，笔触大胆奔放但要收形。

步骤4 刻画远景软质配景和近景道路。

步骤5 整体调整画面，对细节进行查漏补缺。

提示

手绘有其本身的特质，创作有其本身的主观原创性，图片只是作为一个基本的参考，对细节的处理还得靠作者脑海中的画面，关键是要做到创作者本身的画面是美的才行。

Tips

大图参考

实例二

本图片色泽较为暗沉，光影对比不够强烈，整个画面都粘到一起了，在后期处理的时候需要主观地对画面进行光影上的强化以及空间上前后关系的调整。

原始图片

步骤1　刻画建筑主体外墙软质材质，注意笔触以体现天空的倒影和环境的投影，环境色就不用刻画了。

步骤2　刻画建筑主体外墙的硬质材质，注意明暗面的区分，使用高光笔的时候注意敏捷迅速。

步骤3　刻画环境软质配景，颜色不要太多，两支笔即可，可通过留白以及叠加来丰富其层次。

步骤4　收尾软质配景，刻画前景道路明暗部分，始终注意画面清爽干净，马克笔一定要画透而不是画腻。

步骤5　对前景的人物、车辆等做简要刻画，重点是对画面进行整体调整，把握好空间和光影。

大图参考

实例三

本图建筑主体的颜色作者手中没有相似颜色的马克笔，所以从主观上对建筑外墙颜色进行了比较大的调整，但是整体光影和空间不受影响。

原始图片

步骤1　刻画建筑主体，注意亮部与暗部的色相要统一，并注意暗部透气。

步骤2　刻画建筑外墙玻璃，在明暗转折面的地方注意强化明暗对比，注意色彩切不可盲从于图片。

步骤3　刻画前景草地和路面，注意由近及远的光影变化，灵活掌握马克笔本身的特性。

步骤4　对氛围进行渲染，刻画人物和交通工具，可以适当穿插使用颜色以起到跳跃画面的作用。

步骤5　丰富画面构图，对左右两侧的乔木进行大致刻画，关键是型，层次不要过于丰富。

大图参考

实例四

本图建筑造型中规中矩，画面本身主体突出，光影效果强烈，空间相对深远。注意在构图完美的情况下尽量不要刻画天空。

原始图片

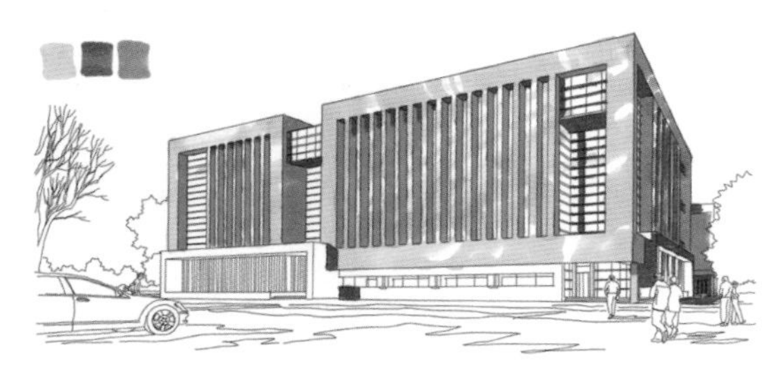

步骤1 刻画建筑主体硬质外墙，注意光感。

步骤2 刻画建筑主体软质外墙，注意玻璃的漏光。

步骤3 对建筑主体进行收尾，对细节查漏补缺。

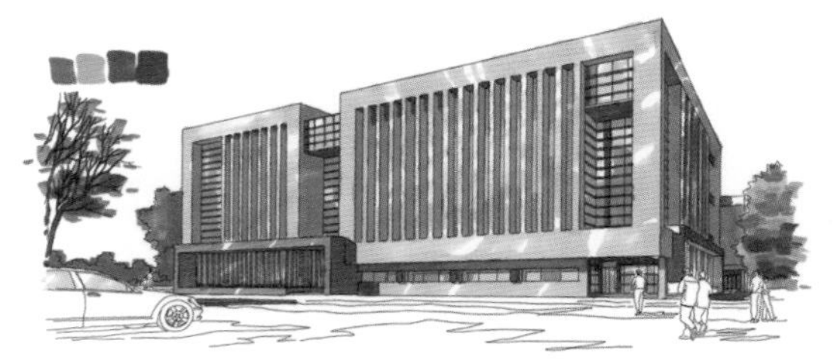

步骤4 刻画环境中软质配景，注意前后关系的体现。

步骤5 对前景路面进行刻画，注意光影细节。

步骤6 对整体画面细节进行查漏补缺。

大图参考

实例五

图片本身基本无可挑剔，建筑造型非常成熟，画面构图十分完整，光影效果非常强烈，空间上也非常深远，但刻画时切不可照搬图片。

原始图片

步骤1　刻画建筑外墙硬质材料以及玻璃的受光部分，并思考笔触的走势。

步骤2　刻画建筑内层外墙材质颜色，注意留白以体现环境对建筑的影响，用色切不可过于丰富。

步骤3　刻画环境软质配景，两支笔、两个层次即可，配景不是重点，关键是对主体的衬托。

步骤4　刻画前景路面，注意人物、交通工具以及植物对路面的投影，用极少的颜色把画面刻画丰富。

步骤5　对画面进行最后调整，对细节进行查漏补缺，注意近景乔木的树干上重下轻的手法。

大图参考

9.3 实地写生

当进入到实地写生阶段时就预示着你的手绘之旅即将修成正果了，不过种子在破土的那一刻是最痛苦的，大家千万不要因为最后的一点点小挫折就前功尽弃，况且最后的阵痛期也不会很长。

外出写生时挑对时间很关键，一般来说阳光明媚的天气是比较合适的，因为起码你不用为思考画面的光感费太多脑筋。

选景也十分重要，就像拍照一样，如果说你眼前的场景本身就不美，那么你就很难创作出一幅美的作品来。

原始图片

实例一

本图是城市老城区的一条小巷子，采风当天阳光明媚，这个场景打动人的是其本身浓浓的生活味道以及深远巷道的未知的神秘。写生不同于图片处理，内容会更加丰富，细节会更多。

步骤1　同一个材质的同一个调子用同一种颜色，关键是抓神。

步骤2　注意颜色的互补关系，如果光色为黄色，那么阴影就用紫色以强化对比。

步骤3　进一步刻画画面的光影关系，注意光色的运用。

步骤4　刻画受光墙面的固有色，注意墙面上斑驳的效果是如何进行刻画的。

步骤5　开始把画面往回收，深入细节。

步骤6　整体调整画面，对细节查漏补缺。

大图参考

实例二

本场景作者给它取名为“乡间的小农舍”，难点就在于远处茂密的树丛和近处袅袅升起的炊烟。这里作者把烟的刻画省略掉了，因为马克笔是很难对烟进行具体刻画的。

原始场景

步骤1 由植物开始入手，由光色开始下笔。

步骤2 刻画远处树丛和近处泥巴路面。

步骤3 进一步深入植物和房前柴火堆。

步骤4 刻画土砖墙面和泥巴坡地。

步骤5 刻画最能引导空间的碎石路面，调子上尽量不要太重，以免与两侧的场景拉不开而影响空间的引导。

大图参考

实例三

本场景最大的难点就在于如何刻画近景和远景的植物，特别是远处的树林。图片本身的光影关系不是很强烈，唯一能感染人的就是其房屋的破旧感。

原始场景

步骤1　从植物开始入手，注意层次的穿插，树林最忌的就是画得密不透风。

步骤2 进一步深入近景和远景的植物，注意作者在这里采用了两种不同的创作手法。

步骤3　提亮受光部分的树干，先刻画老房子和泥巴坡地的第一层颜色。

步骤4　进一步深入刻画房子和坡地，注意细节，注意层次，注意事物之间的前后关系。

步骤5　完成老房子的整体刻画，收拾整个画面的细节，注意左侧柴火堆的刻画方式。

大图参考

第10章 快题表现分步解析

建筑快题设计又叫快图设计或者快速设计，作者必须在较短的时间内完成方案构思和图面表达。它是设计公司考核新进员工以及高校录取研究生的必要方式，也是建筑师考一、二级注册建筑师的必考科目。

建筑快题表现讲究版式和点线面的构成，注重整体，色彩不要太过丰富，尽量采用中性色。以TOUCH牌马克笔为例，一般用CG、BG、GG、WG系列，玻璃用185号色即可，木制材料用21号色即可。总之就是以最少的笔，用最短的时间刻画出最清爽、干练的效果。

在TOVCH牌马克笔常用的4个系列中，作者偏向于采用CG和BG两个系列，且一般就用3、5、7三只笔。一套图纸就用一个系列，尽量不要穿插使用一个以上的系列进行表现。这样画面就会显得十分干净和整洁。

实例一

步骤1 用TOUCH系列CG5号色进行版式定位。

步骤2 用TOUCH系列CG3号色完善画面，初步刻画效果图配景。

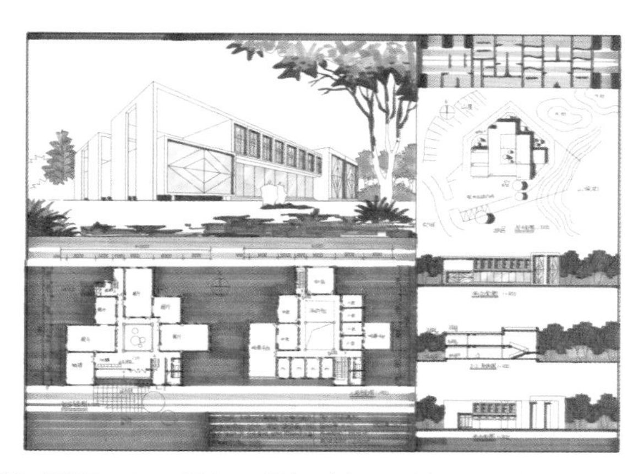

步骤3 用TOUCH系列185号色对立面和效果图玻璃进行刻画。

步骤4 对效果图进行最后调整，注意颜色要简洁。

步骤5 用TOVCH系列CG3号色对版式进行最后调整和完善。

大图参考

实例二

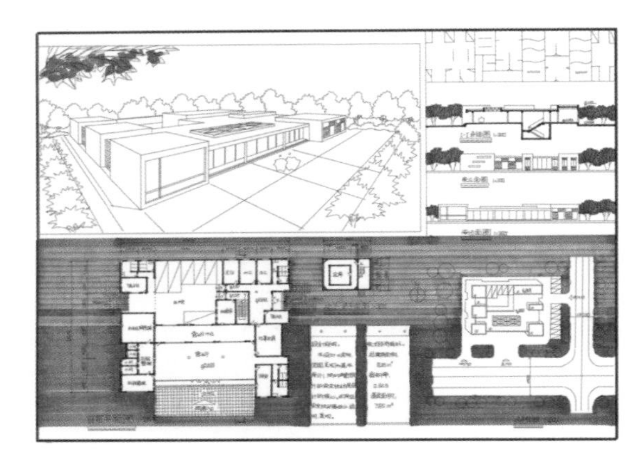

步骤1 构思图面版式，用CG5号色确立版式黑白灰层次。

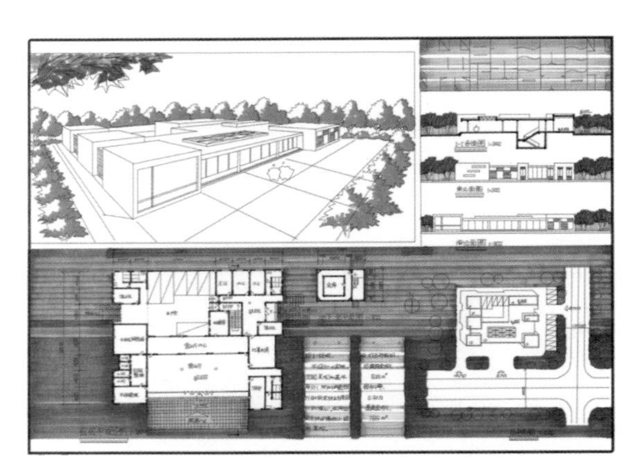

步骤2 用CG3号色刻画画面浅灰层次，注意标题的画法。

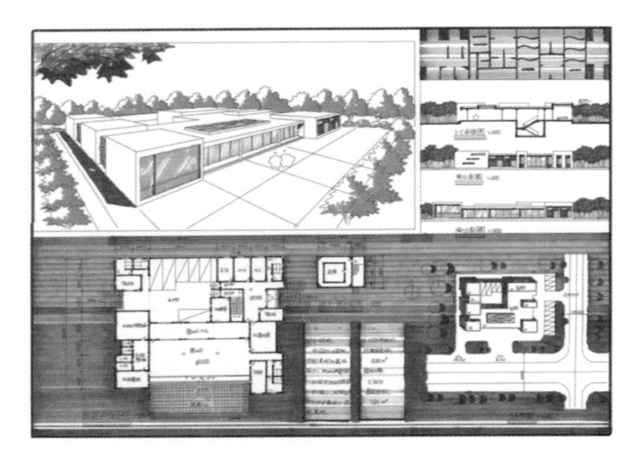

步骤3 用TOVCH系列CG3号色刻画玻璃材质，用31号色刻画木结构材质。

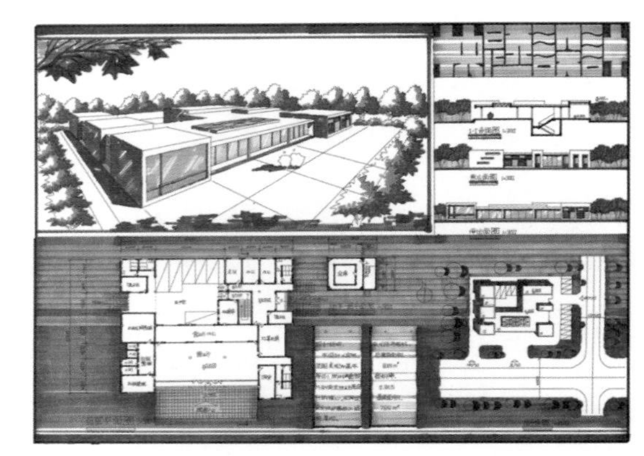

步骤4 用CG7号色刻画配景暗部，以及前景阴影，用CG5号色刻画建筑暗部。

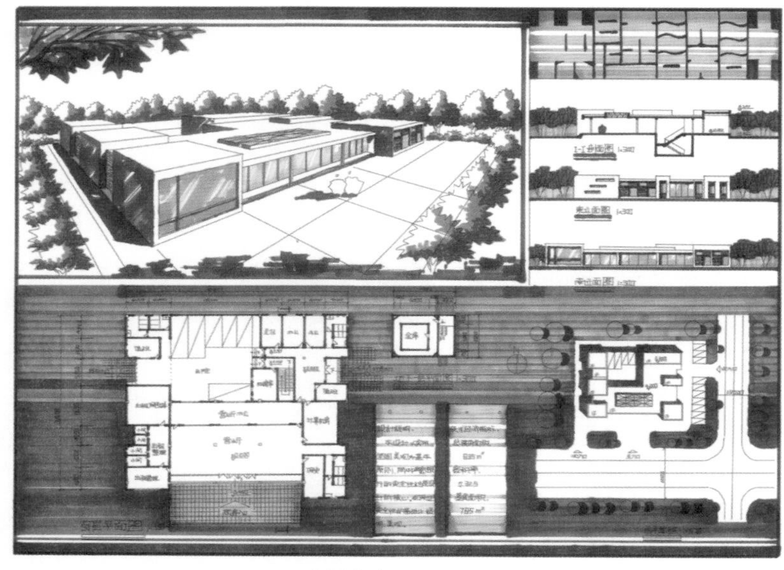

大图参考

实例三

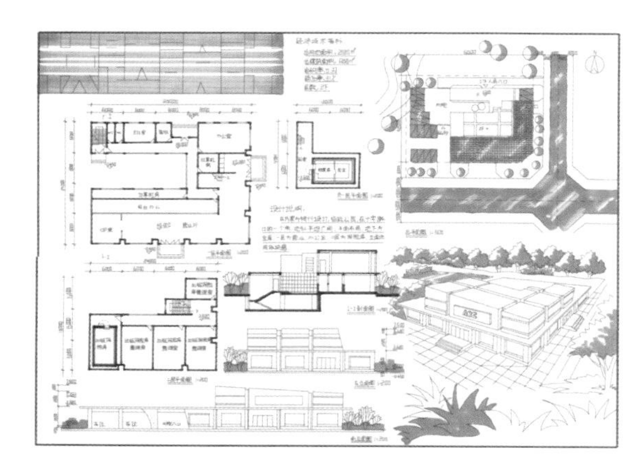

步骤1 用CG3号色刻画字体和总图路面。

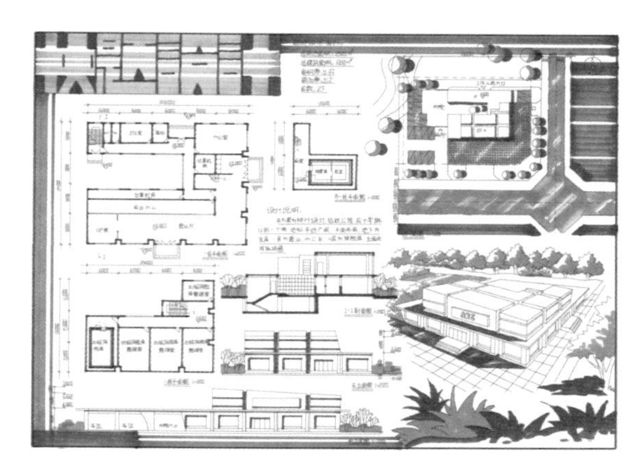

步骤2 用CG7号色进一步深化版式。

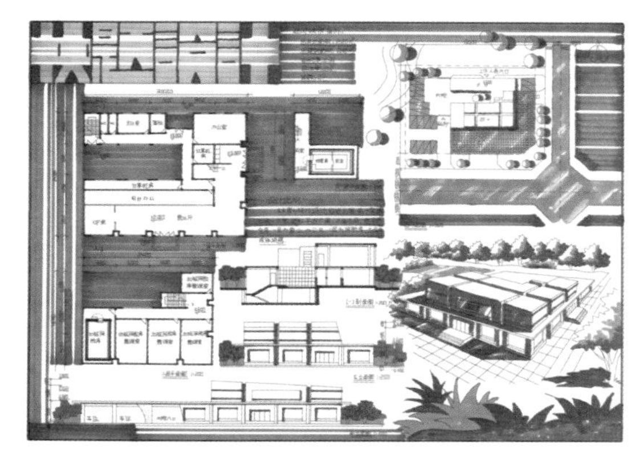

步骤3 用CG5号色奠定图面调子，注意版式的黑白关系。

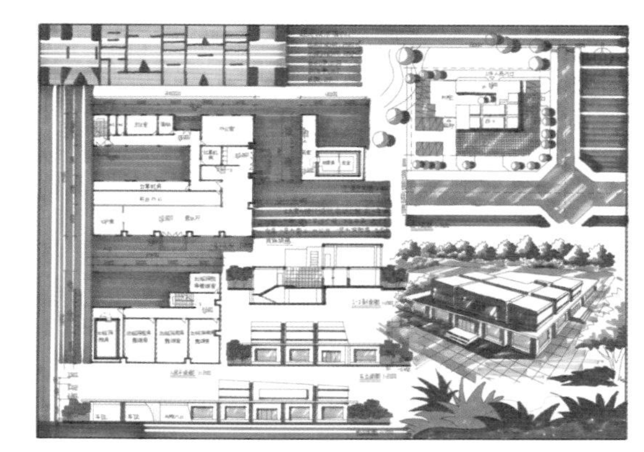

步骤4 用CG3号色整体调整效果图，用185号色刻画玻璃材质。

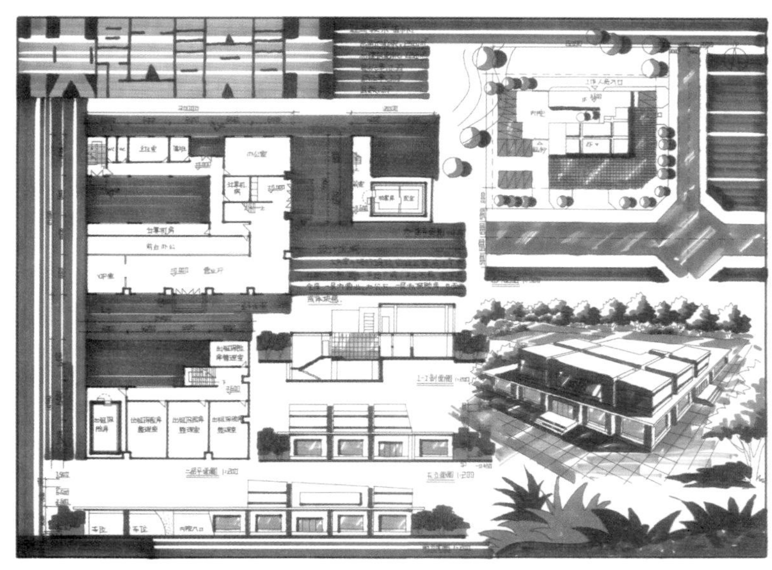

大图参考

实例四

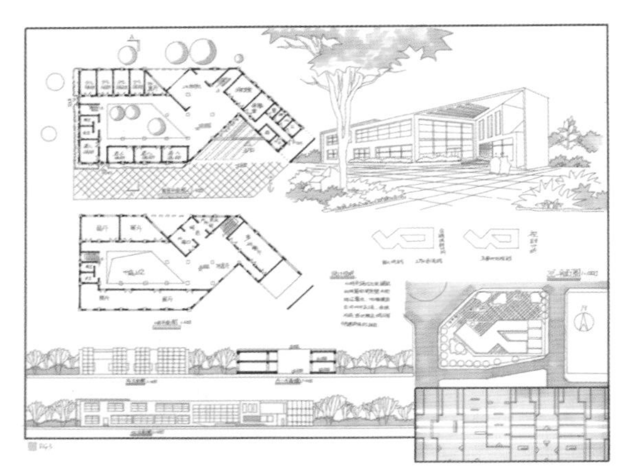

步骤1 用BG3号色刻画画面浅灰层次。

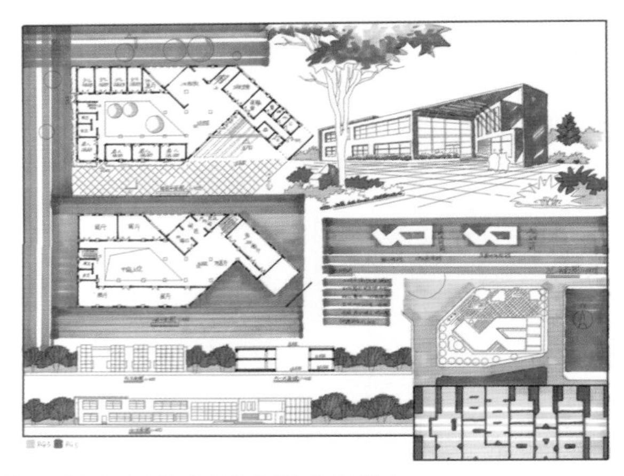

步骤2 用BG5号色确立整体版式和基调。

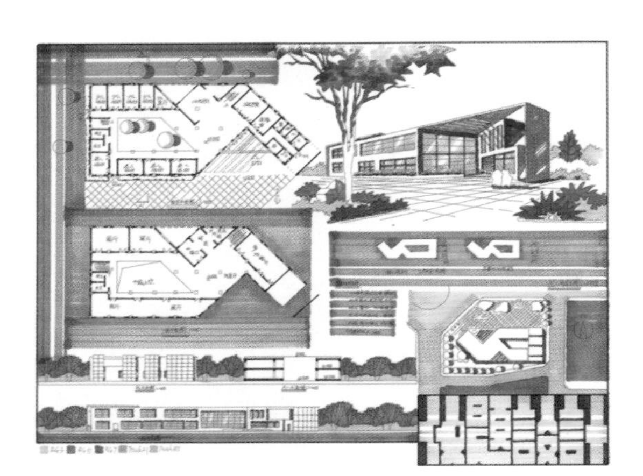

步骤3 用BG7号色深入效果图，用185号色和21号色刻画其余材质。

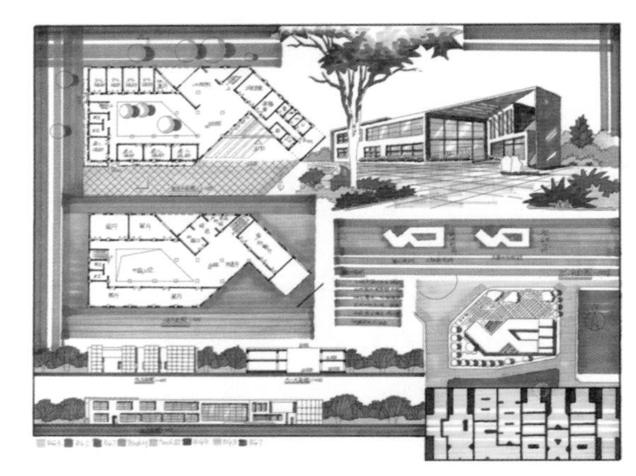

步骤4 用BG3号色刻画效果图的前景路面。

大图参考

实例五

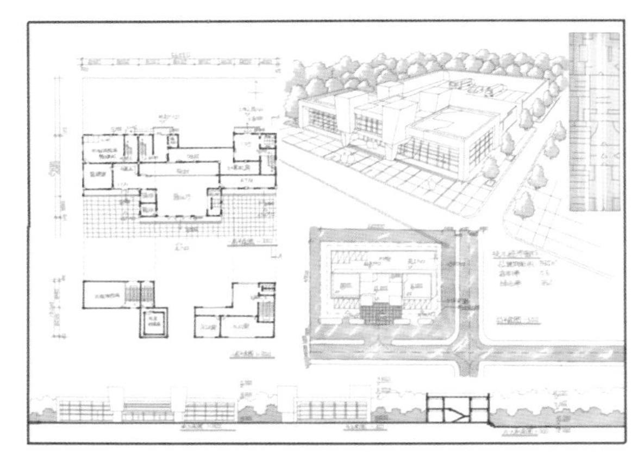

步骤1 用BG3号色刻画如图内容，注意鸟瞰树的画法。

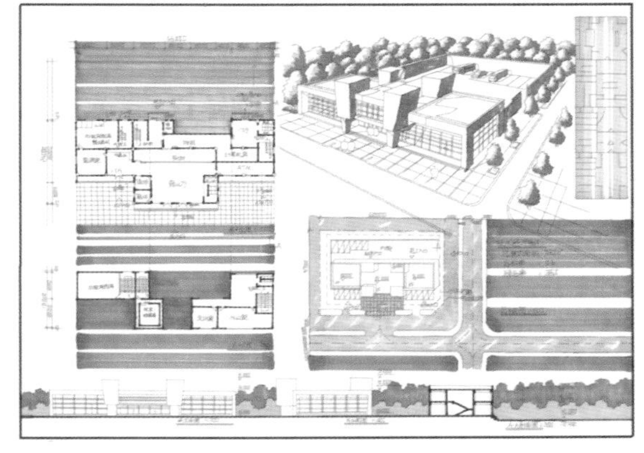

步骤2 用BG5号色确立版式和画面中的灰调子。

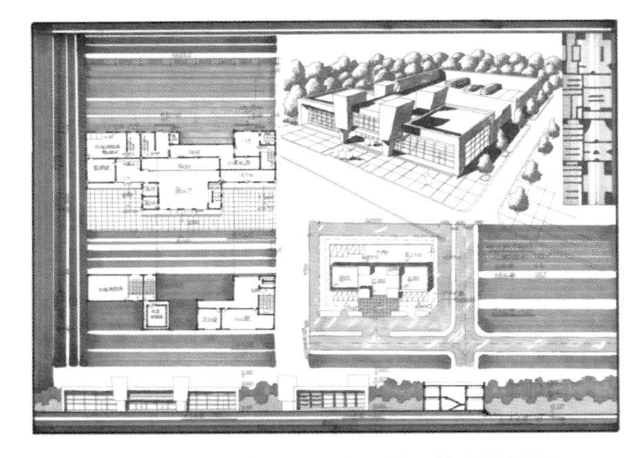

步骤3 用BG7号色进一步强调版式，刻画效果图阴影。

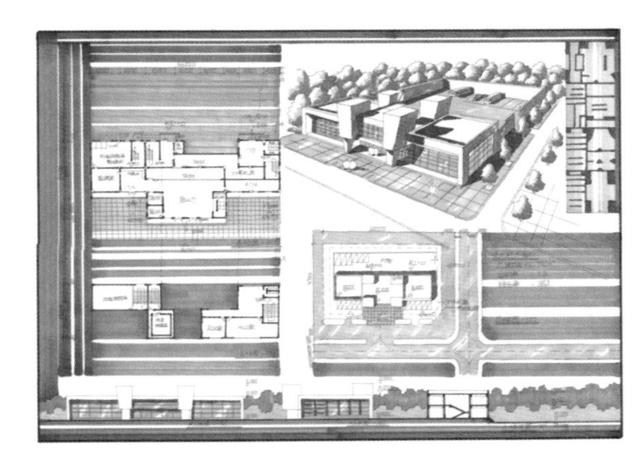

步骤4 用BG3号色调整效果图，用185号色刻画玻璃材质。

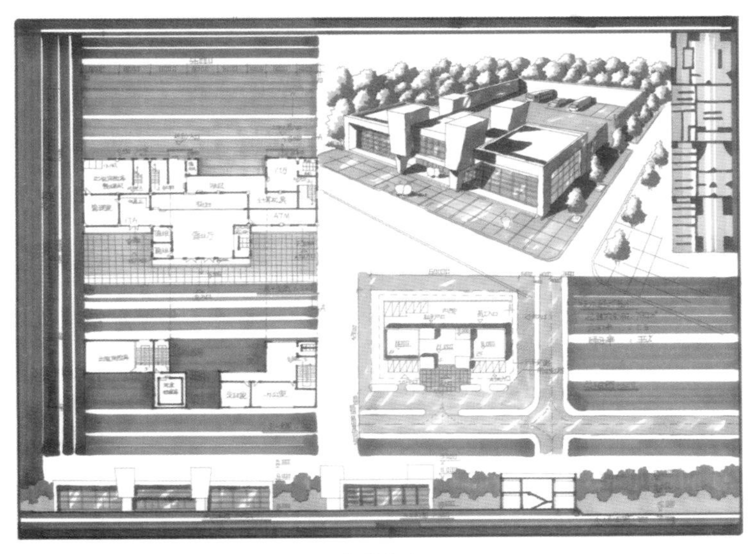

大图参考

第 11 章 作品欣赏

11.1 建筑手绘作品欣赏

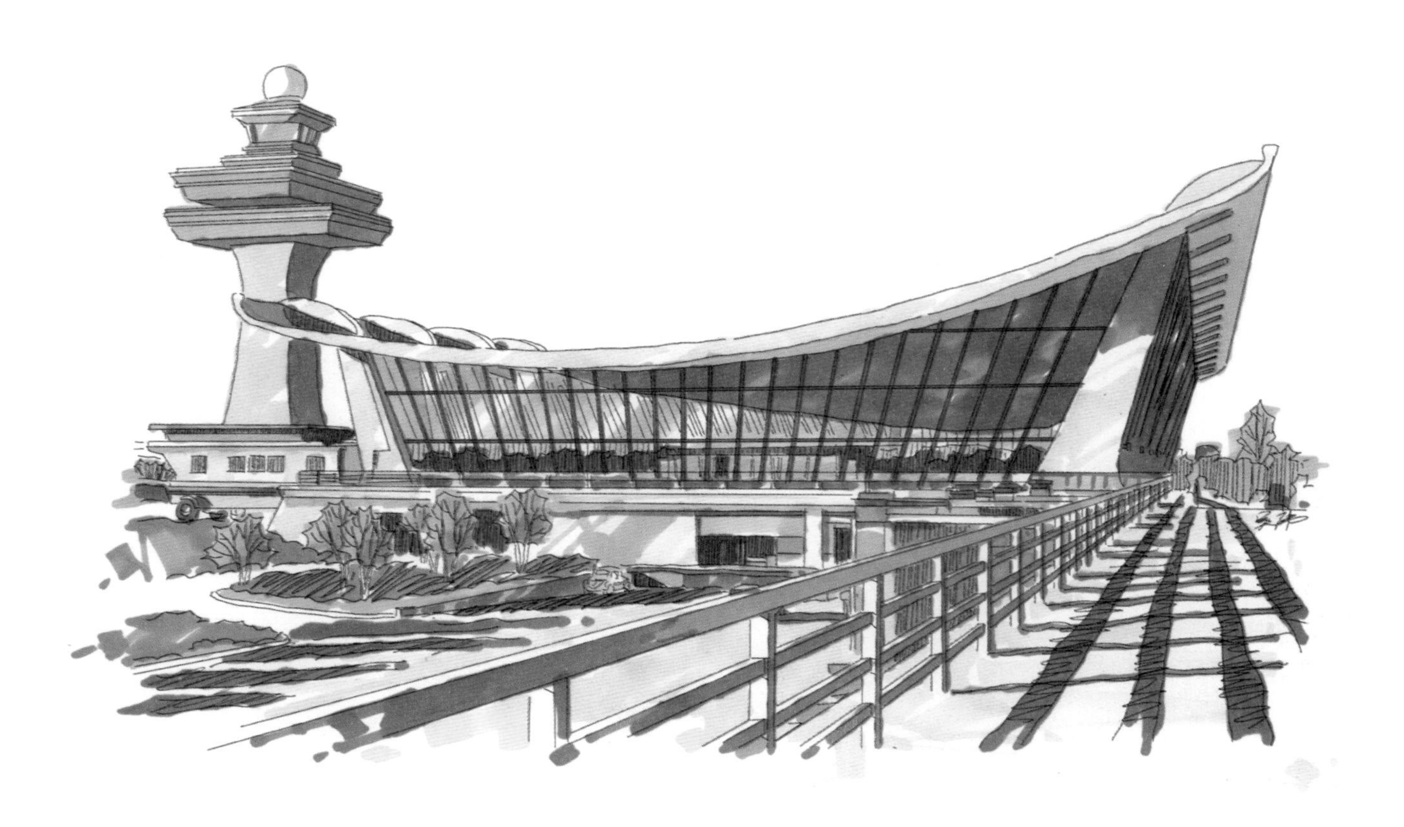

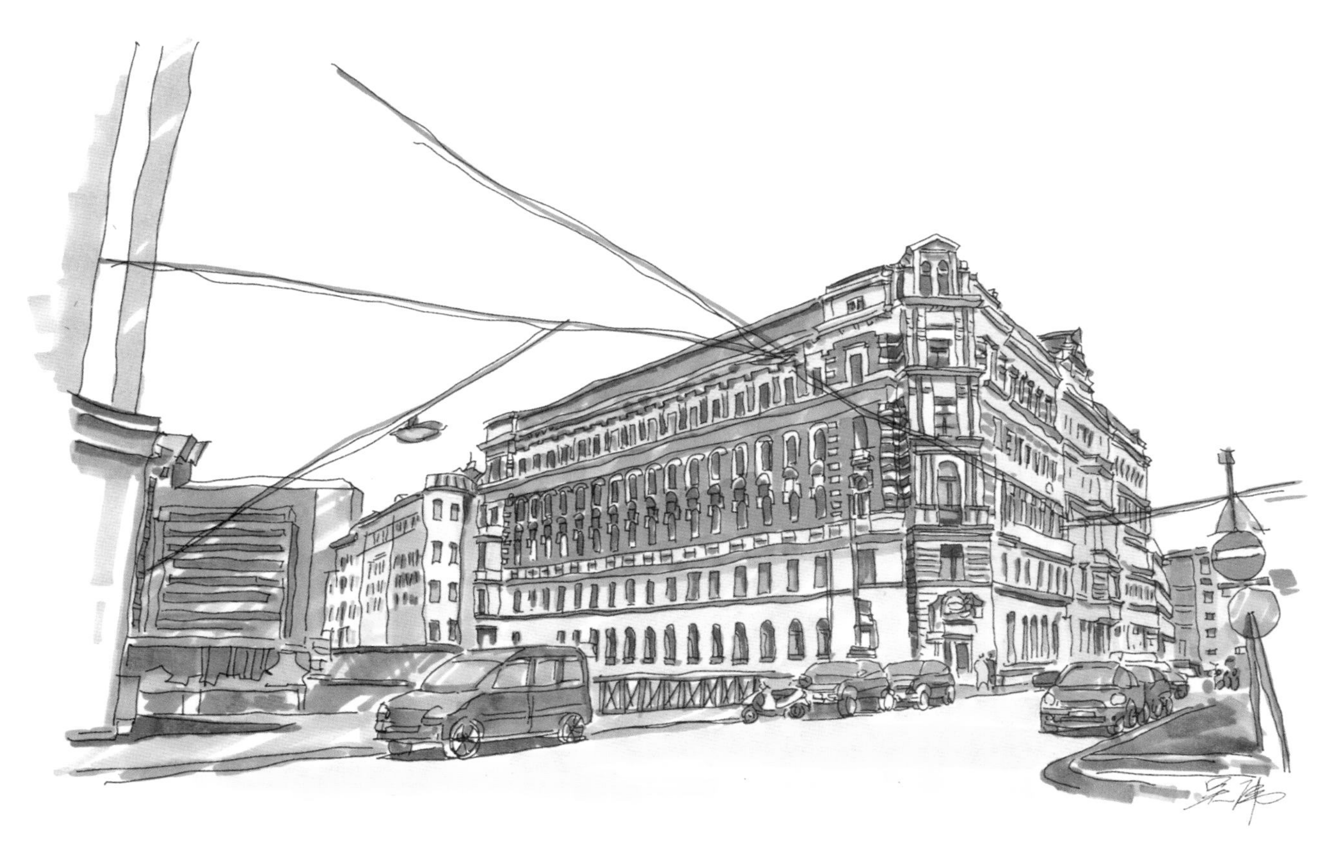

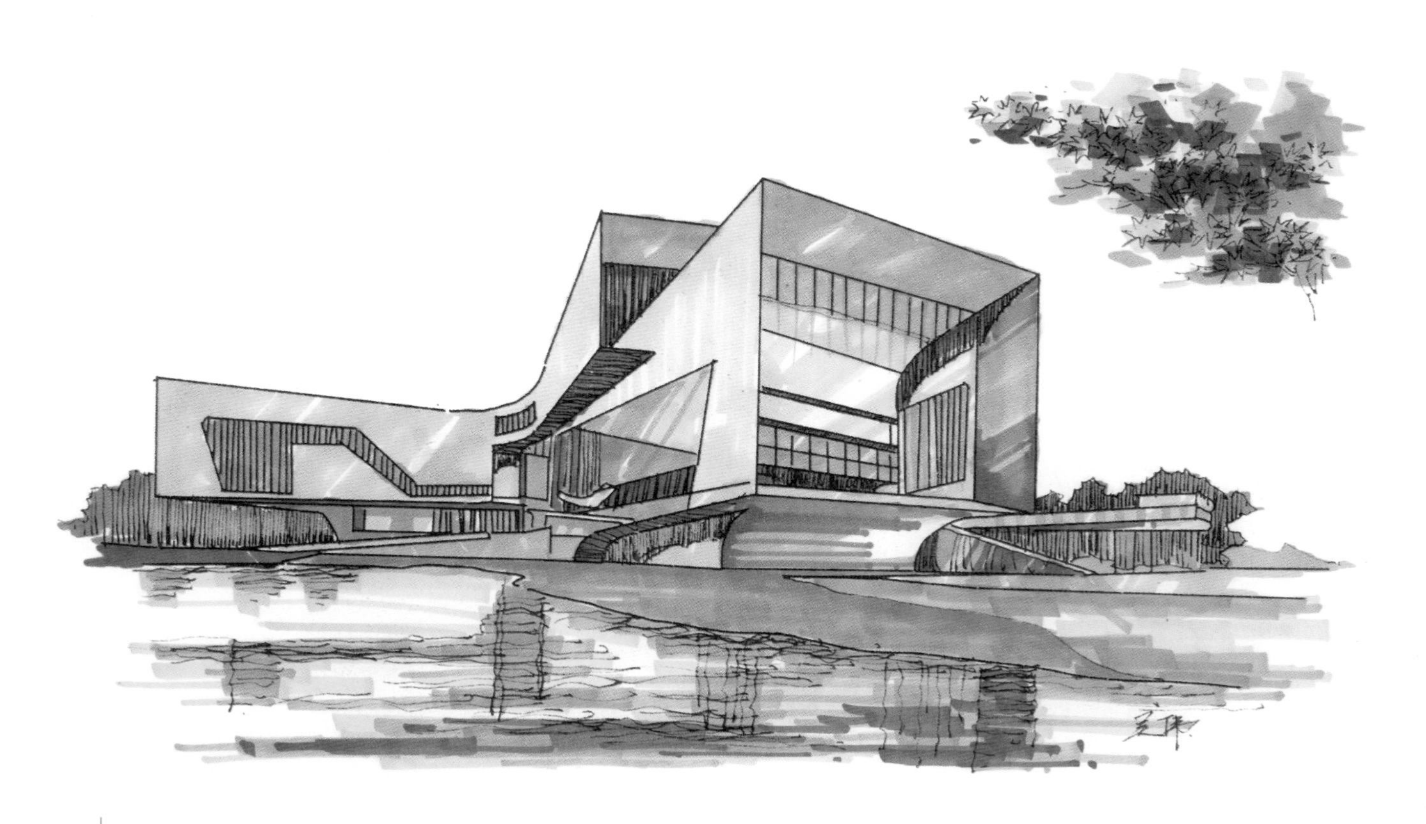

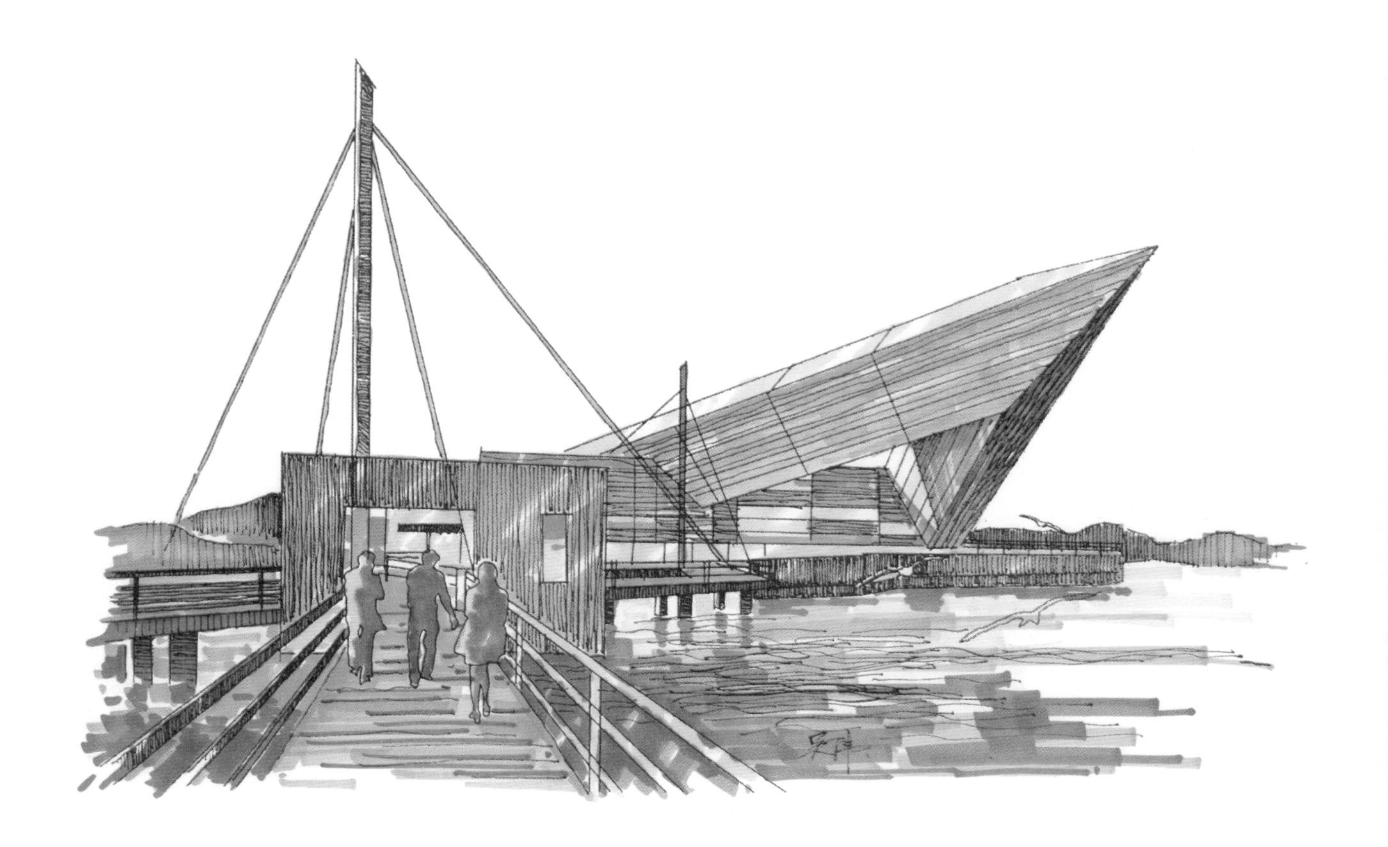

CASINÒLUGANO

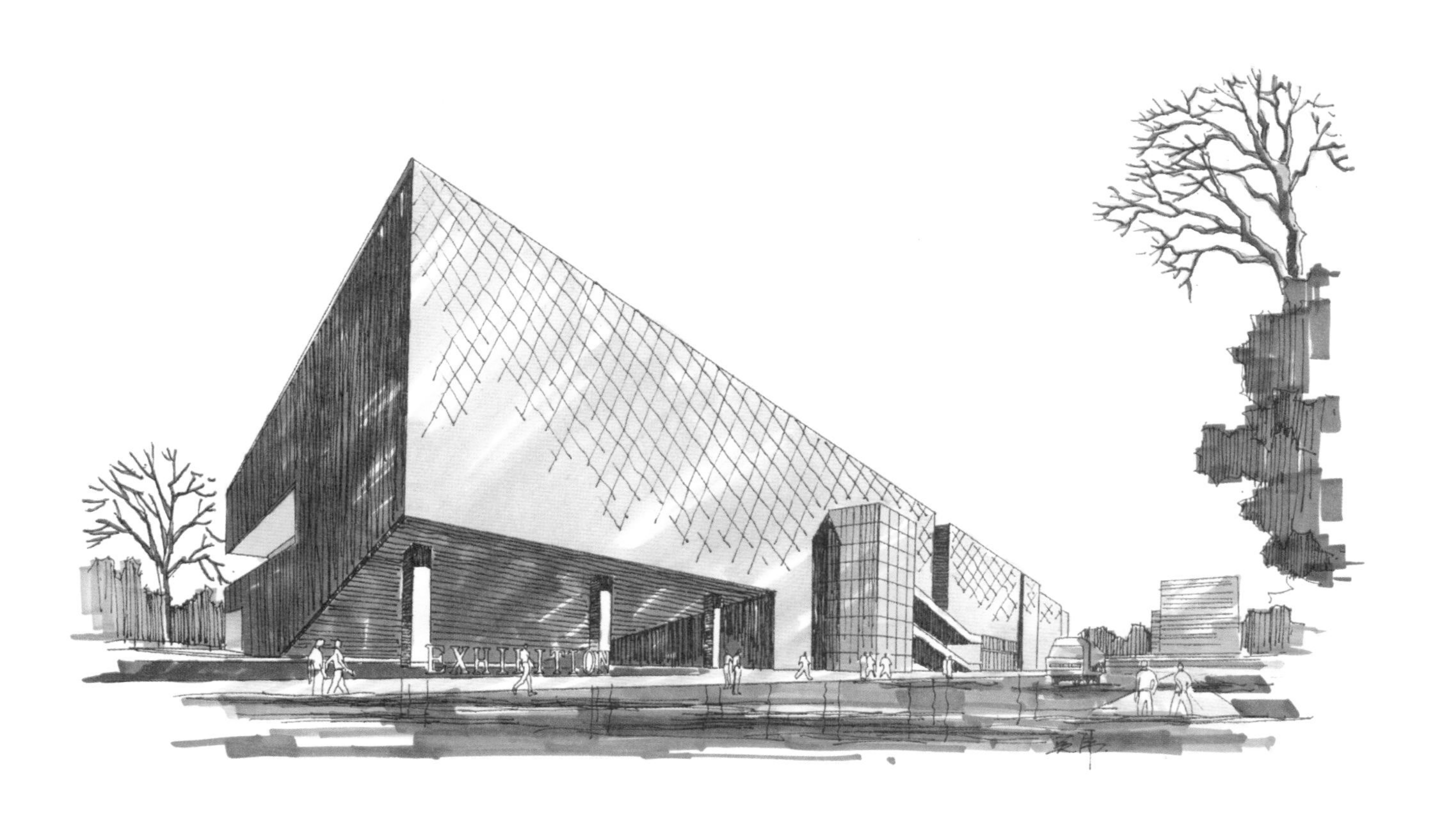
EXHIBITION

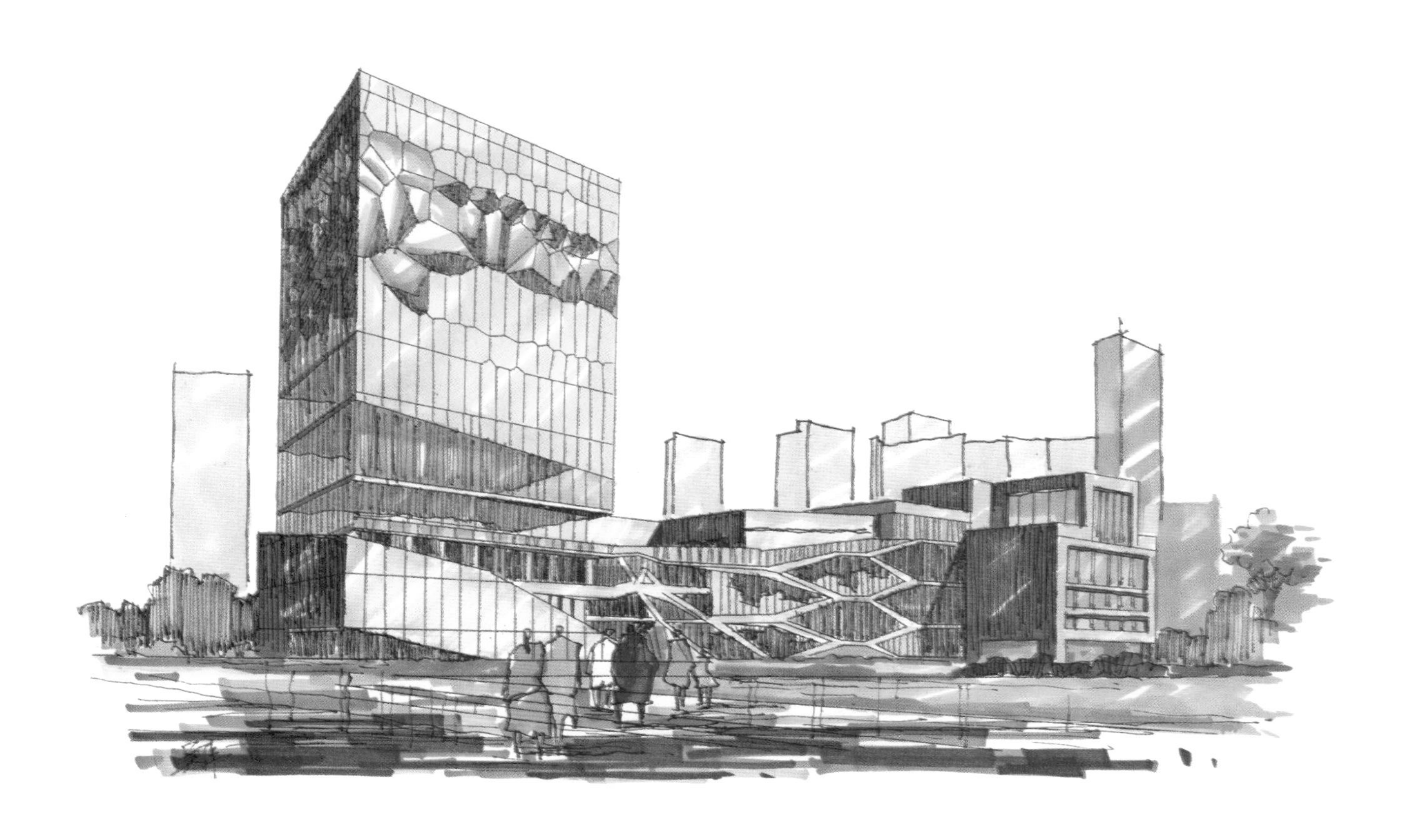

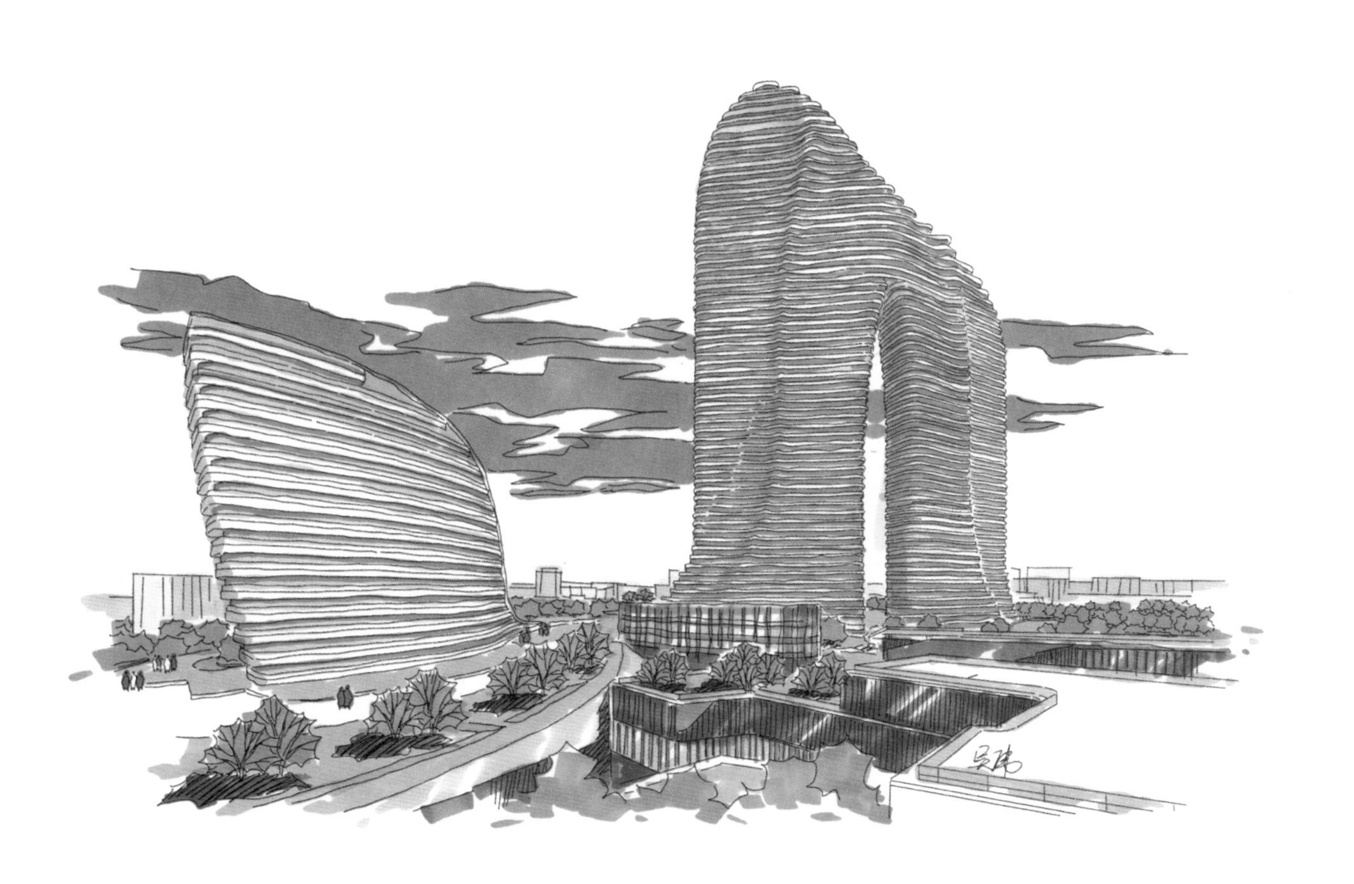

11.2 建筑快题作品欣赏

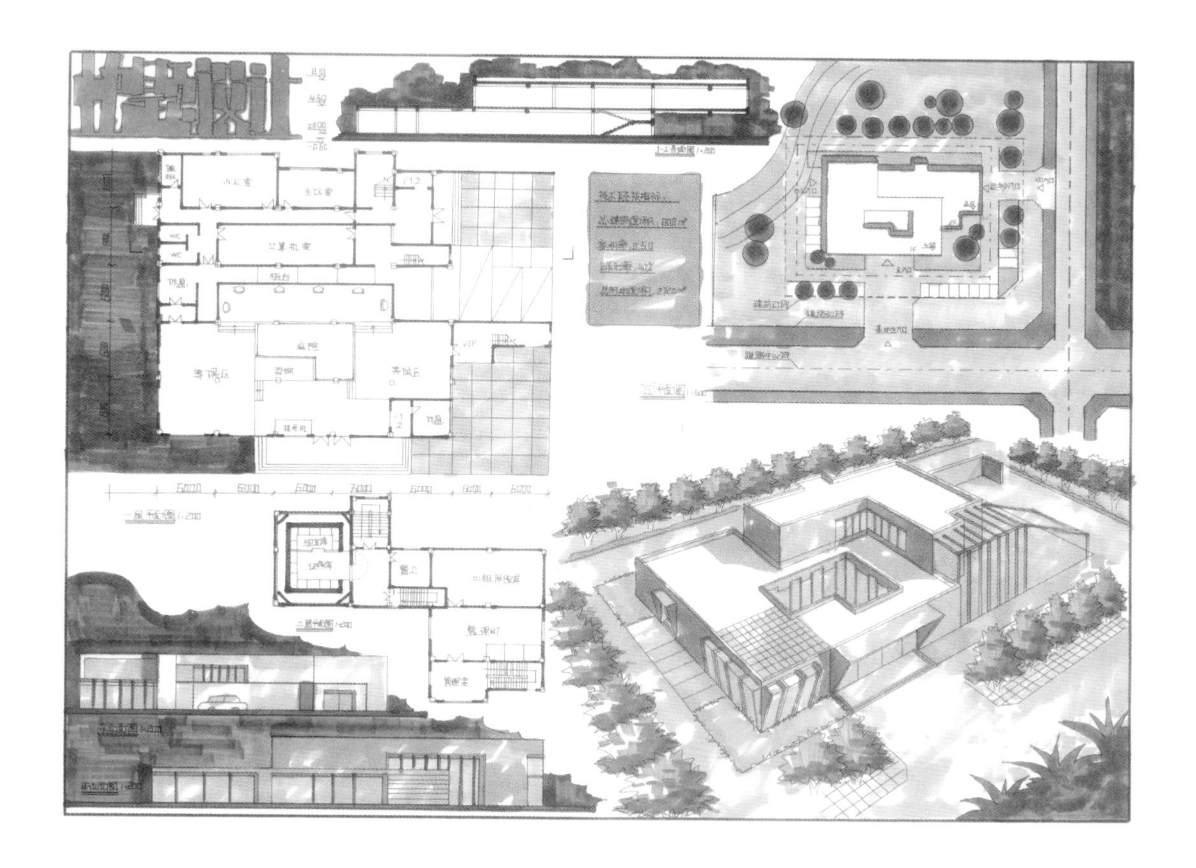

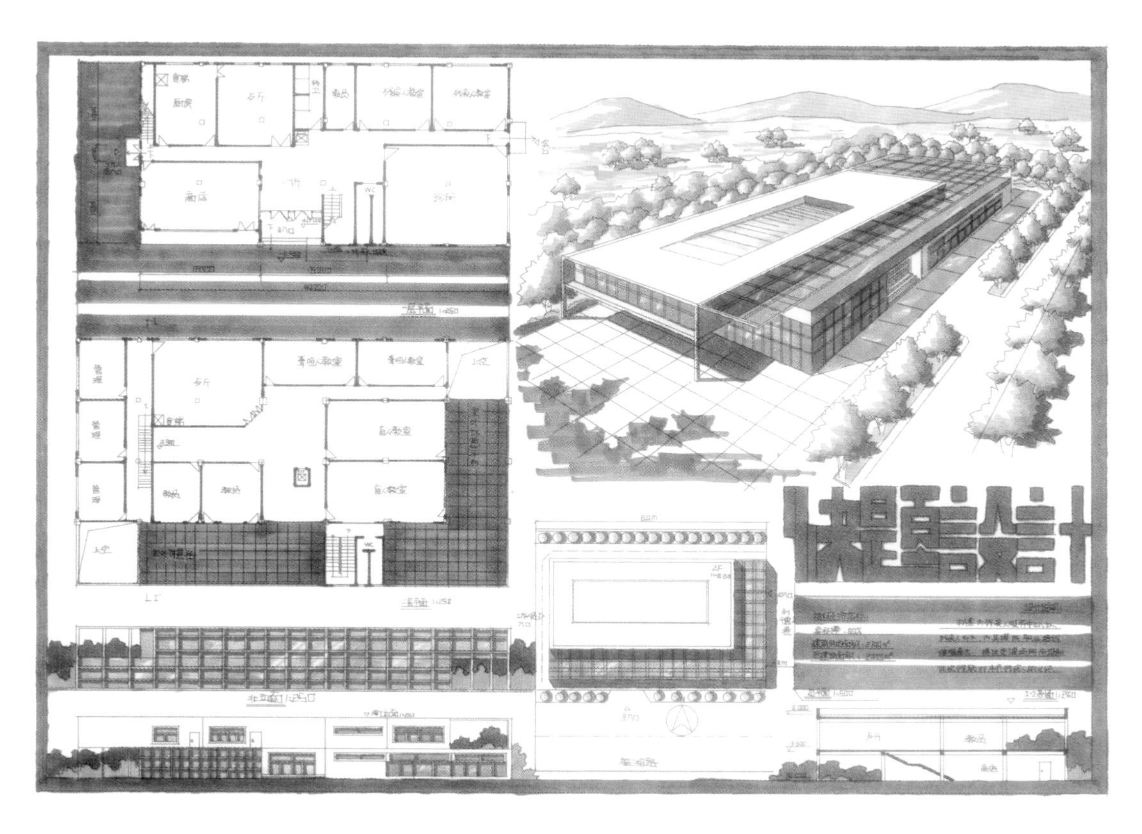

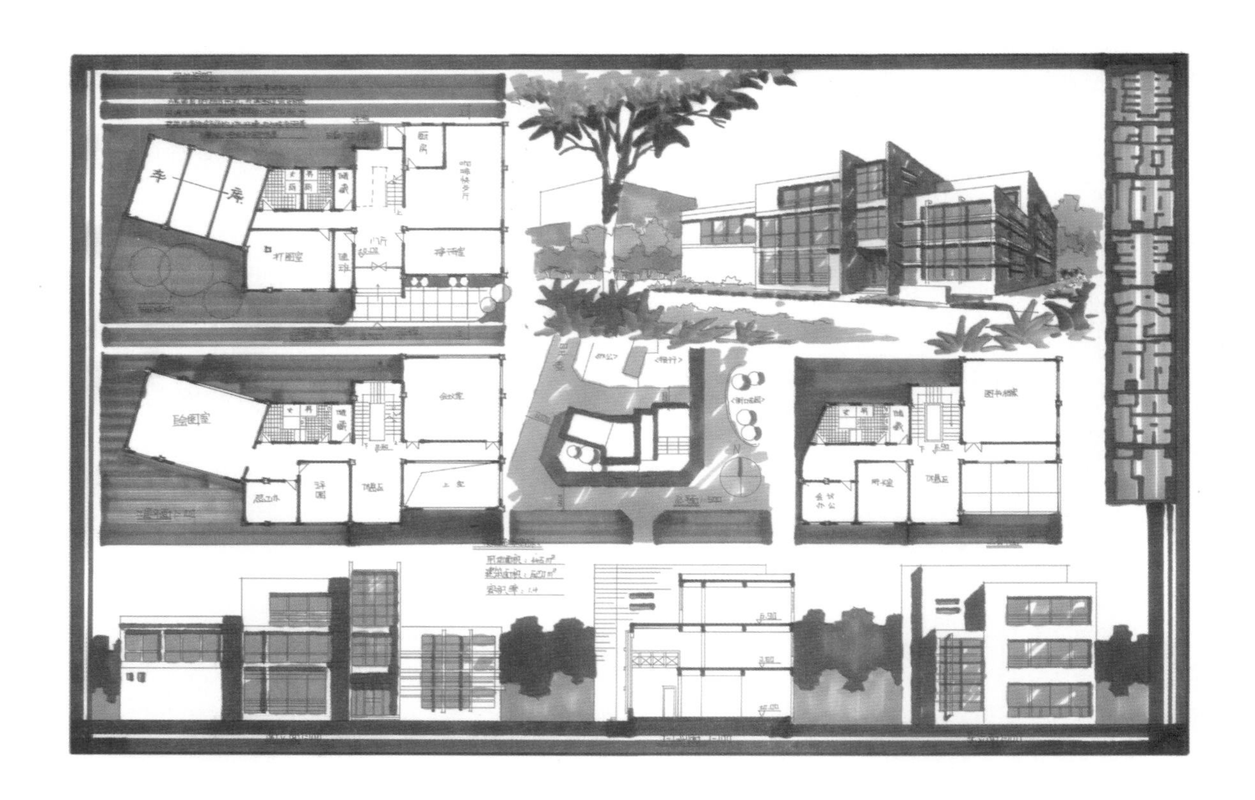
建筑师事务所设计

总平面图 1:1000
ATM
设计说明:
二层平面图 1:200
东立面图 1:200
南立面图 1:200

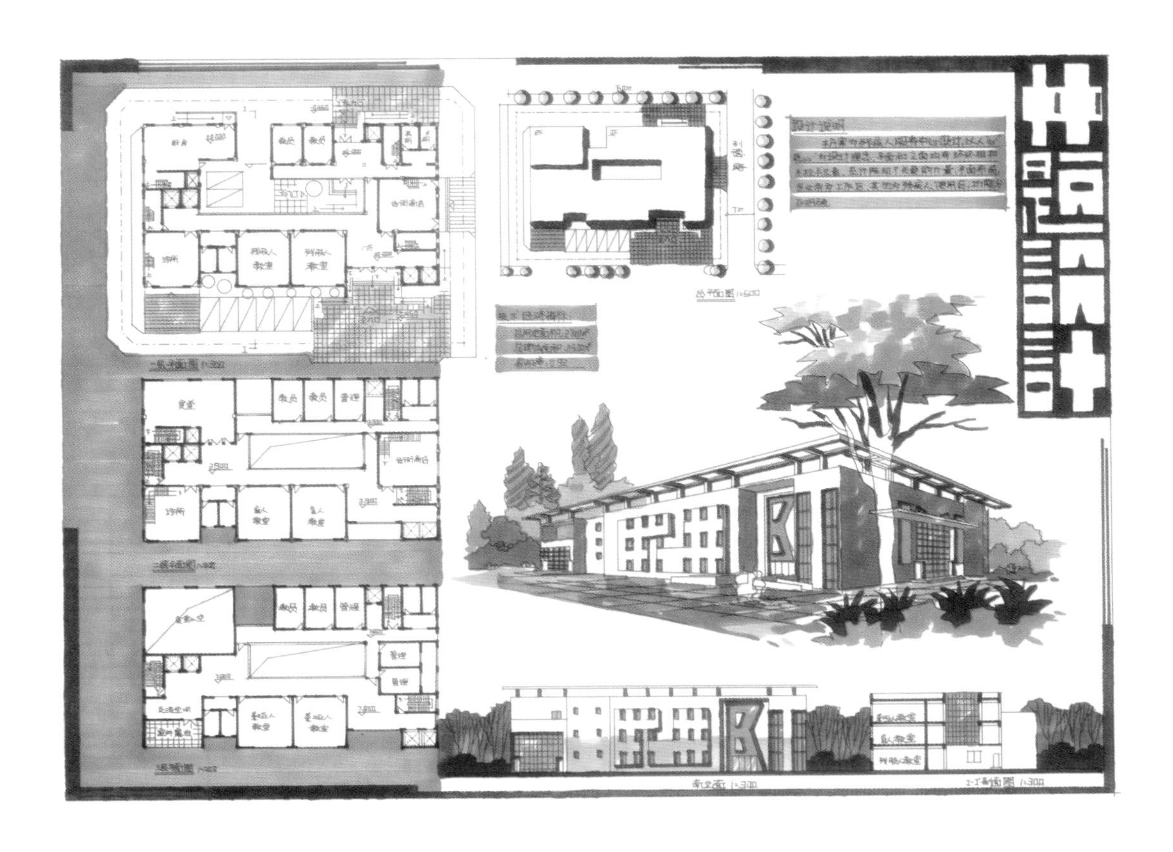

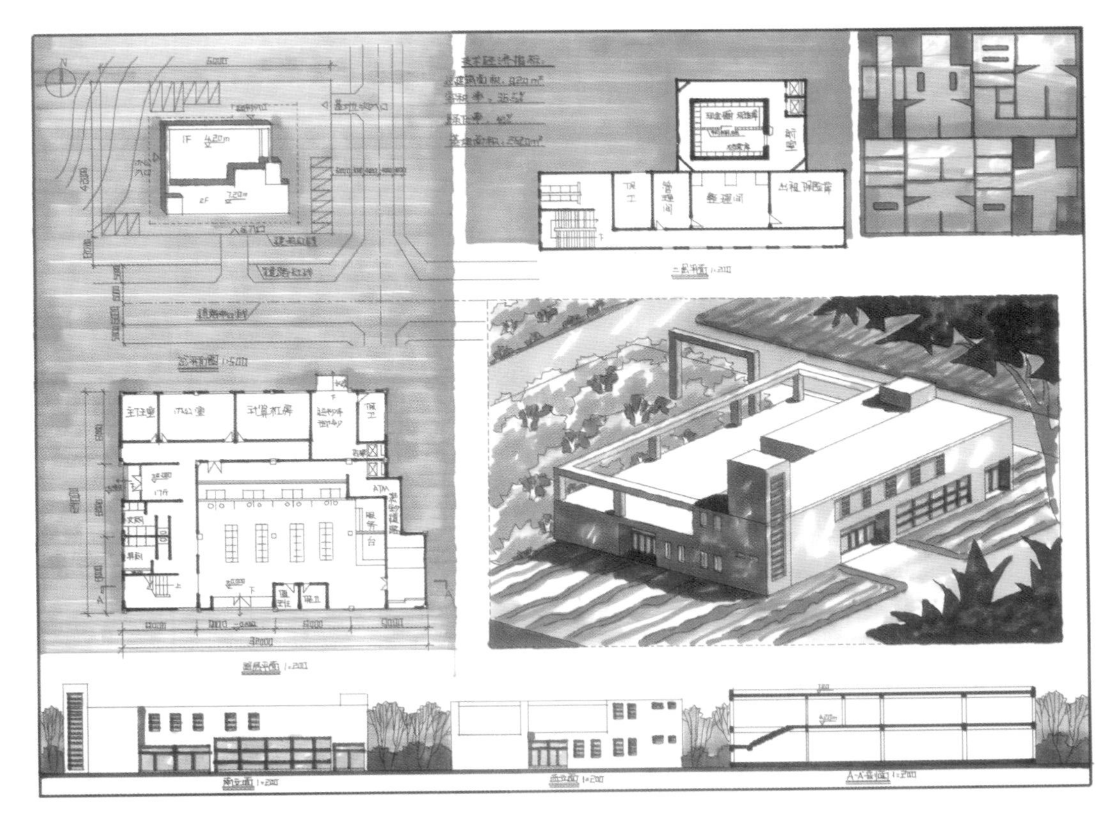

营业所快题设计
地形图 1:500
首层平面 1:200
二层平面 1:200
西立面 1:200
北立面 1:200
1-1剖面 1:200
营业厅
内院
车位
办公室
主任室

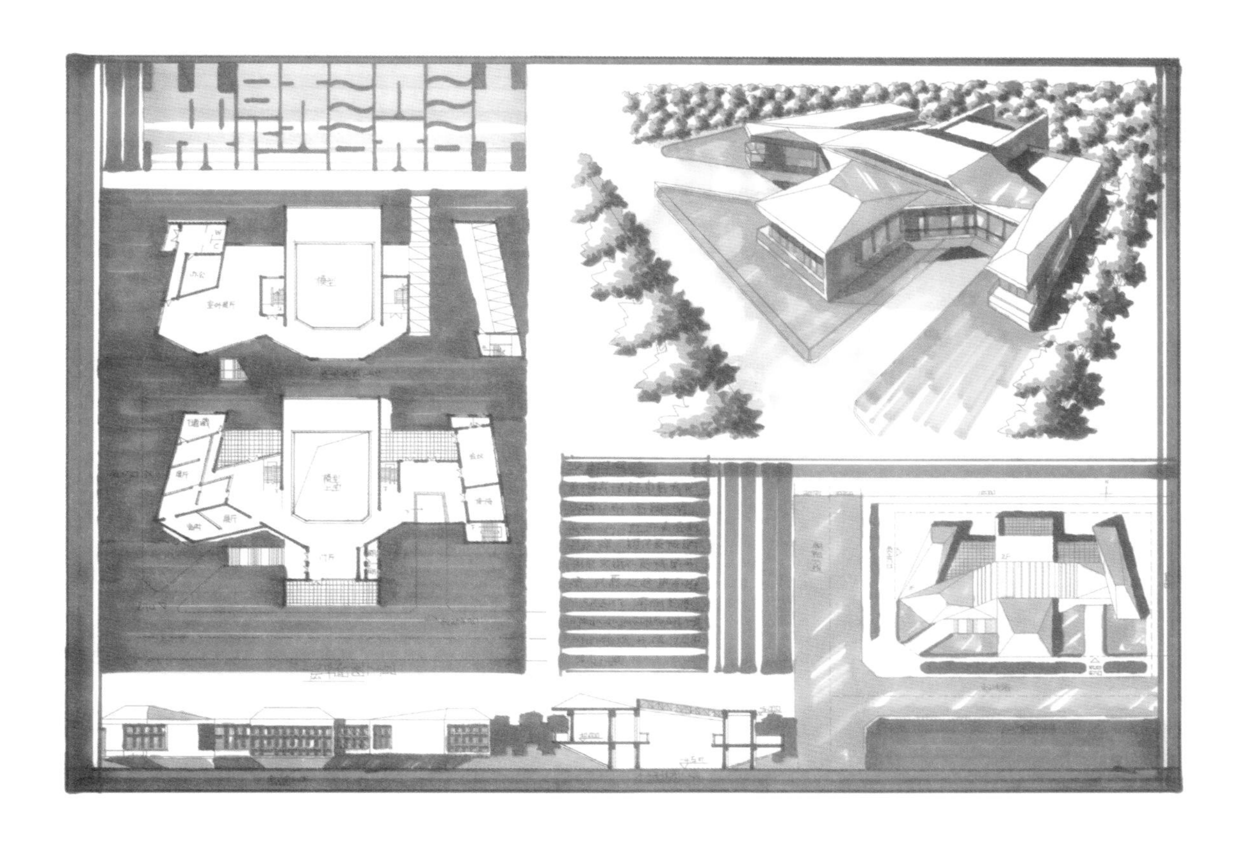

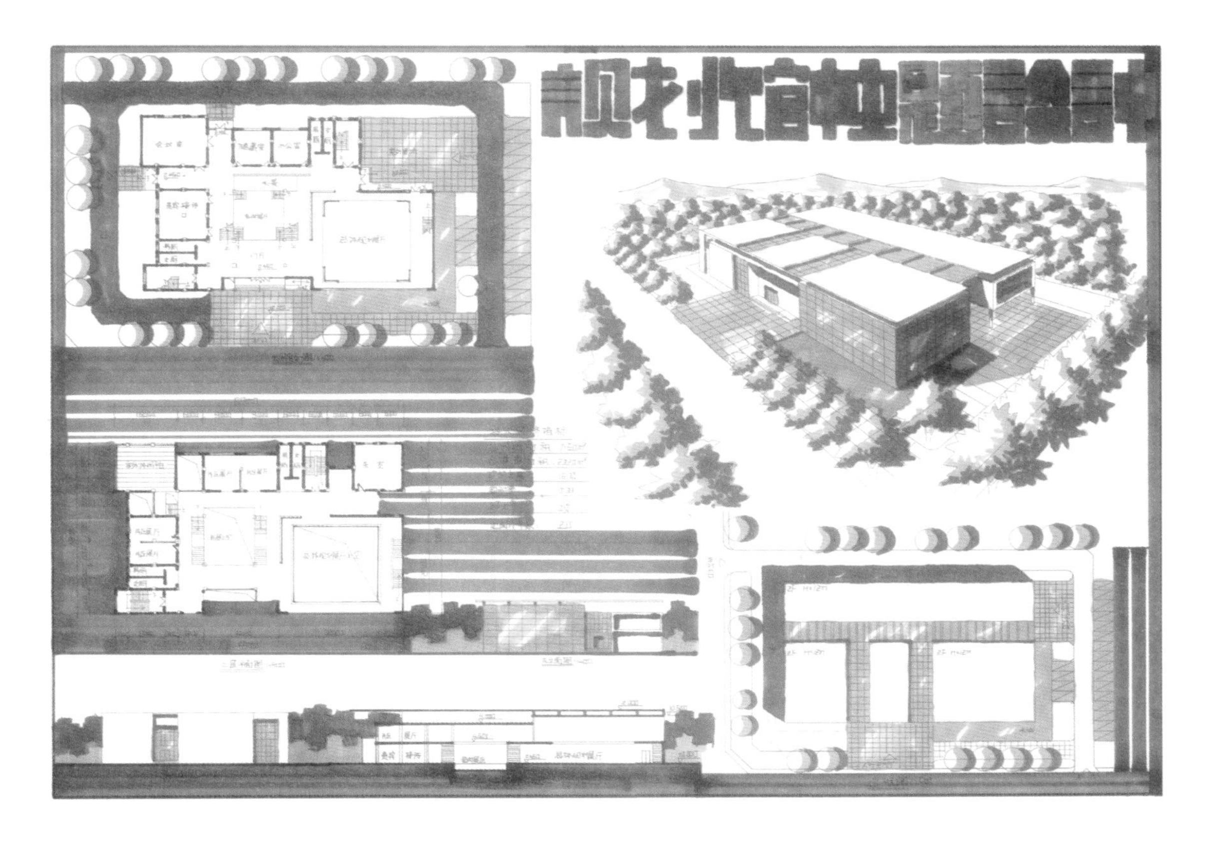

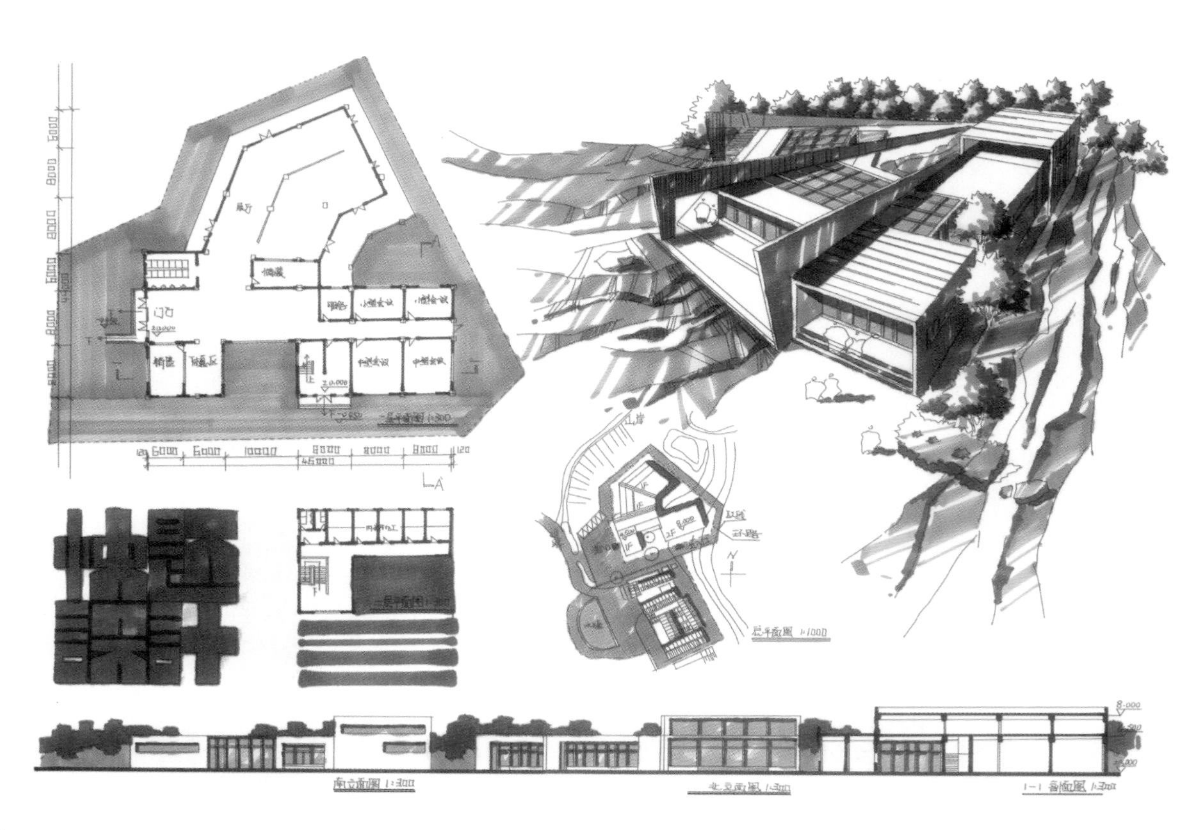

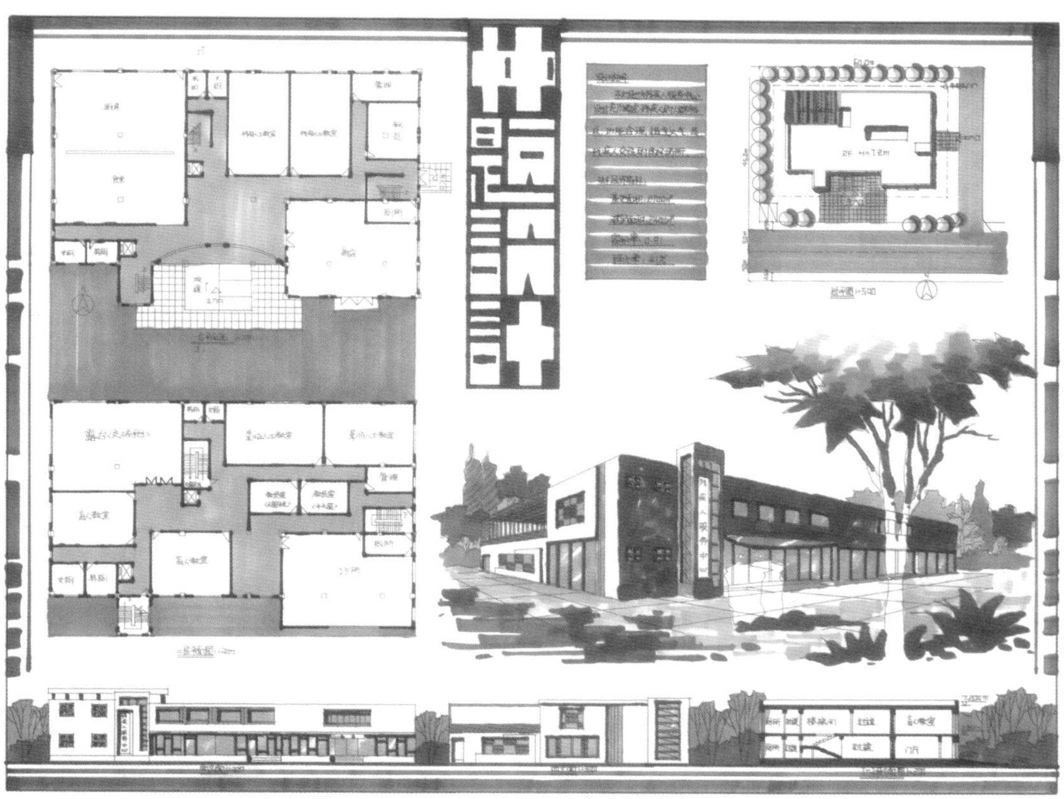

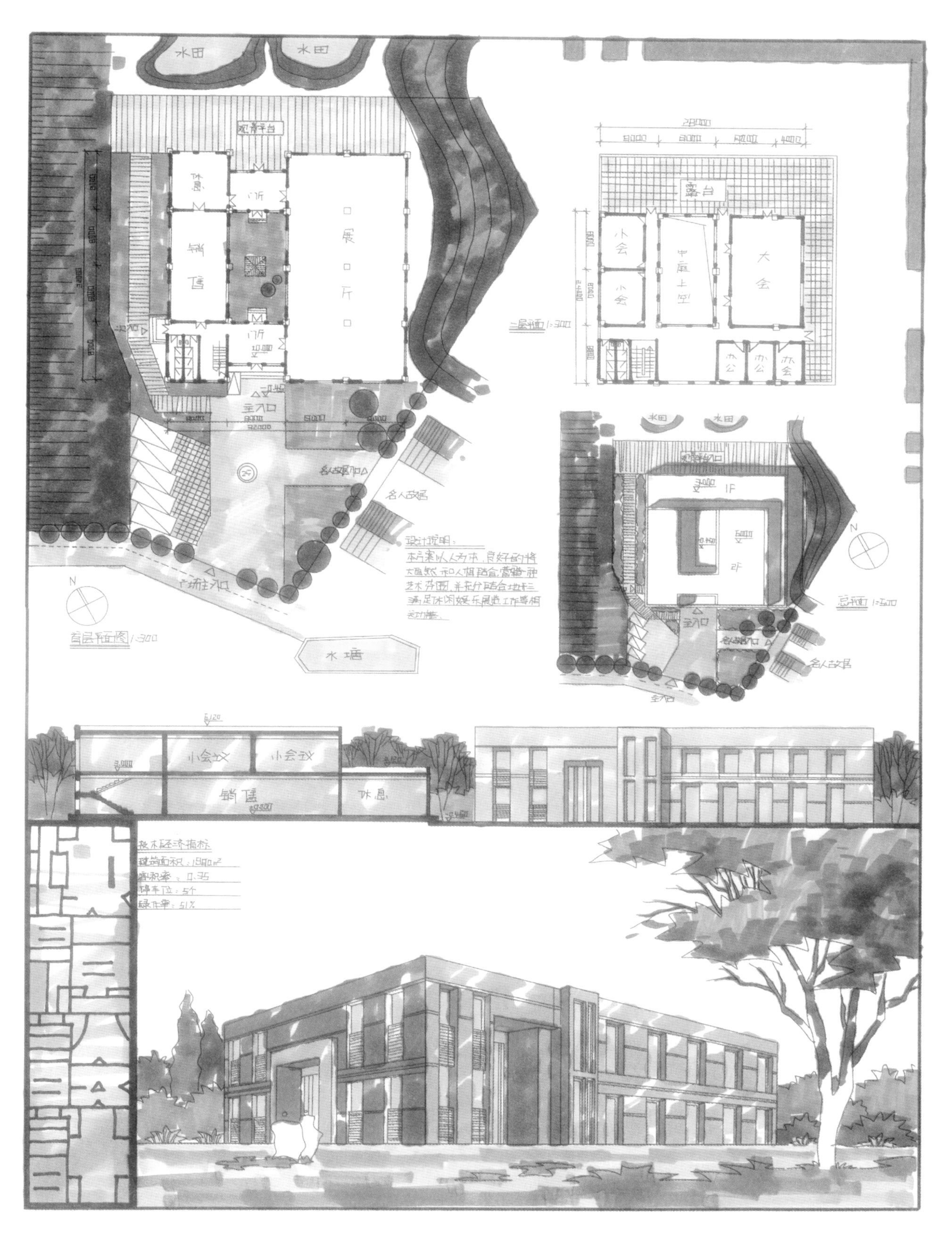
水田
水田
观景平台
休息
门厅
展厅
销售
门厅
主入口
名人故居
名人故居
广场主入口
首层平面图 1:300
水塘
设计说明：
本方案以人为本，良好的将大自然和人相结合，营造一种艺术氛围，并充分结合地形，满足休闲娱乐展览工作等相关功能。
28000
露台
小会
小会
中庭上空
大会
办公
办公
办会
二层平面 1:300
水田
水田
观景平台
1F
2F
主入口
名人故居
名人故居
总图 1:500
小会议
小会议
销售
休息
技术经济指标
建筑面积：1980 m²
容积率：0.35
停车位：5个
绿化率：51%

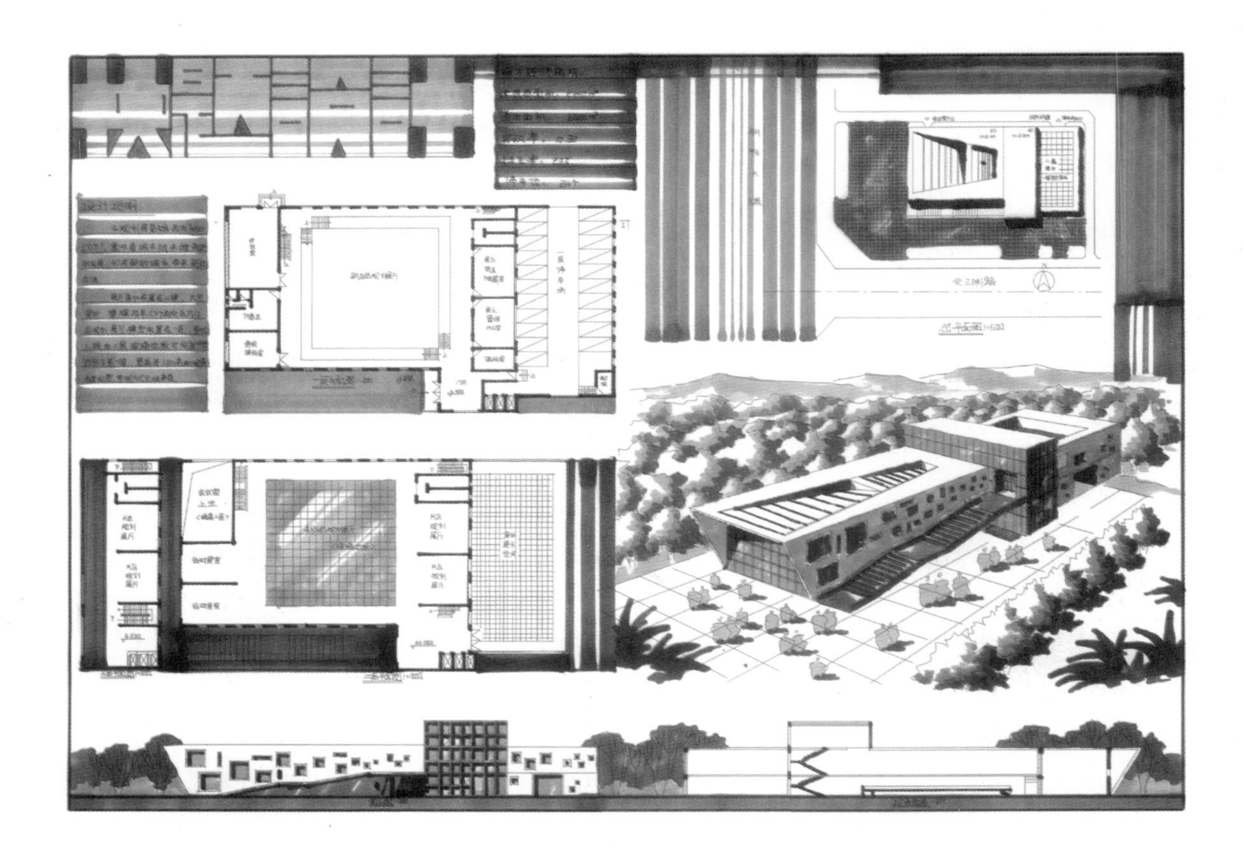